全国普通高等中医药院校药学类专业第三轮规划教材

分析化学实验（第3版）

（供药学、制药工程、中药学等专业用）

主　编　赵　骏　杨武德
副主编　蔡梅超　林玉萍　张京玉　高　颖　徐秀玲　郑　彧　施小宁
编　者　（以姓氏笔画为序）

万屏南（江西中医药大学）	方　方（安徽中医药大学）
方玉宇（成都中医药大学）	尹　飞（天津中医药大学）
权　彦（陕西中医药大学）	纪　岩（天津中医药大学）
杨武德（贵州中医药大学）	李　根（天津中医药大学）
李贺敏（南京中医药大学）	何张旭（河南中医药大学）
余宇燕（福建中医药大学）	沈　琤（湖北中医药大学）
张　建（甘肃中医药大学）	张园园（北京中医药大学）
张京玉（河南中医药大学）	陈传兵（广州中医药大学）
陈胡兰（成都中医药大学）	林玉萍（云南中医药大学）
罗国勇（贵州中医药大学）	郑　彧（辽宁中医药大学）
房　方（南京中医药大学）	赵　骏（天津中医药大学）
钟益宁（广西中医药大学）	施小宁（甘肃中医药大学）
姚惠文（湖北中医药大学）	徐秀玲（浙江中医药大学）
高　颖（长春中医药大学）	盛文兵（湖南中医药大学）
彭彩云（湖南中医药大学）	蔡梅超（山东中医药大学）

中国健康传媒集团
中国医药科技出版社

内容提要

本书是"全国普通高等中医药院校药学类第三轮规划教材"《有机化学》的配套教材，是遵循理论联系实际的原则，倡导基本能力培养与创新能力培养并重的新体例教材。全书共五章：第一章为有机化学实验基础知识，强调有机化学实验操作的规则及规范；第二章为有机化学实验技术，详细描述有机化学实验技术的基本原理和基本操作步骤，并安排有针对性的操作训练实验；第三章为有机化合物的制备，主要是经典有机化合物的合成实验；第四章为设计性实验流程与有机化合物性质实验，设计性实验流程介绍了设计性和创新性实验的实施方法和案例，性质实验是有机化合物中常见官能团（特性基团）的验证性实验；第五章为天然有机化合物的提取与综合性实验，选择典型天然药物化学成分的提取、分离、鉴别及多步骤合成实验。

本书主要供药学、制药工程、中药学及相关专业师生作为教材使用，也可作为相关从业人员的参考书籍。

图书在版编目（CIP）数据

有机化学实验/赵骏，杨武德主编 . —3 版 . —北京：中国医药科技出版社，2023.12（2024.12 重印）

全国普通高等中医药院校药学类专业第三轮规划教材

ISBN 978 - 7 - 5214 - 3985 - 4

Ⅰ. ①有… Ⅱ. ①赵… ②杨… Ⅲ. ①有机化学 - 化学实验 - 中医学院 - 教材 Ⅳ. ①O62 - 33

中国国家版本馆 CIP 数据核字（2023）第 141351 号

美术编辑 陈君杞

版式设计 友全图文

出版 **中国健康传媒集团** | 中国医药科技出版社

地址 北京市海淀区文慧园北路甲 22 号

邮编 100082

电话 发行：010 - 62227427 邮购：010 - 62236938

网址 www.cmstp.com

规格 889 × 1194mm $\frac{1}{16}$

印张 11 $\frac{3}{4}$

字数 332 千字

初版 2015 年 2 月第 1 版

版次 2023 年 12 月第 3 版

印次 2024 年 12 月第 2 次印刷

印刷 北京印刷集团有限责任公司

经销 全国各地新华书店

书号 ISBN 978 - 7 - 5214 - 3985 - 4

定价 **39.00 元**

获取新书信息、投稿、为图书纠错，请扫码联系我们。

出版说明

"全国普通高等中医药院校药学类专业第二轮规划教材"于2018年8月由中国医药科技出版社出版并面向全国发行，自出版以来得到了各院校的广泛好评。为了更好地贯彻落实《中共中央　国务院关于促进中医药传承创新发展的意见》和全国中医药大会、新时代全国高等学校本科教育工作会议精神，落实国务院办公厅印发的《关于加快中医药特色发展的若干政策措施》《国务院办公厅关于加快医学教育创新发展的指导意见》《教育部　国家卫生健康委　国家中医药管理局关于深化医教协同进一步推动中医药教育改革与高质量发展的实施意见》等文件精神，培养传承中医药文化，具备行业优势的复合型、创新型高等中医药院校药学类专业人才，在教育部、国家药品监督管理局的领导下，中国医药科技出版社组织修订编写"全国普通高等中医药院校药学类专业第三轮规划教材"。

本轮教材吸取了目前高等中医药教育发展成果，体现了药学类学科的新进展、新方法、新标准；结合党的二十大会议精神、融入课程思政元素，旨在适应学科发展和药品监管等新要求，进一步提升教材质量，更好地满足教学需求。通过走访主要院校，对2018年出版的第二轮教材广泛征求意见，针对性地制订了第三轮规划教材的修订方案。

第三轮规划教材具有以下主要特点。

1.立德树人，融入课程思政

把立德树人的根本任务贯穿、落实到教材建设全过程的各方面、各环节。教材内容编写突出医药专业学生内涵培养，从救死扶伤的道术、心中有爱的仁术、知识扎实的学术、本领过硬的技术、方法科学的艺术等角度出发与中医药知识、技能传授有机融合。在体现中医药理论、技能的过程中，时刻牢记医德高尚、医术精湛的人民健康守护者的新时代培养目标。

2.精准定位，对接社会需求

立足于高层次药学人才的培养目标定位教材。教材的深度和广度紧扣教学大纲的要求和岗位对人才的需求，结合医学教育发展"大国计、大民生、大学科、大专业"的新定位，在保留中医药特色的基础上，进一步优化学科知识结构体系，注意各学科有机衔接、避免不必要的交叉重复问题。力求教材内容在保证学生满足岗位胜任力的基础上，能够续接研究生教育，使之更加适应中医药人才培养目标和社会需求。

3.内容优化，适应行业发展

教材内容适应行业发展要求，体现医药行业对药学人才在实践能力、沟通交流能力、服务意识和敬业精神等方面的要求；与相关部门制定的职业技能鉴定规范和国家执业药师资格考试有效衔接；体现研究生入学考试的有关新精神、新动向和新要求；注重吸纳行业发展的新知识、新技术、新方法，体现学科发展前沿，并适当拓展知识面，为学生后续发展奠定必要的基础。

4.创新模式，提升学生能力

在不影响教材主体内容的基础上保留第二轮教材中的"学习目标""知识链接""目标检测"模块，去掉"知识拓展"模块。进一步优化各模块内容，培养学生理论联系实践的实际操作能力、创新思维能力和综合分析能力；增强教材的可读性和实用性，培养学生学习的自觉性和主动性。

5.丰富资源，优化增值服务内容

搭建与教材配套的中国医药科技出版社在线学习平台"医药大学堂"（数字教材、教学课件、图片、视频、动画及练习题等），实现教学信息发布、师生答疑交流、学生在线测试、教学资源拓展等功能，促进学生自主学习。

本套教材的修订编写得到了教育部、国家药品监督管理局相关领导、专家的大力支持和指导，得到了全国各中医药院校、部分医院科研机构和部分医药企业领导、专家和教师的积极支持和参与，谨此表示衷心的感谢！希望以教材建设为核心，为高等医药院校搭建长期的教学交流平台，对医药人才培养和教育教学改革产生积极的推动作用。同时，精品教材的建设工作漫长而艰巨，希望各院校师生在使用过程中，及时提出宝贵意见和建议，以便不断修订完善，更好地为药学教育事业发展和保障人民用药安全有效服务！

　　有机化学实验是药学、制药工程、中药学及相关专业的一门核心实验基础课程。该课程是这些专业必备的基础实践内容，是帮助学生掌握和理解有机化学基本知识、基本理论的重要手段。

　　本书是"全国普通高等中医药院校药学类第三轮规划教材"《有机化学》的配套教材，依据国家培养创新型人才要求，由全国二十多所中医药院校的有机化学专家、教授在前两版的基础上，总结经验联合编写修订而成。教材内容涵盖了全国高等中医药院校药学、制药工程、中药学及相关专业在教学中比较成熟的实验，适度增加选用实验数量和调整实验内容。

　　全书有五章内容：第一章为有机化学实验基础知识，介绍有机化学实验操作的规则及规范，包括实验室规则、实验室的安全事项、有机化学实验室常用仪器、实验报告的标准格式等；第二章为有机化学实验技术（基本理论、基本装置和基本操作），把基本操作理论与基本实验技能训练结合在一起，详细介绍有机化学实验的基本操作技能、有机化合物理常数的测定方法及有机化合物的分离纯化等基础内容；第三章为有机化合物的制备，从环保理念、实验技能培养等方面考虑，选用了 19 个有机化合物经典合成实验；第四章为设计性实验流程与有机化合物性质实验，设计性实验流程介绍了设计性和创新性实验的实施方法，并增加设计性、创新性实验实例，有机化合物性质实验是针对有机化合物相关官能团（特性基团）的验证性实验；第五章为天然有机化合物的提取与综合性实验，选择 13 个有代表性的天然药物化学成分的提取、分离、鉴别及不同实验技能的多步骤合成实验。此外，教材中还列有附录，包括常用试剂的配制方法、常用有机溶剂的物理常数、常用化合物的毒性及危险特征等内容，以方便读者查阅使用。

　　本书可供全国高等中医药院校药学、制药工程、中药学及相关专业师生作为教材使用，也可作为相关从业人员的参考用书。

　　由于学科不断发展，书中可能存在不妥之处，欢迎读者在使用中提出宝贵意见，以便修订时完善。

编　者

2023 年 7 月

CONTENTS **目录**

第一章　有机化学实验基础知识

一、有机化学实验及其分类

（一）有机化学实验概述

有机化学实验是一门以实验为基础，理论性和实践性并重的系统课程。它是医学院校药学类专业重要的专业基础课程，是有机化学教学的重要组成部分，是不可或缺的学习内容。其教学宗旨和任务是验证、巩固和加深有机化学理论知识；训练学生进行有机化学实验的基本操作技能；培养学生积极探索、发现问题、分析问题和创造性解决问题的综合能力以及初步开展科学研究的能力；培养学生理论联系实际、实事求是、严肃认真的科学态度和严谨的工作作风，为后续课程的学习与研究工作的开展奠定良好的基础。

（二）有机化学实验的分类

有机化学实验种类很多，从不同的角度可有不同的分类方法，如按照从易到难，由浅至深，从"基础、综合、设计、研究"四个层次可分为有机化学基础实验、综合实验、设计实验、研究实验，但是实验分类的界限可能不是很明显，因为复杂的实验往往包含了不同种类实验的组合。从实验的目的来说可分为以下五大类。

1. 第一类：有机化学基础实验　有机化学实验中反复使用的、具有固定操作规程和要点的操作单元称为基本操作。为巩固有机化学理论知识，训练基本操作能力而专门设计的基本操作实验可称为有机化学基础实验，它是有机化学实验课程的核心任务和重要的基础环节，起到强化操作技能、夯实有机化学理论和实验基础的作用。如粗苯甲酸、乙酰苯胺及萘的重结晶实验的目的是训练重结晶的基本操作；橙皮中柠檬烯、牡丹皮中丹皮酚的提取等实验目的是训练水蒸气蒸馏的基本操作。

2. 第二类：有机化学分析实验　有机化学分析实验主要包括以下内容。

（1）以确定化合物的某项物理常数为目的的物理常数测定实验。此类实验是有机化学分析实验的重点，要求掌握有机化合物熔、沸点的测定方法及液体化合物折光率、比旋光度的测定方法等。

（2）以确定化合物性质或官能团为目的的性质实验。

（3）以确定化合物所含元素及其含量为目的的元素定性和定量分析实验。由于定量分析实验操作难度大、要求严格，一般放到专业课里学习。

（4）以表征化合物分子的结构为目的的红外、紫外、核磁共振以及质谱实验。化合物的结构表征实验难度大、专业性强，因而仅做简单介绍。

3. 第三类：有机化合物合成实验　以通过化学反应获取反应产物为目的的实验称为有机化合物合成实验。它是有机化学实验课程的主要组成部分，是训练和巩固基本操作和基本技能以及加深理论课理解的重要环节，是培养学生正确选择有机化合物的合成方法、分离提纯及分析鉴定方法的主要途径。该部分内容主要有环己烯、1-溴丁烷、2-甲基-丁-2-醇、肉桂酸、乙酸乙酯、乙酰水杨酸、乙酰苯胺以及脲醛树脂的制备等。

4. 第四类：提取分离和纯化实验　通过分离混合物以获得某种预期成分为目的的实验称为提取分离和纯化实验，混合物可以来自矿物、动植物或微生物发酵液以及合成反应的混合物，也可以是化学反应后得到的反应混合物。

常用的提取方法有溶剂提取法、水蒸气蒸馏法、超临界流体萃取法以及吸收法、压榨法和升华法等；其中以溶剂提取法、水蒸气蒸馏法最为常用。

分离纯化方法主要可以分为四类。

（1）根据物质溶解度差异进行分离的方法，如重结晶、沉淀法和盐析法。

（2）根据物质中两相溶剂中的分配比不同进行分离的方法，如液－液萃取法、逆流分溶法、液－液分配色谱法等。

（3）根据物质对固定相和流动相亲和能力的差异来分离的色谱法，如吸附色谱法、分配色谱法、凝胶渗透色谱法、离子交换色谱法等。

（4）其他方法，如膜分离法、分馏法等。

5. 第五类：理论探讨性实验 研究反应动力学、反应机理、催化机理、反应过渡态等理论性较强的实验可称为理论探讨性实验。通过实验加深对理论课的理解和掌握，训练和培养学生积极探索、发现问题、分析问题、创造性解决问题的综合能力和素质，激发学生的创造欲望。但是，此类实验难度较大、时间长、条件要求高，在有机化学基础课教学实验中涉及较少。

二、有机化学实验室守则

有机化合物易燃、易爆和易挥发等特点决定了有机化学实验比其他实验课更具危险性，保证实验安全是有机化学实验最基本的要求，为此，学生在进入有机化学实验室之前，必须认真阅读本书第一章有机化学实验基础知识及附录中有关毒性、危害性化学药品的知识；注意实验室安全守则，实验室事故的预防、处理和急救措施等常识；进入实验室后，首先了解实验室的结构，尤其是电闸、灭火器材的位置，熟悉实验室安全出口和紧急逃生路线。

为了保证有机化学实验课能正常、安全、有效进行，保证实验课的教学质量，学生还必须遵守下列实验室守则。

（1）实验前要求学生认真预习实验内容，复习理论课教材中有关的内容，明确实验目的和要求，熟悉实验的原理、内容和方法，并按要求写好实验预习报告。了解实验注意事项、可能发生的事故及预防措施。

（2）进入实验室要穿好工作服，带好实验课教材、预习报告和记录本，主动接受指导教师的检查。熟悉实验室环境，遵守实验安全规则，不得穿拖鞋、背心等不安全或不雅观的服装。

（3）实验前要弄清每一步操作的目的、操作方法，实验中的关键步骤及难点，了解所用试剂的性质及应注意的安全问题。检查仪器是否完好无损并按照要求安装实验装置，经指导教师检查、纠正，合格后方可进行下一步的操作。

（4）实验中要严格按操作规程进行，若有疑难问题或意外事故，应立即报请老师解决和处理。不能随意和擅自重做实验，如确需改变或重做，必须经指导教师同意，若当堂时间不允许，可安排其他时间。

（5）实验过程中，应仔细观察实验现象，如温度、颜色的变化，有无气体、沉淀产生等，并养成及时做记录的良好习惯；随时注意观察装置是否有漏气、破损等现象。不得大声喧哗，不得玩手机、听音乐、看视频等，不得擅自离开实验室，不得在实验室吃东西或吸烟。

（6）实验自始至终要保持桌面、地面、水槽、仪器"四净"。待用仪器摆放整齐有序，使用过的仪器应及时洗涤。实验过程中，要合理安排好时间确保实验准时结束。

（7）要爱护公物，节约水、电、煤气和药品，严格控制药品的规格和用量。如有损坏仪器、设备的行为需及时告知指导教师，及时登记更换。

（8）用空瓶盛装产品或回收液时，必须养成及时贴标签的习惯。标签上注明物质名称、时间，以免后处理麻烦或不知内盛何物而引发事故。绝不允许把各种化学药品任意混合，以免发生意外事故。废纸、火柴棒和废液等不得放在水槽内，实验后应倒入污物桶内，以防水槽和下水道堵塞或腐蚀。可能产生刺激性或有毒气体的实验操作必须在通风橱内进行。

（9）实验完成后，将实验记录及产品交由指导教师检查、登记并回收，清洗实验仪器，将个人实验台面打扫干净，检查水电开关，确认安全后请指导教师检查，合格后方可离开实验室。

（10）每次实验需要安排值日生。值日生负责实验室的公共台、黑板及地面的清洁，倒垃圾，检查水电开关是否关闭，关门关窗。经指导教师同意后离开。

三、有机化学实验室安全知识

（一）实验室一般安全事项

在有机化学实验中，许多药品是易燃、易爆、有腐蚀性或有毒的危险品，因此稍有不慎就有可能发生火灾、爆炸、中毒、烧伤等事故。另外，在化学反应时，常需要在高温、高压、低温、低压等不同的条件下进行，需要使用各种热源、电器及仪器，若操作不小心，就可产生触电、火灾、爆炸等事故。因此，必须充分认识到有机化学实验室是潜在危险的场所。实验者必须树立安全第一的观念，为了防止事故的发生，以及发生事故后及时处理，学生应高度重视以下事项，并切实执行。

（1）实验前认真预习，了解实验所用药品的性能及其危害和有关注意事项。

（2）实验开始前应检查仪器是否完整无损。装置是否正确稳妥。注意蒸馏、回流等装置以及加热用仪器，一定要和大气接通。

（3）实验过程中应该经常注意仪器有无漏气、破裂，反应进行是否正常等情况，不得随意离开岗位。

（4）易燃、易挥发药品，避免放在敞口容器中加热；有可能发生危险的实验，在操作时应使用防护眼镜、面罩和手套等防护设备。

（5）实验中所有药品，不得随意散失、遗弃。对反应中产生有害气体的实验，应在通风柜中处理或按规定处理，以免污染环境，影响身体健康。

（6）玻璃管（棒）或温度计插入塞中时，应先检查塞孔大小是否合适，玻璃切口是否光滑，用布裹住并涂少许甘油等润滑剂后再缓缓旋转而入。握玻璃管（棒）的手应尽量靠近塞子，以防因玻璃管（棒）折断而割伤。

（7）实验结束后要及时洗手；严禁在实验室内吸烟或饮食。

（8）要熟悉安全用具如灭火器、沙桶以及急救箱的放置地点和使用方法，并妥善保管。安全用具及急救药品不准移作他用，或随意挪动存放位置。

（二）常见实验室事故预防与处理

1. 触电　是由于人体直接接触电源产生的，人体受到一定量的电流会导致组织损伤和功能障碍甚至死亡。为了更好地使用电器和电能，防止触电事故的发生，必须采取一些安全措施。

（1）经常定期检查各种电器设备，如发现故障或不符合有关规定的，应及时处理。严格遵守各种电气设备操作使用制度和说明。

（2）尽量不要带电工作，特别是在危险场所，禁止带电工作。如果必须带电工作时，应采取必要的安全措施。

（3）静电可能引起危害，轻则可使人受到电击，重则引起爆炸与火灾，引起严重后果。消除静电首先应尽量限制静电电荷的产生或积聚。也可采用性能可靠的漏电保护器。

（4）使用电器时，应防止人体与电器导电部分直接接触，不能用湿的手或手握湿物接触电插头。为了防止触电，装置和设备的金属外壳等都应连接地线。实验完成后先切断电源，再将连接电源的插头拔下。

万一发生触电事故，要立即展开施救，迅速切断电源，拉开电闸或用木棍等不导电物将电源与人体分开。立即行人工呼吸，心跳停止时，应立即施行心外或心内按压，并坚持不懈，至复苏或出现尸斑时为止。

2. 着火　通常将闪点在25℃以下的化学试剂列为易燃化学试剂，易燃试剂多数是易挥发的液体，遇到明火即可燃烧。有机化学实验使用的有机溶剂大多数是易燃试剂，着火是有机化学实验中常见的事故。因此实验中要注意以下几点。

（1）数量较多的易燃有机溶剂应存放在危险药品橱内，而不能放在实验室内，更不能放置在灯火附近。

（2）切勿用烧杯等敞口容器存放、加热或蒸发易燃有机溶剂，应该远离火源。

（3）避免用火焰直接加热烧瓶，加热时，要根据实验需求及易燃有机溶剂的特点选择理想的热源。

（4）要尽量避免易燃溶剂的气体外逸，若有外逸时要及时灭掉火源，立即排出室内的有机蒸气。

（5）易燃及易挥发物，不得倒入废物缸内，倾倒易燃液体时应远离火源，在通风橱中进行。

（6）切记不能在蒸馏或回流液体时的烧杯中放入沸石，或在过热溶液中补加沸石，避免液体突然沸腾，冲出瓶外而引起火灾事故。油浴加热时，应绝对避免水滴溅入热油中。

（7）蒸馏或回流时，冷凝水要保持畅通，若冷凝管忘记通水，大量蒸气来不及冷凝而逸出遇到火源，也易造成火灾。

（8）在反应中添加或转移易燃有机溶剂时，应注意熄火或远离火源。切忌斜持一只酒精灯到另一只酒精灯上去点火。酒精灯用毕应立即盖灭。避免使用灯颈已经破损的酒精灯。离开实验室时，一定要关闭火源和热源。

防火重在预防、消除火灾隐患，早发现、早报告、早处理。万一发生火灾，一定要保持沉着镇静，不能惊慌失措。应立即采取各种相应措施，以减少事故损失。首先，要及时熄灭附近所有的火源、关闭煤气、切断电源，立即移开附近的易燃物质。小火可用湿布或砂土盖熄。若锥形瓶内溶剂着火，可用石棉网或湿布盖熄。火较大时应根据具体情况采用不同的灭火器材如消防毯、灭火器等进行灭火。

若衣服着火，先将着火衣服脱掉，切勿奔跑，用厚的外衣包裹使其熄灭。较严重者应躺在地上（以免火焰烧向头部）用防火材料紧紧包住，直到火灭，或打开附近的自来水开关用水冲淋熄灭。烧伤严重者应紧急送医院治疗。

3. 爆炸　当可燃气体、可燃液体的蒸气（或可燃粉尘）与空气混合并达到一定极限浓度时，遇到明火即发生燃烧爆炸。此时的浓度范围称为爆炸极限，一般说来，爆炸极限愈宽，爆炸的危险就愈大。通常用可燃气体、蒸气或粉尘在空气中的体积百分比来表示。

在实验过程中，由于仪器堵塞、减压蒸馏使用了不耐压的仪器或装配不当、化学反应过于猛烈、难以控制以及违章使用易燃易爆有机物，都可能引起爆炸。为防止爆炸事故，一般应注意以下几点。

（1）常压蒸馏或回流操作时，切勿在封闭系统内进行，应使装置与大气相通；在实验中必须经常检查仪器各部分有无堵塞现象。在蒸馏易燃易爆物时，要防止装置漏气；接收器支管应与橡皮管相连，使余气通往水槽或室外。

（2）减压蒸馏时，应用圆底烧瓶或梨形烧瓶做蒸馏瓶和接收瓶，不可使用平底烧瓶、锥形瓶或薄壁烧瓶等机械强度不大的仪器，因其平底处不能承受较大的负压而发生爆炸。反应结束后，应等待瓶内的液体冷至室温，小心放入空气至常压状态后，再拆除仪器。

（3）有的反应非常猛烈，要根据不同情况采取不同的冷冻和控制加料速度等，如干燥重氮盐受振动易爆炸，一般合成后即用。卤代烷不要与金属钠接触，因为二者反应相当激烈，会发生爆炸。

（4）如果使用煤气，则煤气开关及其橡皮管应经常检查，并保持完好，发现漏气应立即熄灭火源，打开窗户，用肥皂水检查漏气的地方。若不能自行解决，应立即报告指导老师，马上抢修。

（5）使用易燃易爆气体，如氢气、乙炔气等时要保持室内空气畅通，严禁明火，并防止一切火星的产生，如由敲击、鞋钉摩擦、静电摩擦、马达碳刷或电器开关等所产生的火花。使用过氧化物或遇水易燃烧的物质（如钠、钾）时，必须严格按照操作规程进行实验，切勿将易燃物质倒入废物缸中。

（6）有些有机化合物遇氧化剂时会发生猛烈爆炸或燃烧，应事先了解其性质、特点及注意事项，操作时应特别小心，不能研磨，否则将引起爆炸；存放药品时，应将氧化剂与磷及有机药品分开存放，如氯酸钾、过氧化物、浓硝酸。量取时应远离火源，要求在通风橱中进行。

（7）气瓶必须存放在阴凉、干燥处，严禁明火，远离热源，搬运气瓶要轻拿轻放。开启贮有挥发性液体的瓶塞和安瓿时，必须先充分冷却，然后开启（开启安瓿时需用布包裹），开启时瓶口必须指向无人处，以免由于液体喷溅而导致伤害。如遇瓶塞不易开启时，必须注意瓶内贮物的性质，切不可贸然用火加热或乱敲瓶塞等。

（8）有些类型的化合物具有爆炸性，如干燥的重氮盐、硝酸酯、多硝基化合物等，使用时必须严格遵守操作规程，防止蒸干溶剂或剧烈振动。如重氮化物不能与金属铜接触（如污水管及管道设施）。

（9）乙醚沸点低，易燃易挥发，久置后会生成易爆炸的过氧化物。使用时，必须检验是否有过氧化物存在，如有，应用硫酸亚铁除去后才能使用。蒸馏乙醚时，附近应禁止有明火，绝不能用明火直接加热，而应该水浴加热。为了防止蒸干后，残余的过氧化物产生爆炸事故，一般乙醚不能蒸干。

如果爆炸事故已经发生，应立即将受伤人员撤离现场，并迅速清理爆炸现场以防引发着火、中毒等事故。如果已经引发其他事故，则按相应的方法处置。

4. 中毒　在实验室内发生的中毒，主要由吸入毒气或吞食了有毒的药品引起。化学药品大多数具有不同程度的毒性，有些毒物可以通过割伤或烧伤的皮肤渗入人体，也可通过呼吸道、接触有毒药品引起。防止中毒必须遵守下列操作规则。

（1）对有毒药品应小心操作，妥善保管，不得乱放，做到用多少，领多少。实验中所用的剧毒物质应有专人负责收发，并向使用者指出必须遵守操作规程。对实验后的有毒残渣必须做妥善有效处理，不准乱丢。严禁把剧毒物品和易制毒物品私自带出实验室外。

（2）有些有毒物质会通过皮肤渗入，因此在使用时不得粘在皮肤上。必须戴橡皮手套操作，操作后立即洗手，切勿让毒品沾及五官及伤口。例如，氰化物沾及伤口后就随血液循环全身，严重者会造成中毒死亡事故。生物碱大多具有强烈毒性，皮肤亦可吸收。如果手上沾染有毒药品，应马上用肥皂和冷水洗手，切不可用热水，热水可使皮肤的毛孔张开使药品更易渗入。称量任何药品时都应使用工具，不能用手直接接触药品。实验完毕后要立即洗手。

（3）在使用或处理有毒、有刺激性的恶臭或腐蚀性物质时，一定要在通风橱中进行，不要把头伸入橱内，戴上防护用品，尽量防止有机物蒸气扩散到实验室内。

（4）实验室的任何药品均不准许用口尝试，确定某药物的气味时，也不可大量吸入蒸气。

（5）金属汞易挥发，并能通过呼吸道进入体内，会逐渐积累而造成慢性中毒，所以在取用时要特别小心，不得把汞洒落在桌上或地上。在实验时，水银温度计在高温条件使用后不能立即用冷水冲洗，否则温度计可能会破裂，如有水银撒落，要尽可能地收集起来，余留的残迹用硫磺粉处理。

（6）实验中沾染过有毒物质的仪器和用具，实验结束后要立即清洗，及时处理。

（7）如果药品溅入口中还没有咽下者必须立即吐出，再用大量水漱口。如已吞下，应根据毒物性质给予解毒剂进行解救，并立即送医院就诊。

1）腐蚀性毒物：对于强酸，先饮大量水，然后服用氢氧化铝膏、鸡蛋蛋白解救；若是强碱，先饮下大量水，再服醋、酸果汁、鸡蛋蛋白解救。不论是酸还是碱中毒都可以灌注牛奶，不要吃呕吐剂。

2）刺激及神经性毒物：先给牛奶或鸡蛋蛋白，再服用含30g硫酸镁的水溶液一杯催吐。

有时也可用手指伸入喉部促使呕吐，然后立即送医院。

吸入气体中毒者，先将中毒者移至室外，解开衣领及衣扣，如是吸入少量氨气或溴蒸气者，可服用稀碳酸氢钠溶液解毒。

5. 割伤 一般有下列几种情况，在实验时应特别予以注意。

（1）装配仪器时用力处与连接部位远离，这样玻璃管易破裂，因此，握玻璃管的手应靠近塞子。

（2）仪器口径不合适却勉强连接，或在安装仪器时用力过猛或装配不当。因此，仪器要求配套，并按要求正确装配仪器。

（3）玻璃折断面没烧圆滑，有棱角。遇到这种情况，应将断面在火上烧熔以消除棱角，避免划伤手。

若发生割伤事故应及时处理，取出伤口中的玻璃或固体物，如果伤口不大，用蒸馏水洗净伤口，再涂上红药水，用绷带扎住或贴上创可贴。如果伤口较大或割破了主血管，应立即用力按住主血管，防止大出血，及时送医院治疗。

6. 灼伤 在有机化学实验中经常接触热的物体、蒸气、火焰，低温的液体氮、二氧化碳和腐蚀性物质，如强酸、强碱、溴等，如果皮肤接触这些物质，都会造成灼伤。所以实验时，取用有腐蚀性化学药品，通常都要戴上防护眼镜和橡皮手套。

如果实验中发生灼伤，要根据不同的灼伤情况分别采取不同的处理方法。

（1）烫伤 注意不要用水冲洗烫伤处。轻伤涂以烫伤油膏，重伤立即涂以烫伤油膏后送医院。

（2）酸或碱灼伤 被酸或碱灼伤时，首先应立即用干布拭去，然后用大量水冲洗；酸灼伤的再用3%～5%碳酸钠冲洗，碱灼伤的则再用1%硼酸或2%醋酸溶液冲洗，最后再用水冲洗。严重者要消毒创伤面，拭干后涂烫伤油膏，及时送医院就医。

（3）苯酚灼伤 应立即用大量有机溶剂如乙醇或汽油洗去苯酚，最后在受伤处涂抹甘油。

（4）溴灼伤 皮肤被溴灼伤时，首先应立即用干布拭去，接着马上用大量的水洗，再用乙醇擦到溴液消失为止，或直接用2%硫代硫酸钠溶液洗至伤处呈白色，然后用甘油或烫伤油膏加以按摩。严重时送医院。

（5）钠 金属钠、钾等与皮肤接触后，会造成皮肤烫伤，首先用镊子移去金属固体，干布拭擦干净，其余与碱灼伤处理相同，按烫伤方法处理。

7. 溅眼 如果试剂溅入眼内，容易造成较为严重的伤害，除金属钠、钾外的任何药品溅入眼内，都要立即用大量水冲洗。如是酸或溴则用1%碳酸氢钠溶液冲洗；碱用1%硼酸溶液洗。若玻璃碎片溅入眼中，用镊子移取碎片，或者在盆中用水洗，切忌用手揉动；如果眼睛仍未恢复正常，应马上送医院就医。

（三）实验室安全器材与使用

为了保证有机化学实验室的使用安全，防火防爆、灭火是最主要的措施。消防沙桶、消防毯以及灭火器等是实验室常用的安全器材，熟悉消防沙桶、防火毯、灭火器的性能及适用范围，掌握其使用方法并能正确地进行相关操作，可以避免火灾等事故的扩大，确保实验室安全。

1. 消防沙桶 消防沙是通过覆盖以隔绝着火物品与空气接触而达到灭火的目的。消防沙桶费用低，材料易得，适用于火势初起的化学品着火和 D 类金属，包括钠、钾、铝、镁、铝镁合金、钛等金属引起的火灾等。

一般来说 $20m^2$ 的房屋应该配备 50L 左右的沙子。消防沙还有吸纳易燃液体的功能，因此要保持干燥。使用时将消防沙覆盖在着火物品上隔绝空气直到火熄灭为止。

2. 消防毯 具有优良灭火的性能，适用范围广，将消防毯放置于比较显眼且能快速拿取的地方。当发生火灾时，快速取出灭火毯，双手握住两根黑色拉带。将灭火毯轻轻抖开，作盾牌状拿在手中。将灭火毯覆盖在火焰上，同时切断电源或气源。待着火物体熄灭，并于灭火毯冷却后，将毯子裹成一团，作为不可燃垃圾处理。如果人身上着火，将毯子抖开，完全包裹于着火人身上扑灭火源。

3. 灭火器 常见的灭火器有干粉灭火器、二氧化碳灭火器、泡沫式灭火器以及 1211 灭火器等四类。

（1）**干粉灭火器** 特点是使用方便、有效期长。其中手提式干粉灭火器是目前实验室最常用的灭火器，干粉灭火剂一般分为碳酸氢钠干粉和磷酸铵盐干粉两大类。干粉灭火器适用于扑救各种易燃、可燃固体、液体和气体火灾以及电器设备的火灾，但不能扑救金属燃烧火灾。使用干粉灭火器前应将瓶体颠倒几次，使筒内干粉松动。然后除掉铅封，拔掉保险销，左手握着喷管，右手提着压把，在距火焰 2m 的地方，右手用力压下压把，左手拿着喷管左右摇摆，喷射干粉覆盖燃烧区，直至把火全部扑灭并避免复燃的可能性。灭火时应对准火焰腰部扫射，如果被扑救的液体火灾呈流淌式燃烧时，应对准火焰根部由近而远，并左右扫射，直至把火焰全部扑灭。

（2）**泡沫式灭火器** 适用于扑救各种油类和木材、纤维、橡胶等固体可燃物火灾。泡沫灭火器内部分别装有含发泡剂的碳酸氢钠溶液和硫酸铝溶液，使用时将筒身颠倒，两种溶液即反应生成硫酸氢钠、氢氧化铝及大量二氧化碳。灭火器筒内压力突然增大，大量二氧化碳泡沫喷出。非大火通常不用泡沫灭火器，泡沫灭火器喷出大量的硫酸钠，氢氧化铝污染比较严重，给后处理带来麻烦。使用泡沫灭火器时应该注意，人要站在上风处，尽量靠近火源，因为它的喷射距离只有 2~3m，要从火势蔓延最危险的一边喷起，然后逐渐移动，注意不要留下火星。手要握住喷嘴木柄，以免被冻伤。因为二氧化碳在空气中的含量过多，对人体也是不利的，所以在空气不畅通的场合，喷射后应立即通风。

（3）**二氧化碳灭火器** 灭火性能高、毒性低、腐蚀性小、灭火后不留痕迹，使用比较方便，是实验室比较常用的灭火器。它适用于各种易燃、可燃液体和可燃气体火灾，还可扑救贵重设备、仪器仪表、图书档案和低压电器设备以及 600V 以下的电器以及油脂等初起火灾。二氧化碳灭火器有开关式和闸刀式两种。它的钢筒内装有压缩的液态二氧化碳，使用时，先拔去保险销，然后一手提灭火器，一手应握在喷二氧化碳喇叭筒的把手上（不能手握喇叭筒，以免冻伤）。打开开关，二氧化碳即可喷出。因喷出的二氧化碳压力骤然降低，温度也骤降。手若握在喇叭筒上易被冻伤。需要注意的是：闸刀式灭火器一旦打开后，就再也不能关闭了。因此，在使用前要做好准备。

（4）**1211 灭火器** 具有灭火效率高、毒性低、腐蚀性小、久储不变质、灭火后不留痕迹、不污染被保护物、绝缘性能好等优点。1211 灭火器主要适用于扑救易燃、可燃液体、气体、金属及带电设备引起的火灾；扑救精密仪器、仪表、贵重的物资、珍贵文物、图书档案等初起火灾；扑救飞机、船舶、车辆、油库等场所固体物质的表面初起火灾。它是利用装在筒内的氮气压力将 1211 灭火剂喷射出灭火，是我国目前生产和使用最广的一种卤代烷灭火剂，以液态罐装在钢瓶内。使用时，首先拔掉安全销，然后握紧压把进行喷射。但应注意，灭火时要保持直立位置，不可水平或颠倒使用，喷嘴应对准火焰根部，由远及近，快速向前平推进扫射；要防止回火复燃，零星小火则可采用点射。如遇可燃液体在容器内燃烧时，可使 1211 灭火剂的射流由上而下向容器的内侧壁喷射。如果扑救固体物质表面火灾，应将喷嘴对准燃烧最猛烈处，左右喷射。

无论使用何种灭火器，皆应从火的四周开始向中心扑灭。值得注意的是，油浴和有机溶剂着火时绝对不能用水浇，因为这样反而会使火焰蔓延开来。

四、有机化学实验室常用仪器

（一）玻璃仪器、玻璃仪器的清洗与干燥

1. 常用玻璃仪器 玻璃仪器一般分为普通玻璃仪器和标准磨口玻璃仪器两种。在实验室常用的普通玻璃仪器有锥形瓶、烧杯、布氏漏斗、吸滤瓶、普通漏斗、分液漏斗等，如图 1 - 1（a）所示。常用的标准磨口仪器有圆底烧瓶、三口瓶、蒸馏头、冷凝器、接收管等，如图 1 - 1（b）所示。玻璃仪器的用途见表 1 - 1。

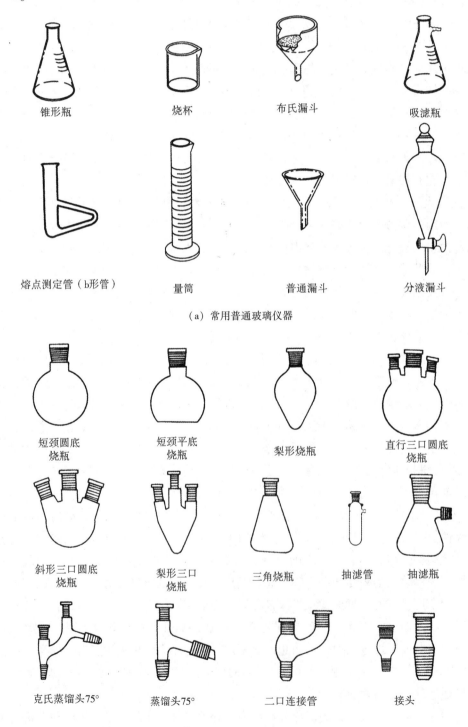

锥形瓶　　　　　　烧杯　　　　　　布氏漏斗　　　　　　吸滤瓶

熔点测定管（b形管）　　量筒　　　　　普通漏斗　　　　　分液漏斗

（a）常用普通玻璃仪器

短颈圆底烧瓶　　短颈平底烧瓶　　梨形烧瓶　　直行三口圆底烧瓶

斜形三口圆底烧瓶　　梨形三口烧瓶　　三角烧瓶　　抽滤管　　抽滤瓶

克氏蒸馏头75°　　蒸馏头75°　　二口连接管　　接头

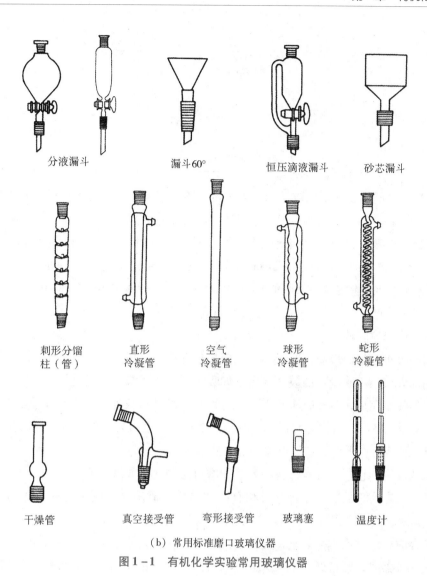

分液漏斗　　　漏斗60°　　　恒压滴液漏斗　　　砂芯漏斗

刺形分馏　　直形　　空气　　球形　　蛇形
柱（管）　　冷凝管　　冷凝管　　冷凝管　　冷凝管

干燥管　　真空接受管　　弯形接受管　　玻璃塞　　温度计

（b）常用标准磨口玻璃仪器

图1-1　有机化学实验常用玻璃仪器

表1-1　有机化学实验常用仪器的应用范围

仪器名称	应用范围	备注
圆底烧瓶	用于反应、加热回流及蒸馏等	
三口圆底烧瓶	用于反应，三口分别安装电动搅拌器、回流冷凝管及温度计等	
直形、空气冷凝管	用于蒸馏	
球形（或蛇形）冷凝管	用于加热回流	
蒸馏头	与圆底烧瓶组装后用于蒸馏	
单股接收管	用于常压蒸馏	
双股接收管（多尾接液管）	用于减压蒸馏	
分馏柱	用于分馏多组分混合物	
恒压滴液漏斗	用于内有压力的反应体系的液体滴加	
分液漏斗	用于溶液的萃取及分离	
锥形瓶	用于存放液体、混合溶液及少量溶液的加热	不能用于减压蒸馏
烧杯	用于加热溶液、浓缩溶液及溶液的混合和转移	
量筒	量取液体	切勿用于加热
吸滤瓶	用于减压过滤	切勿用于加热

续表

仪器名称	应用范围	备注
布氏漏斗	用于减压过滤	瓷质
瓷板漏斗	用于减压过滤	瓷质，瓷质板为活动圆孔板
熔点管	用于测熔点	内装液状石蜡、硅油或浓硫酸等
干燥管	装干燥剂，用于无水反应装置	

标准磨口仪器口径的大小通常用数字编号来表示，该数字是指磨口最大端直径的毫米整数，根据磨口口径分为 10、14、19、24、29、34、40、50 等型号。相同编号的子口与母口可以连接。当用不同编号的子口磨口与母口连接时，中间可加上一个大小口接头。有时也用两组数字来表示口径的大小及长度，例如 14/30，表示仪器的磨口直径为 14mm，磨口长度为 30mm。学生使用的常量仪器一般是 19 号或 24 号的磨口仪器，半微量实验中采用的是 14 号磨口仪器，微量实验中采用 10 号磨口仪器。使用玻璃仪器时应注意以下几点。

（1）使用时，应轻拿轻放。

（2）不能用明火直接加热玻璃仪器，加热时应垫石棉垫。

（3）不能用高温加热不耐温热的玻璃仪器，如吸滤瓶、普通漏斗、量筒等。

（4）玻璃仪器使用完后，应及时清洗干净，特别是标准磨口仪器放置时间太久，容易黏结在一起，很难拆开。如果发生此情况，可用热水烫黏结处或用热风吹母磨口处，使其膨胀而脱落，还可用木槌轻轻敲打黏结处使之脱落。洗干净的玻璃仪器最好自然晾干。

（5）带旋塞或具塞的仪器清洗后，应在塞子和磨口接触处夹放纸片或涂抹凡士林，以防黏结。

（6）标准磨口仪器磨口处要干净，不得粘有固体物质。清洗时，应避免用去污粉擦洗磨口，否则会使磨口连接不紧密，甚至会损坏磨口。

（7）安装仪器时，应做到横平竖直，磨口连接处不应受歪斜的应力，以免仪器破裂。

（8）使用玻璃仪器时，磨口处一般无须涂润滑剂，以免黏附反应物或产物。但是反应中使用强碱时，则要涂润滑剂，以免磨口连接处因碱腐蚀而黏结在一起，无法拆开。当减压蒸馏时，应在磨口连接处涂润滑剂，保证装置密封性良好。

（9）使用温度计时，应注意不要用冷水冲洗热的温度计，以免破裂，尤其是水银球部位，应冷却至近室温后再冲洗。切记不能将温度计用于搅拌，以免温度计损坏。

2. 玻璃仪器的清洗与干燥　对于化学实验，洗涤玻璃仪器是一项必需的实验准备工作。仪器的清洁对实验的结果有较大影响。因此，在实验前必须将玻璃仪器清洗干净。

（1）玻璃仪器的清洗　对于实验室常用仪器，如烧杯、烧瓶、锥形瓶、量筒、表面皿、试剂瓶等玻璃器皿的清洗，可先把仪器和毛刷淋湿，然后用毛刷蘸取去污粉刷洗仪器的内、外壁，至玻璃表面的污物除去，再用自来水冲洗干净即可。移液管、吸量管、容量瓶、滴定管等具有精密刻度的量器内壁不宜用刷子刷洗，也不宜用强碱性溶剂洗涤，以免损伤量器内壁而影响准确性。通常用含 0.5% 合成洗涤剂的水溶液浸泡或将其倒入量器中晃动几分钟后弃去，再用自来水冲洗干净。检查玻璃器皿是否洗净的方法是加水倒置，水顺着器皿壁流下，内壁均匀被覆一层薄的水膜，且不挂水珠。若挂水珠则表明仪器未洗干净，需要重复以上步骤再进行洗涤。这样洗净的玻璃仪器可供一般化学实验使用。若是洗涤用于精制或有机分析的器皿，除用上述方法洗涤处理外，还必须用去离子水冲洗，以除去自来水引入的杂质。

也可用超声波清洗器来清洗仪器，把仪器放在装有洗涤剂的容器中，利用超声波的振动，达到洗涤的目的，洗后的仪器再用自来水冲洗干净即可。

如果不是十分必要，不要盲目使用各种化学试剂和有机溶剂来清洗仪器，这样不仅造成浪费，而且可能带来危险。

（2）玻璃仪器的干燥　有机化学实验所用玻璃仪器，除需要洗净外，常常还需要干燥。干燥的方法有以下几种。

1）自然风干：把洗净的仪器在常温下放置、晾干。这是常用的一种方法。

2）烘干：把玻璃仪器放入烘箱内烘干。放入前先将水沥干，无水珠下滴时，将仪器口向上，放入烘箱内，并且是自上而下依次放入，将烘箱温度调节为 100～110℃，烘 1 小时左右。当烘箱已工作时，不能往上层放入湿的器皿，以免水滴下落，使热的器皿骤冷而破裂。仪器烘干后，要待烘箱内的温度降低至近室温后才能取出，切不可将很热的玻璃仪器取出直接接触冷水、瓷板等低温台面或冷的金属表面，以免骤冷使之破裂。带有磨口玻璃塞的仪器，烘干时必须取出玻璃塞，玻璃仪器上附带的橡胶制品在放入烘箱前也应取下。也可将玻璃仪器放置于气流烘干器上进行干燥或将已洗净的玻璃仪器中的水倒尽后放在红外灯干燥箱中烘干。需要注意的是，厚壁仪器如吸滤瓶等不宜在烘箱中烘干，烘干时要注意慢慢升温并且温度不可过高，以免破裂。带有刻度的计量仪器不可用加热的方法进行干燥，以免影响仪器的精度。具有挥发性、易燃性、腐蚀性的物质不能放进烘箱。用乙醇、丙酮淋洗过的仪器不能放进烘箱，以免发生爆炸。

3）吹干：将洗净的玻璃仪器中的水倒尽后用吹风机把仪器吹干，或者放在气流干燥器上先用冷、后用热风吹干，最后再用冷风吹，使玻璃仪器冷却致室温，不使水汽再冷凝在容器内。

4）有机溶剂干燥：该法适用于仪器洗涤后需要立即干燥使用的情况。将洗净的玻璃仪器中的水尽量沥干，加入少量 95% 乙醇摇洗并倾出，再用少量丙酮摇洗一次（如有需要最后再用乙醚摇洗），然后用电吹风机冷风吹 1～2 分钟（有机溶剂蒸气易燃烧和爆炸，故应先吹冷风），待大部分溶剂挥发后，再用热风吹至完全干燥，最后再用冷风吹去残余蒸气，不使其又冷凝在容器内，并使仪器逐渐冷却。

（二）常用设备、配套仪器与使用

实验室有很多电器设备，使用时应注意安全，并保持这些设备的清洁，千万不要将药品洒到设备上。

1. 烘箱　实验室一般使用的是恒温鼓风干燥箱，主要用于干燥玻璃仪器或无腐蚀性、热稳定性好的药品。使用时应先调好温度（烘玻璃仪器一般控制在100～110℃）。

2. 气流烘干器　是一种用于快速烘干仪器的设备（图 1 - 2）。使用时，将仪器洗干净后，沥干水分，然后将仪器套在烘干器的多孔金属管上。先吹冷风，然后吹热风，最后再用冷风吹，使玻璃仪器冷却致室温，不使水汽再冷凝在容器内。气流烘干器不宜长时间加热，以免烧坏电机和电热丝。

图 1 - 2　气流烘干器

3. 电热套　主要用作回流加热的热源，加热温度高达 300℃ 以上。它是用玻璃纤维丝与电热丝编织成的半圆形内套，外边加上金属外壳，中间填上保温材料（图 1 - 3）。根据内套直径的大小分为 50、100、150、200、250ml 等规格。此设备不是明火加热，使用较安全。由于它的结构是半圆形的，在加热时，烧瓶处于热气流中，因此，加热效率较高。使用时应注意，不要将药品洒在电热套中，以免加热时药品挥发污染环境，同时避免电热丝被腐蚀而断开。

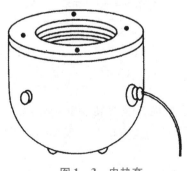

图 1 - 3　电热套

用完后放在干燥处，否则内部吸潮后会降低绝缘性能。

4. 调压变压器　调压变压器主要分为两类：一类可与电热套相连用来调节电热套温度，另一类可与电动搅拌器相连用来调节搅拌器速度。也可以将两种功能集中在一台仪器上，这样使用起来更为方便。但是两种仪器由于内部结构不同不能相互串用，否则会将仪器烧毁。使用时应注意以下几点。

（1）先将调压器调至零点，再接通电源。

（2）使用旧式调压器时，应注意接好地线，以防外壳带电。注意输出端与输入端不要接错。

（3）使用时，先接通电源，再调节旋钮到所需要的位置（根据加热温度或搅拌速度来调节）。调节变换时，应缓慢进行。无论使用哪种调压变压器都不能超负荷运行，最大使用量为满负荷的 2/3。

（4）用完后将旋钮调至零点，关上开关，拔掉电源插头，放在干燥通风处，应保持调压变压器的清洁，以防腐蚀。

5. 搅拌器　一般用于反应时搅拌液体反应物，搅拌器分为电动搅拌器和电磁搅拌器（图 1 - 4）。

（1）使用电动搅拌器时，应先将搅拌棒与电动搅拌器连接好，再将搅拌棒用套管或塞子与反应瓶连接固定好，搅拌棒与套管的固定一般用乳胶管，乳胶管的长度不要太长也不要太短，以免由于摩擦而使搅拌棒转动不灵活或密封不严。在开动搅拌器前，应先空试搅拌器转动是否灵活。如是电机问题，应向电机的加油孔中加一些机油，以保证电机转动灵活或更换新电机。

（2）电磁搅拌器能在完全密封的装置中进行搅拌。它由电机带动磁体旋转，磁体又带动反应器中的磁子旋转，从而达到搅拌的目的。电磁搅拌器一般都带有温度和速度控制旋转钮，使用后应将旋钮回零，拔掉电源插头，使用时应注意防潮防腐。

6. 旋转蒸发器　可用来回收、蒸发有机溶剂。由于它使用方便，近年来在有机化学实验室中被广泛使用。它利用一台电机带动可旋转的蒸发器（一般用圆底烧瓶）、冷凝管、接收瓶（图 1 - 5）。此装置可在常压或减压下使用，可一次进料，也可分批进料。由于蒸发器在不断旋转，可免加沸石而不会暴沸。同时，液体附于壁上形成了一层液膜，加大了蒸发面积，使蒸发速度加快。使用时应注意以下方面。

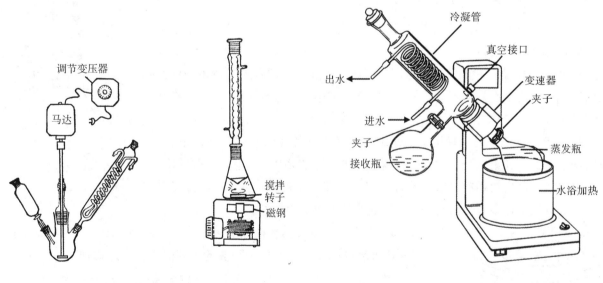

图 1 - 4　电动和电磁搅拌装置　　　　　　图 1 - 5　旋转蒸发器

（1）减压蒸馏时，当温度高、真空度低时，瓶内液体也可能会暴沸。此时，及时转动安全瓶插管开关，通入冷空气适当降低真空度即可。对于不同的物料，应找出合适的温度与真空度，确保平稳地进行蒸馏。

（2）停止蒸发时，先依次停止旋转，停止加热，切断电源，再通入空气，停止抽真空。

若烧瓶取不下来，可趁热用木槌轻轻敲打，以便取下。

7. 电子天平 是实验室常用的称量设备，尤其在微量、半微量实验中经常使用。

Scout 电子天平是一种比较精密的称量仪器，其设计精良，可靠耐用（图1-6）。它采用前面控制，简单易懂，可自动关机。电源可以采用 9V 电池或随机提供的适配器。使用方法如下。

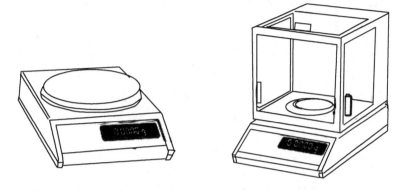

图 1-6 Scout 电子天平

（1）开机 按"Rezeroon"，瞬时显示所用的内容符号后依次出现软件版本号和 0.0000g。热机时间为 5 分钟。

（2）关机 按"Modeoff"直至显示屏指示 off，然后松开此键实现关机。

（3）称量 天平可选用的称量单位有千克（g）、克（g），重复按"Modeoff"选定所需要的单位，然后按 Rezeroon，调至零点（一般已调好，请不要动）。在天平的称量盘上添加需要称量的样品，从显示屏上读数。

（4）去皮 在称量容器内的样品时，可通过去皮功能，将称量盘上的容器质量从总质量中除去。将空的容器放在称量盘上，按"Rezeroon"使显示屏置零，加入所称量的样品，天平即显示出净质量，并可保持容器的质量直至再次按"Rezeroon"。

电子天平是一种比较精密的仪器，因此，使用时应注意维护和保养。要求将电子天平放置于水平、稳定、无振动的台面上使用。避免将电子天平放置于温度变化过大或空气流动剧烈的场所，如日光直射或空调出风口。不得在有腐蚀性的气体或液体，以及影响仪器正常工作的电场和磁场的地方使用。

8. 循环水多用真空泵 是以循环水作为流体，利用射流产生负压的原理而设计出的一种新型多用真空泵，广泛用于蒸发、蒸馏、结晶、过滤、减压、升华等操作中。由于水可以循环使用，避免了直排水，节水效果明显。因此，是实验室理想的减压设备。水泵一般用于对真空度要求不高的减压体系中。图1-7为 SHB-III 型循环水多用真空泵的外观示意图。使用时应注意以下方面。

（1）真空泵抽气口最好接一个安全缓冲瓶，以免停泵时，水被倒吸入反应瓶中，使反应失败。

（2）开泵前，应检查是否与体系接好，然后打开安全缓冲瓶上的旋塞。开泵后，用旋塞调至所需要的真空度。关泵时，先打开安全缓冲瓶上的旋塞放进空气，拆掉与体系的接口，再关泵。切忌相反操作。

（3）应经常补充和更换水泵中的水，以保持水泵的清洁和真空度。

9. 油泵 也是实验室常用的减压设备。油泵常在对真空度要求较高的场合下使用。油泵的效能取决于泵的机械结构及真空泵油的好坏（油的蒸气压越低越好），好的真空油泵能抽到 100Pa 以下的真空

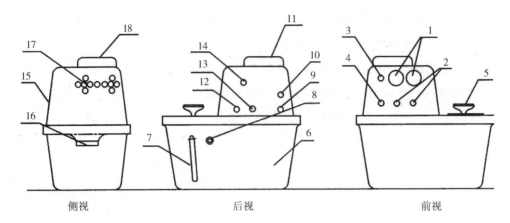

侧视　　　　　　　　　　后视　　　　　　　　　　前视

图1-7　SHB-Ⅲ型循环水多用真空泵外观示意图

1. 真空表；2. 抽气口；3. 电源指示灯；4. 电源开关；5. 水箱上盖手柄；6. 水箱；7. 放水软管；8. 溢水嘴口；
9. 电源线进线孔；10. 保险座；11. 电机风罩；12. 循环水出水嘴口；13. 循环水进水嘴口；
14. 循环水开关；15. 上帽；16. 水箱把手；17. 散热孔；18. 电机风罩

度。油泵的结构越精密，对工作条件要求就越高。图1-8为油泵及其保护系统示意图。

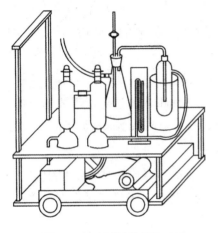

图1-8　油泵及其保护系统

在用油泵进行减压蒸馏时，溶剂、水和酸性气体会造成对油的污染，使油的蒸气压增加，降低真空度，同时这些气体可能腐蚀泵体。为了保护油泵，使用时应注意做到以下两点。

（1）定期检查，定期换油，防潮防腐蚀。

（2）在泵的进口处放置保护装置，如石蜡片吸收塔（吸收有机物）、硅胶或无水氯化钙吸收塔（吸收水汽）、氢氧化钠吸收塔（吸收酸性气体）和冷却阱（冷凝杂质）。

10. 真空压力表　常用来与水泵或油泵连在一起使用，用于测量体系内的真空度。常用的压力表有水银压力计、莫氏真空规、真空压力表，如图1-9所示。在使用水银压力计时应注意：停泵时，先慢慢打开安全缓冲瓶上的放空气阀，再关泵。否则，由于汞的密度较大（13.9g/cm³），在快速流动时，会冲破玻璃管，使汞喷出，造成污染。在拉出和推进推动泵车时，应注意保护水银压力计，防止剧烈振动。

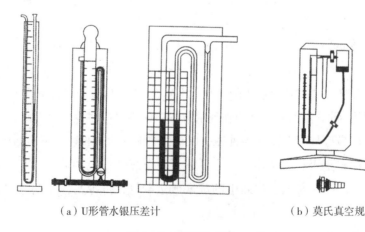

（a）U形管水银压差计　　　　　　　（b）莫氏真空规

图1-9　真空压力表

五、预习报告、实验记录与实验报告范例

（一）预习报告

实验预习是有机化学实验的重要环节，对保证实验成功与否、收获大小起关键的作用。因此，必须充分预习实验教材。预习时应当清楚实验的目的、内容、有关原理、操作方法及注意事项，并初步估计每一反应的预期结果，尤其应想清楚每一步操作的目的是什么，为什么这么做，要弄清楚本次实验的关键步骤和难点，实验中有哪些安全注意问题。预习是做好实验的关键，学生应根据不同的实验要求做好预习报告。预习报告主要包括以下内容。

（1）实验目的，明确并写出本次实验要达到的主要目的。

（2）反应及操作原理，用反应式写出主反应及副反应，简单叙述操作的原理。

（3）按实验要求查阅并写出主要试剂及产物的物理和化学性质。

（4）写出操作步骤，或画出反应及产品纯化过程的流程图。

（5）画出主要反应装置图，并标明仪器名称和了解仪器使用方法。

（6）认真思考并回答思考题，明确实验注意事项。

（二）实验记录

实验记录是科学研究的第一手资料，是真实的、原始实验的描述，实验记录的好坏直接影响对实验结果的分析。因此，学会做好实验记录也是培养严谨的科学作风及实事求是精神的一个重要环节。

作为未来的科学工作者，学生必须对实验的全过程进行仔细观察，积极思考，将所用药品的用量、浓度以及观察到的现象（如反应物颜色的变化、反应温度的变化、有无结晶或沉淀的产生或消失、是否放热或有气体放出等）和测得的各种数据及时如实的记录下来。记录时，要与操作步骤一一对应，内容要简明扼要，条理清楚。记录直接写在预习报告上，课后转抄整理在实验报告中。如记录发生笔误，可用笔划掉，但不能涂改、擦去或撕掉，更不允许事后凭记忆或以零星纸条上的记载补写实验记录。

（三）实验报告

这部分工作在实验课后完成。完成实验报告的过程，不仅仅是学习能力、书写能力、灵活运用知识能力的培养过程，也是培养基础科研能力的过程。因此，必须完整准确、严肃认真地如实填写。

1. 实验报告的要求　一份完善的实验报告可以充分体现学生对实验理解的深度、综合解决问题的能力及文字表达的能力。一份完善的实验报告应包括以下六个部分。

（1）实验目的　简述实验的目的要求。

（2）实验原理　简明扼要地说明实验有关的基本原理、性质、主要反应式及定量测定的方法原理。

（3）实验内容　对于实验现象记录与数据记录，按照实验指导书的要求，要尽量使用表格、框图、符号等形式表示，如5滴简写为"5d"，加试剂用"+"，加热用"△"，沉淀用"↓黄"、棕红色气体放出用"↑棕红"表示，试剂名称和浓度则分别用化学符号表示。内容要具体翔实，记录要表达准确，数据要完整真实。

（4）解释、计算与结论　对实验记录要做出简要的解释或者说明，要求做到科学严谨、简洁明确，写出主要化学反应、离子反应方程式；数据计算结果可列入表格中，但计算公式、过程等要在表下举例说明；最后按需要分标题小结或最后得出结论或结果。

（5）问题与讨论　主要针对实验中遇到的较难问题提出自己的见解或收获；定量实验则应分析出现误差的原因，对实验的方法、内容等提出改进意见。

（6）完成实验思考题。

2. 实验报告的基本格式 实验报告的具体格式因实验类型而异，但应遵循一定的格式，常见的可分为物质性质实验报告、定量测定实验报告、物质制备实验报告三种类型，具体格式示例如下，仅供参考。

性质实验报告

实验名称：

一、实验目的

二、实验原理

三、实验内容

实验项目序号、实验项目名称

实验步骤	实验现象	解释及反应方程	结论

四、讨论

五、思考题

实验成绩_____ 指导教师（签名）_____

定量测定实验报告

实验名称：

一、实验目的

二、实验方法及原理

三、实验内容

四、数据记录、处理与结果（可用数据列表、作图等方式）

编号
1
2
3

实验平均值：

五、误差与讨论

六、思考题

实验成绩_____ 指导教师（签名）_____

合成制备实验报告

实验项目名称：

一、实验目的

二、实验原理与操作原理

三、主要试剂、产物的物理常数

四、实验步骤（可使用流程图表达）、现场记录及实验现象解释

五、仪器装置图

六、产品产率的计算、产物的颜色形态、产物物理常数测试结果

称重：产物重 ___ g

$$产率 = \frac{实际产量}{理论产量} \times 100\%$$

七、总结与讨论（可根据自己在实验过程中对本次实验的理解和体会进行总结和讨论）

实验成绩_____　指导教师（签名）_____

下面举例说明报告的写法。

实验 x　正溴丁烷的制备

一、实验目的

1. 学习从正丁醇制备正溴丁烷的原理及方法。

2. 掌握回流、气体吸收装置及分液漏斗的使用；液体样品的干燥技术；普通蒸馏操作。

二、实验原理

本制备主反应为可逆反应，实验中采取增加溴化钠的用量，同时加入过量的浓硫酸以吸收反应产物中的水，使平衡向右移动，提高收率。

主反应：

$$NaBr + H_2SO_4 \longrightarrow HBr + NaHSO_4$$

$$n\text{-}C_4H_9OH + HBr \rightleftharpoons n\text{-}C_4H_9Br + H_2O$$

副反应：

$$CH_3CH_2CH_2CH_2OH \xrightarrow[\triangle]{浓\ H_2SO_4} CH_3CH_2CH =\!\!=CH_2 + H_2O$$

$$CH_3CH_2CH_2CH_2OH \xrightarrow[\triangle]{浓\ H_2SO_4} (CH_3CH_2CH_2CH_2)_2O + H_2O$$

$$2HBr + H_2SO_4 \xrightarrow{\triangle} Br_2 + SO_2 + 2H_2O$$

三、主要试剂及产物的物理常数

名称	分子量	性状	折光率	密度	熔点（℃）	沸点（℃）	溶解度（g/100ml）		
							水	醇	醚
正丁醇	74.12	无色透明液体	1.3993^{20}	0.8098	-89.5	117.2	7.9^{20}	∞	∞
正溴丁烷	137.03		1.4401^{20}	1.2758	-112.4	101.6	不溶	∞	∞

四、试剂规格及用量

正丁醇 C. P. 15g（18.5ml，0.20mol）

溴化钠 C. P. 25g（0.24mol）

浓硫酸 L. R. 29ml（53.40g，0.54mol）

饱和 NaHCO_3 水溶液

无水氯化钙 C. P.

五、实验装置图：画气体吸收的回流装置，蒸馏装置图。

六、实验步骤与现象

步骤	现象
①于150ml圆底瓶中放20ml水，加入29ml浓H_2SO_4，振摇冷却	放热
②加18.5ml $n-C_4H_9OH$及25g NaBr，加沸石，摇动	NaBr部分溶解，瓶中产生雾状气体（HBr）
③在瓶口安装冷凝管，冷凝管顶部安装气体吸收装置，开启冷凝水，隔石棉网小火加热回流1小时	雾状气体增多，NaBr渐渐溶解，瓶中液体由一层变为三层，上层开始极薄，中层为橙黄色，随着反应进行，上层越来越厚，中层越来越薄，最后消失。上层颜色由淡黄→橙黄
④稍冷，改成蒸馏装置，加沸石，蒸出正溴丁烷粗品	开始馏出液为乳白色油状物，后来油状物减少，最后馏出液变清（说明正溴丁烷全部蒸出），冷却后，蒸馏瓶内析出结晶（$NaHSO_4$）
⑤粗产物用20ml水洗	产物在下层，呈乳浊状
在干燥分液漏斗中用10ml浓H_2SO_4洗	产物在上层（清亮），硫酸在下层，呈棕黄色
15ml水洗，分液	产物在下层少量气泡产生，产物在下层
15ml饱和$NaHCO_3$洗，分液	产物在下层
15ml水洗	产物在下层
⑥将粗产物转入小锥瓶中，加2g $CaCl_2$干燥	开始浑浊，最后变清
⑦产品滤入50ml蒸馏瓶中，加沸石蒸馏，收集99～103℃馏分	98℃开始有馏出液（3～4滴），温度很快升至99℃，并稳定于101～102℃，最后升至103℃，温度下降，停止蒸馏，冷后，瓶中残留有约0.5ml的黄棕色液体
⑧产物称重	得18g，无色透明

七、产率计算

理论产量：其他试剂过量，理论产量按正丁醇计：0.2mol正丁醇可产生0.2mol正溴丁烷，即$0.2 \times 137 = 27.4$g正溴丁烷。

$$百分产率 = \frac{实际产量}{理论产量} \times 100\% = \frac{18g}{27.4g} \times 100\% = 66\%$$

八、讨论

1. 在回流过程中，瓶中液体出现三层，上层为正溴丁烷，中层可能为硫酸氢正丁酯，随着反应的进行，中层消失表明丁醇已转化为正溴丁烷。上、中层液体为橙黄色，可能是由于混有少量溴所致，溴是由硫酸氧化溴化氢而产生的。

2. 反应后的粗产物中，含有未反应的正丁醇及副产物正丁醚等。用浓硫酸洗可除去这些杂质。因为醇、醚能与浓H_2SO_4作用生成烊盐而溶于浓H_2SO_4中，而正溴丁烷不溶。

3. 本实验最后一步，蒸馏前用折叠滤纸过滤，如果滤纸上吸附了少量产品，则不建议用折叠滤纸，而是在小漏斗上放一小团棉花，这样简单方便，而且可以减少损失。

六、常用有机化学文献

查阅文献资料是化学工作者的基本功，特别是在科研工作中，文献资料和网络资源不仅可以帮助我们了解有机物的物理性质、解释实验现象、预测实验结果和选择正确的合成方法，而且可以使实验人员避免重复劳动，取得事半功倍的效果。目前与有机化学相关的文献资料已经相当丰富，许多文献如化学词典、手册、理化数据和光谱资料等，其数据来源可靠，查阅简便，并不断进行补充更新，是有机化学的知识宝库，也是化学工作者学习和研究的有力工具。随着计算机技术与互联网技术的发展，网上文献资料将发挥越来越重要的作用，了解一些与有机化学有关的网上资源对于我们做好有机实验是非常有帮助的。

（一）常用化学工具书

1. 化工辞典 姚虎卿主编，第5版，化学工业出版社2014年出版。这是一本综合性化学化工辞书，收集词目1.6万余条。列有化合物分子式、结构式、物理常数和化学性质，对化合物制备和用途均有介绍。全书按汉语拼音字母排列，并附有汉字笔画检字索引及英文索引。

2. 化学化工药学大辞典 黄天守编译，台湾大学图书公司1982年1月出版。这是一本关于化学、医药及化工方面较新较全的工具书。该书取材于多种百科全书，收录近万个化学、医药及化工等常用物质，采用英文名称顺序排列方式。每一名词各自成一独立单元，其内容包括组成、结构、制法、性质、用途（含药效）及参考文献等。书末附有 600 多个有机人名反应。

3. Organic Synthesis　本书最初由 R. Adams 和 H. Gilman 主编，后由 A. H. Blatt 担任主编。于 1921 年开始出版，每年一卷，2013 年已出至第 90 卷。本书主要介绍各种有机化合物的制备方法；也介绍了一些有用的无机试剂制备方法。书中对一些特殊的仪器、装置多是同时用文字和图形来说明。书中所选实验步骤叙述得非常详细，并有附注介绍作者的经验及注意点。本书每十卷有合订本（Collective Volume），卷末附有分子式、反应类型、化合物类型、主题等索引。在 1976 年还出版了 1~49 卷合订本（1~5 集）的累积索引，可供阅读时查考。54 卷、59 卷、64 卷的卷末附有包括本卷在内的前 5 卷的作者和主题累积索引。

（二）期刊

1. 《有机化学》　月刊，中国化学会主办，1981 年创刊，刊登有机化学方面的重要研究成果等，可发表综述、全文、通讯等。目前为 SCI 收录刊物。

2. 《中国科学》　月刊，中国科学院主办，于 1951 年创刊，原为英文版，自 1972 年开始出中文和英文两种版本，刊登我国各个自然科学领域中有水平的研究成果。中国科学分为 A、B 两辑，B 辑主要包括化学、生命科学、地学方面的学术论文。目前为 SCI 收录刊物。

3. 《化学学报》　中国化学会主办，1933 年创刊，主要刊登化学方面有创造性、高水平和有重要意义的学术论文。目前为 SCI 收录刊物。

4. 《高等学校化学学报》　教育部主办的化学学科综合性学术期刊，1964 创刊，有机化学论文由南开大学分编辑部负责；其他学科论文由吉林大学分编辑部负责。目前为 SCI 收录刊物。

5. 《化学通报》　月刊，1952 年创刊。以报道知识介绍、专论、教学经验交流为主，也有研究工作报道。

6. Chemical Reviews　简称为 Chem. Rev. 。这本化学评论始于 1924 年，主要刊载化学领域中的专题及发展近况的评论，内容涉及无机化学、有机化学、物理化学等各方面的研究成果与发展概况，每年可发表 176 篇化学相关综述性文章，2022 年影响因子达 72.087。

7. Journal of the American Chemical Society　简称为 J. Am. Chem. Soc. 。这本美国化学会会志是自 1879 年开始的综合性期刊，发表所有化学领域的高水平研究论文，是世界上最有影响力的综合性刊物之一，每年共 51 卷，可发表 3000 多篇化学相关学术论文，2022 年影响因子达 16.383。

8. Angewandte Chemie, International Edition　简称为 Angew Chem. 。该刊物由德国化学会于 1888 年创办，从 1962 年起出版英文国际版。刊登所有化学学科的高水平研究论文和综述性文章，是目前化学学科中最具影响力的期刊之一，每年可发表 2200 多篇化学相关学术论文，2022 年影响因子达 16.823。

9. Chemical Society Reviews　简称为 Chem. Soc. Rev. 。本刊前身为 Quarterly Reviews，自 1972 年改为现名，刊载化学方面的评述性文章，每年发表近 400 篇综述性论文，2022 年影响因子达 60.615。

10. Tetrahedron　创刊于 1957 年，它主要是为了迅速发表有机化学方面的研究工作和评论性综述文章，每年发表 1200 多篇论文，2022 年影响因子达 2.388。

（三）网络资源

通过网上数据库检索各类化学信息与资源，已经成为化学工作者的首选。以下介绍几种常用的检索资源。

1. 美国化学学会（ACS）数据库（http：//pubs. acs. org）　美国化学学会（ACS）是一个化学领域的专业组织，成立于 1876 年。多年来 ACS 一直致力于为全球化学研究机构、企业、个人提供高品质的文献资讯及服务，成为全球影响力最大的数据库之一，备受化学工作者的青睐；ACS 拥有许多期刊，其中《美国化学会志》（*Journal of the American Chemical Society*）已有 146 年历史。

2. 英国皇家化学会（RSC）数据库（http：//pubs. rsc. org）　英国皇家化学学会（Royal Society of Chemistry，RSC）成立于 1841 年，是一个国际权威的学术机构，是化学信息的一个主要传播机构和出版商，其出版的期刊及资料库一向是化学领域的核心期刊和权威性的资料库。

3. Elsevier（Science Direct）数据库（http：//www. sciencedirect. com）　荷兰爱思唯尔（Elsevier）出版集团是一家经营科学、技术和医学信息产品及出版服务的世界一流出版集团，已有 140 多年历史，是世界上公认的高质量学术期刊。ScienceDirect Online 系统是 Elsevier 公司的核心产品，是全学科的全文数据库。该数据库覆盖了化工、化学、经济学与金融学、环境科学、材料科学、数学、物理学与天文学、心理学等领域。

4. John Wiley 数据库（http：//www. interscience. wiley. com）　John Wiley & Sons（约翰威立父子）出版公司始于 1807 年，是全球知名的出版机构，拥有世界第二大期刊出版商的美誉，以质量和学术地位见长，出版超过 400 种的期刊，被 SCI 收录的核心期刊达 200 种以上，电子期刊（全文）覆盖生命科学、医学、数学、物理、化学等 14 个领域。

5. 美国化学文摘（CA）网络版 – SciFinder Scholar 数据库　SciFinder Scholar 是 ACS 所属的化学文摘服务社 CAS（Chemical Abstract Service）出版的化学资料电子数据库学术版。《化学文摘》（CA）是涉及学科领域最广、收集文献类型最全、提供检索途径最多、部卷也最为庞大的一部著名的世界性检索工具。CA 报道了世界上 150 多个国家、56 种文字出版的 20000 多种科技期刊、科技报告、会议论文、学位论文、资料汇编、技术报告、新书及视听资料，摘录了世界范围内约 98% 的化学化工文献，所报道的内容几乎涉及化学家感兴趣的所有领域。

CA 网络版 SciFinder Scholar，整合了 Medline 医学数据库、欧洲和美国等的 30 几家专利机构的全文专利资料以及化学文摘 1907 年至今的所有内容。涵盖应用化学、化学工程、普通化学、物理、生物学、生命科学、医学、聚合体学、材料学、地质学、食品科学和农学等诸多领域。

6. Belstein/Gmelin Crossfire 数据库（http：//www. mdli. com/products. html）　数据库包括贝尔斯坦有机化学资料库及盖莫林无机化学资料库，含有 700 多万个有机化合物的结构资料和 1000 多万个化学反应资料以及 2000 万有机物性质和相关文献，内容相当丰富。CrossFire Gmelin 是一个无机和金属有机化合物的结构和相关化学、物理信息的数据库。

7. 中国知网（http：//www. cnki. net）　中国知网是全球领先的数字出版平台，是一家致力于为海内外各行各业提供知识与情报服务的专业网站。该数据库收录 1994 年至今的 5300 余种核心与专业特色刊物的全文，目前中国知网服务的读者超过 4000 万，中心网站及镜像站点年文献下量突破 30 亿次，是全球备受推崇的知识服务品牌。

8. 中国化学、有机化学、化学学报联合网站（http：//sioc – journal. cn/index. htm）　提供中国化学（Chinese Journal Of Chemistry）、有机化学、化学学报 2000 年至今发表的论文全文和相关检索服务。

9. 中国大学 MOOC　例如北京理工大学 MOOC（https：//www. icourse163. org/course/BIT – 1466036163？from = searchPage&outVendor = zw_ mooc_ pcssjg_），西北农林科技大学 MOOC（https：//www. icourse163. org/course/NWSUAF – 1206693814？from = searchPage&outVendor = zw_ mooc_ pcssjg_）。

书网融合……

思政导航

第二章　有机化学实验技术

一、常用基本操作

（一）加热和冷却

1. 加热　除浓度外，温度是影响反应速度的重要因素。经实验测定，温度每升高10℃，反应速度平均增加1倍左右。有机反应一般是分子间的反应，反应速度较慢，为了加快反应速度，常常采用加热的方法。此外，有机化学实验的许多基本操作都要用到加热。实验室常用的热源有电炉、酒精灯、电热套、热水浴和油浴等。玻璃仪器一般不能用火焰直接加热，以免因温度剧烈变化和受热不均匀而造成仪器的破损及有机化合物的部分分解。加热时根据液体的沸点、有机化合物的特性和反应要求，选用适当的加热方式。

（1）电炉加热　电炉加热时，应在容器下面垫上石棉网，这样比直接用火加热均匀，且容器受热面积大。这种加热方式多用于加热水溶液和高沸点溶液，且不易燃烧的受热物，加热时必须注意石棉网与容器之间应留有空隙。

（2）水浴　当加热温度在100℃以下时，最好用水浴加热。将容器浸入水浴后，浴面应略高于容器中的液面，且勿使容器触及水浴底部，以免破裂。加热温度为100℃时，也可把容器置于水浴锅的金属环上，利用水蒸气来加热。由于水浴中的水不断蒸发，要及时添加热水，如长时间加热，可采用附有自动添水的水浴装置。应当注意，不要让水汽进入反应容器中，特别是当水能抑制或破坏反应时。涉及钠或钾等活性金属的操作，切勿在水浴中进行，以免发生事故。

（3）油浴　在100~250℃之间加热可用油浴。油浴传热均匀，容易控制温度。反应物的温度一般低于油浴液20℃左右。常用的油浴液如下。

1）甘油：可加热到140~160℃，温度过高则会分解。

2）植物油：如棉籽油、蓖麻油等植物油可以加热到约220℃，常加入1%对苯二酚等抗氧化剂，增加油在受热时的稳定性。除硅油外，用其他油浴加热要特别小心，当油冒烟时，表明已接近油的闪点，应立即停止加热，以免自燃着火。

3）石蜡：可以加热到200℃左右，但较易燃烧。

4）硅油：是有机硅单体水解缩聚而得的一类线结构的油状物，尽管价格较贵，但由于加热到250℃左右仍较稳定，且无色、无味、无毒、不易着火而受到青睐。

油浴中应悬挂温度计，以便随时控制加热温度。若用控温仪控制温度，则效果更好。实验完毕后应把容器提出油浴液面，并仍用铁夹夹住，放置在油浴上方，待附着在容器外壁上的油流完后，用纸或干布把容器擦净。

（4）电加热套　可以提供的加热范围很宽，最高温度可达400℃，是目前应用较多的加热方式。使用调压变压器控制温度，加热迅速，安全方便，但降温较慢。为了不影响加热效果，电热套大小要合适，最好放在升降架台上，方便及时撤离反应瓶。

（5）沙浴　需加热温度较高时可使用沙浴。将清洁而又干燥的细沙平铺在铁盘上，盛有液体的容器埋入沙中，在铁盘下加热，液体就间接受热。

由于沙对热的传导能力较差但散热快，所以容器底部与沙浴接触处的沙层要薄些，使容器容易受热；容器周围与沙接触的部分，可用较厚的沙层，使其不易散热。但沙浴由于散热太快，温度上升较慢，不易控制。

此外，当物质在高温加热时，也可以使用熔融的盐，如等质量的硝酸钠和硝酸钾混合物在218℃熔化，在700℃以下是稳定的。含有40%亚硝酸钠、7%硝酸钠和53%硝酸钾的混合物在142℃熔化，使用范围150~500℃。必须注意若熔融的盐触及皮肤，会引起严重的烧伤。所以在使用时，应当倍加小心，并尽可能防止溢出或飞溅。

2. 冷却　在进行放热反应时，常产生大量热量，它使反应温度迅速升高，如果控制不当，可能引起副反应增多，反应物分解或逸出反应容器，甚至引起冲料和爆炸。要把温度控制在一定范围内，需要进行适当的冷却。有时为了减少固体化合物在溶剂中的溶解或促使晶体析出，也常需要冷却。冷却方法是将装有反应物的容器浸入冷却剂中。

冷却剂的选择是随冷却温度而定。通常降温用冷水，在室温以下反应用水和碎冰的混合物，这比单用冰块冷却效果好，因为它能与容器壁完全接触。有的反应，水分的存在并不影响反应，可把干净的碎冰直接投入反应物中，这样降温更快。如果是要求在零度以下的反应，常用碎冰与无机盐以不同比例混合，制备冰盐冷却剂时，应把盐研细，然后与碎冰均匀混合，并随时搅拌。冰盐混合比例参见表2-1。

表2-1　冰盐冷却剂

盐类	100份碎冰中加入盐的份数	混合物达到的最低温度（℃）
NH_4Cl	25	-15
$NaNO_3$	50	-18
$NaCl$	33	-21
$CaCl_2 \cdot 6H_2O$	100	-29
$CaCl_2 \cdot 6H_2O$	143	-55

实验室中最常用的冷却剂是碎冰和食盐的混合物，如碎冰与研细的食盐按质量比为3:1均匀混合，最低可冷至-21℃，一般为-18~-15℃。

若要达到更低温度，用干冰（固体二氧化碳）与乙醇或丙醇的混合物，可冷至-78℃；干冰必须在铁研钵（不能用瓷研钵）中很好地粉碎，由于有爆炸的危险，操作时应戴防护眼镜和手套，必须在保温瓶（也叫杜瓦瓶）上包以石棉绳或类似的材料，也可以用金属丝网或木箱等加以防护，瓶的上缘是特别敏感的部位，小心不要碰撞。液氮可冷至-188℃，购买和使用都很方便，使用时注意不要冻伤。

若有机物要长期保持低温，就要用电冰箱。置于冰箱内的容器必须贴好标签，盖好塞子，否则水汽会进入容器，逸出的腐蚀性气体也会腐蚀冰箱，泄漏的有机溶剂还可能会引起爆炸。

（二）回流

在室温下，有些反应速率很小或难于进行，为了使反应尽快地进行，常常需保持反应在溶剂中缓缓地沸腾若干时间，为了不致损失挥发性的溶剂或反应物，应当用回流冷凝器使蒸气仍冷凝回流到反应器皿中，这样循环往复的气化-液化过程称为回流。回流是有机化学实验中最基本的操作之一，大多数有机化学反应都是在回流条件下完成的。

常用回流装置如图2-1所示，由热源、烧瓶和回流冷凝管组成。

热源的选择可由反应需要的温度以及回流物质的特性决定，烧瓶可以是圆底瓶、平底瓶、锥形瓶等。烧瓶的大小应使装入的回流液体积不超过其容积的2/3，也不少于1/3。常用冷凝管可依据回流液的沸点由低到高，分别选择双水内冷、蛇形、球形、直形和空气冷凝。各种冷凝管所适用的温度范围并无严格的规定，由于在回流过程中蒸气的方向与冷凝水的流向相同，不符合"逆流"原则，所以冷却效果比蒸馏时的冷却效果差。为使蒸气完全冷凝下来，就需要提供较大的内外温差。所以沸点低或共沸物温度较低，选用双水内冷冷凝管；蛇形冷凝管应用于50~100℃；球形冷凝管应用于50~160℃；直形冷凝管应用于 100～160℃ ；空气冷凝管一般应用于 130℃以上；由于球形冷凝管适用的温度范围最宽广，所以通常把球形冷凝管叫作回流冷凝管。冷凝管的选择应根据具体情况灵活选择。

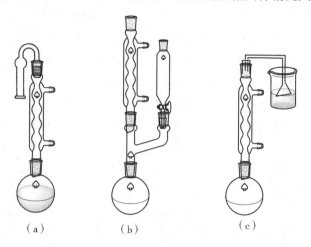

图 2 - 1 回流装置

在有机化学实验中，单纯的回流装置应用范围不大，多数情况下都需要带有其他附加装置组合使用。如果在回流的同时还需要测定反应混合物的温度，或需要向反应混合物中滴加物料，则应使用二口烧瓶或三口烧瓶，将温度计或滴液漏斗安装在侧口上。如果需要防止空气中的水进入反应体系，则可在冷凝管的上口处安装干燥管，如图 2 - 1 （a） 所示。干燥管的另一端用带毛细管的塞子塞住，既可保障反应系统与大气相通，又可减少空气与干燥剂（氯化钙等） 的接触。磨口的干燥管一般带有弯管，可直接装在冷凝管口；非磨口的干燥管是笔直的，自制的干燥管应位于冷凝管的侧面，而不应直接竖直地安装在冷凝管上口，避免干燥剂的细碎颗粒漏入烧瓶中，干扰反应进程。如果反应中有有害气体放出（溴化氢等），可加接气体吸收装置见图 2 - 1 （c）。回流装置应当自下而上依次安装，各磨口对接处应连接同轴、严密、不漏气、不受侧向作用力，但一般不涂凡士林，以免其在受热时熔化流入反应瓶。如果确需涂凡士林或真空脂，应尽量涂少、涂匀，并旋转至透明均一。安装完毕可用三角漏斗从冷凝管上口或三口烧瓶侧口加入回流液。固体反应物应提前加入瓶中，如装置较复杂，也可在安装完毕后卸下侧口上的仪器，投料后重新将仪器装好。开启冷却水，即可开始加热。回流结束，先移去热源，待冷凝管中不再有冷凝液滴下时关闭冷却水，拆除装置。

回流时，为了使挥发性物质能充分冷凝下来，切勿沸腾过于剧烈，应控制蒸气的上升高度不超过其有效长度的 1/3。为了防止过热、暴沸，除机械搅拌不加沸石外，回流时一般应加入止暴剂。

（三）干燥（液体、固体、气体）与常用干燥剂

干燥是指除去附在固体、气体或混在液体内的少量水分，也包括除去少量溶剂。很多有机反应需要在绝对无水的条件下进行，所用的原料及溶剂都应该是干燥的；某些含有水分经加热会变质的化合物，在蒸馏或用无水溶剂进行重结晶之前，也必须进行干燥；在进行元素的定量分析之前，必须使其干燥，否则会影响分析结果；某些情况下需要除去结晶水或其他溶剂。因此在有机化学实验中，试剂和产品的干燥具有十分重要的意义。

1. 液体、固体、气体的干燥

（1）液体的干燥　从水溶液中分离出的液体有机物，常含有许多水分，如不干燥脱水，直接蒸馏将会增加前馏分，造成损失。另外，产品也可能与水形成共沸混合物而无法提纯，影响产品纯度。有机液体的干燥一般是直接将干燥剂加入液体中，除去水分。干燥后的有机液体过滤后，需蒸馏纯化。

液体的干燥方法从原理上可分为物理方法和化学方法两类。

1）物理方法：吸附、分馏、共沸蒸馏等属于物理干燥。近年来，还常有离子交换树脂和分子筛等方法进行干燥。离子交换树脂是一种不溶于水、酸、碱和有机溶剂的高分子聚合物。分子筛是含水硅铝酸盐的晶体。它们都可逆地吸附水分，加热解吸除水活化后可重复使用。

2）化学方法：是采用干燥剂来除水。根据除水作用原理又可分为两种。

第一种：能与水可逆结合，生成水合物的，如氯化钙、硫酸镁、碳酸镁等。

第二种：与水发生不可逆的化学反应，生成新的化合物，如金属钠、P_2O_5、CaO 等。

干燥剂与水的反应为可逆反应时，反应达到平衡需要一定时间，因此，加入干燥剂后，一般最少要两个小时或更长时间才能收到较好的干燥效果。因反应可逆，不能将水完全除尽，故干燥剂的加入量要适当，一般为溶液体积的 5% 左右。当温度升高时，这种可逆反应的平衡向脱水方向移动，所以在蒸馏前，必须将干燥剂滤除，否则被除去的水将返回到液体中。

干燥剂与水的反应为不可逆反应时，蒸馏前不必滤除。

干燥剂只适用于干燥少量水分，若水的含量大，干燥效果不好。因此，加入干燥剂前必须尽可能将待干燥液体中的水分分离干净，不应有任何可见的水层及悬浮的水珠。干燥剂研成大小合适的颗粒，用量不能太多，否则将吸附有机液体，引起更大的损失。采取干燥剂分批少量加入，每次加入后必须不断振摇观察一段时间，如此操作直到液体由混浊变澄清（有些有机液体溶于水，因此含水液体也澄清，这时就要看干燥剂的状态），干燥剂不聚结成块，也不黏附于瓶壁，振摇时可自由移动，说明水分已基本除去，此时再加入过量 10%～20% 的干燥剂，盖上瓶盖静置即可（图 2-2）。将已干燥的有机液体，通过放有折叠滤纸或脱脂棉的漏斗，直接滤入蒸馏瓶中进行蒸馏。对未知物溶液的干燥，常用中性干燥剂干燥，如硫酸钠或硫酸镁。

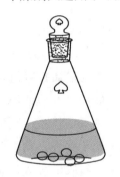

图 2-2 有机液体的干燥

（2）固体有机化合物的干燥　主要是指除去留在固体上的少量溶剂。由于固体有机化合物的挥发性较溶剂小，所以可采用蒸发和吸附的方法来达到干燥的目的。

1）自然干燥：是最经济方便的方法，应注意被干燥的固体有机物应该稳定、不分解、不吸潮。

2）加热干燥：为了加快干燥，对于熔点较高遇热不分解的固体，可使用烘箱或红外灯烘干，并随时加以翻动。

3）干燥器干燥：对易分解或升华的有机固体化合物，不能用上述方法干燥，应放在干燥器内干燥。干燥器有普通干燥器、真空干燥器和真空恒温干燥箱。

Ⅰ. 普通干燥器：如图 2-3 所示，盖与缸身之间的为磨砂平面，在磨砂处涂上润滑油使之密闭。缸中有许多孔瓷板，瓷板下面放干燥剂（一般放硅胶），瓷板上放待干燥的样品。

Ⅱ. 真空干燥器：如图 2-4 所示，其干燥效率较高。真空干燥器的玻璃活塞是抽真空用的，活塞下端呈弯钩状，钩向上，防止在通向大气时空气流入太快而冲散固体，在水泵抽气的过程中，真空度不宜太高，干燥器外围最好能用金属丝（或布）围住，确保安全。

图 2-3 干燥器

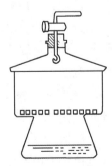

图 2-4 真空干燥器

Ⅲ. 真空恒温干燥箱：干燥效率很高，尤其适用于除去结晶水或结晶醇。将样品放入箱中，调节好温度和压力，打开油泵减压，视干燥品的量确定干燥时间。干燥后的样品应放在干燥器中冷却。

（3）气体化合物的干燥　一般是将干燥剂装在洗气瓶或干燥管内，让气体通过即可达到干燥目的。一般气体干燥所用干燥剂见表 2-2。

表 2-2　干燥气体时所用的干燥剂

干燥剂	可干燥的气体
CaO，NaOH，KOH	NH_3
无水 $CaCl_2$	H_2，HCl，CO_2，CO，SO_2，N_2，O_2，低级烷烃，醚，烯烃，卤代烷
P_2O_5	H_2，O_2，CO_2，CO，SO_2，N_2，烷烃，乙烯
浓 H_2SO_4	H_2，N_2，HCl，CO_2，Cl_2，烷烃
$CaBr_2$，$ZnBr_2$	HBr

2. 常用干燥剂

（1）**无水氯化钙**($CaCl_2$)　无定形颗粒状（或块状），价格便宜，吸水能力强，干燥速度较快。吸水后形成含不同结晶水的水合物 $CaCl_2 \cdot nH_2O$($n=1,2,4,6$)。最终吸水产物为 $CaCl_2 \cdot 6H_2O$(30℃以下)，是实验室中常用的干燥剂之一。但是氯化钙能水解成 $Ca(OH)_2$ 或 $Ca(OH)Cl$，因此不宜作为酸性物质或酸类的干燥剂。同时氯化钙易与醇类、胺类及某些醛、酮、酯形成分子络合物。如与乙醇生成 $CaCl_2 \cdot 4C_2H_5OH$，与甲胺生成 $CaCl_2 \cdot 2CH_3NH_2$，与丙酮生成 $CaCl_2 \cdot 2(CH_3)_2CO$ 等，因此不能作为上述各类有机物的干燥剂。

（2）**无水硫酸钠**(Na_2SO_4)　白色粉末状，吸水后形成带 10 个结晶水的硫酸钠($Na_2SO_4 \cdot 10H_2O$)。因其吸水容量大，且为中性盐，对酸性或碱性有机物都可适用，价格便宜，因此应用范围较广。但它与水作用较慢，干燥程度不高。当有机物中夹杂有大量水分时，常先用它来进行初步干燥，除去大量水分，然后再用干燥效率高的干燥剂干燥。使用前最好先放在蒸发皿中小心烘炒，除去水分后再用。

（3）**无水硫酸镁**($MgSO_4$)　白色粉末状，吸水容量大，吸水后形成带不同数目结晶水的硫酸镁 $MgSO_4 \cdot nH_2O$($n=1,2,3,4,5,6,7$)。最终吸水产物为 $MgSO_4 \cdot 7H_2O$。由于其吸水较快，且为中性化合物，对各种有机物均不起化学反应，故为常用干燥剂，特别是那些不能用无水氯化钙干燥的有机物常用它来干燥。

（4）**无水硫酸钙**($CaSO_4$)　白色粉末，吸水容量小，吸水后形成 $2CaSO_4 \cdot H_2O$(100℃以下)虽然硫酸钙为中性盐，不与有机化合物反应，但因其吸水容量小，没有前几种干燥剂应用广泛。由于硫酸钙吸水速度快，而且形成的结晶水化合物在 100℃以下较稳定，所以沸点在 100℃以下的液体有机物，经无水硫酸钙干燥后，不必过滤就可以直接蒸馏。如甲醇、乙醇、乙醚、丙酮、乙醛、苯等，用无水硫酸钙脱水处理效果良好。无水硫酸钙一般用于先经 $MgSO_4$、Na_2SO_4 或 $CaCl_2$ 干燥过的液体，适宜除去溶液中的微量水分。

（5）**无水碳酸钾**(K_2CO_3)　白色粉末，是一种碱性干燥剂。其吸水能力中等，能形成带两个结晶水的碳酸钾($K_2CO_3 \cdot 2H_2O$)，但是与水作用较慢。适用于干燥醇、酯等中性有机物以及一般的碱性有机物，如胺、生物碱等，但不能作为酸类、酚类或其他酸性物质的干燥剂。

（6）**固体氢氧化钠**(NaOH)**和氢氧化钾**(KOH)　白色颗粒状，是强碱性化合物。只适用于干燥碱性有机物，如胺类等。因其碱性强，对某些有机物起催化反应，而且易潮解，故应用范围受到限制。不能用于干燥酸类、酚类、酯、酰胺类及醛酮。

（7）**氧化钙**(CaO)　碱性干燥剂，与水作用后生成不溶性的 $Ca(OH)_2$，对热稳定，故在蒸馏前不必滤除。氧化钙价格便宜，来源方便，实验室常用它来处理 95% 乙醇，以制备 99% 乙醇，但不能用于干燥酸性物质或酯类。

（8）五氧化二磷（P_2O_5） 所有干燥剂中干燥能力最高的干燥剂。P_2O_5与水作用非常快，但吸水后表面呈黏浆状，操作不便，且价格较贵。一般先用其他干燥剂如无水硫酸镁或无水硫酸钠除去大部分水，残留的微量水再用 P_2O_5干燥。它用于干燥烷烃、卤代烷、卤代芳烃、醚等，但不能用于干燥醇类、酮类、有机酸和有机碱。

（9）金属钠（Na） 常用作醚类、苯等惰性溶剂的最后干燥。一般先用无水氯化钙或无水硫酸镁干燥除去溶剂中较多量的水分，剩下的微量水分可用金属钠除去。但金属钠不适用于能与碱起反应的或易被还原的有机物的干燥，如不能用于干燥醇（制备无水甲醇、无水乙醇等除外）、酸、酯、有机卤代烷、醛及某些胺。

（10）变色硅胶 常用来保持仪器、天平的干燥，吸水后变红。失效的硅胶可以经烘干再生后继续使用。可干燥胺、NH_3、O_2、N_2等。

（11）浓硫酸（H_2SO_4） 具有强烈的吸水性，常用来除去不与 H_2SO_4反应的气体中的水分，例如常作为 H_2、O_2、CO、SO_2、N_2、HCl、CH_4、CO_2、Cl_2等气体的干燥剂。

表 2-3 为各类有机化合物常用的干燥剂。

表 2-3 各类有机化合物常用的干燥剂

化合物类型	干燥剂
烃	$CaCl_2$，Na，P_2O_5
卤代烃	$CaCl_2$，$MgSO_4$，Na_2SO_4，P_2O_5
醇	K_2CO_3，$MgSO_4$，CaO，Na_2SO_4
醚	$CaCl_2$，Na，P_2O_5
醛	$MgSO_4$，Na_2SO_4
酮	K_2CO_3，$CaCl_2$，$MgSO_4$，Na_2SO_4
酸，酚	$MgSO_4$，Na_2SO_4
酯	$MgSO_4$，Na_2SO_4，K_2CO_3
胺	KOH，NaOH，K_2CO_3，CaO
硝基化合物	$CaCl_2$，$MgSO_4$，Na_2SO_4

（四）搅拌与搅拌器

在非均相反应中，搅拌可增大相接触面，缩短反应时间；在边反应边加料的实验中，搅拌可使反应物混合得更均匀，反应体系的热量更容易散发和传导，防止局部过热、过浓，从而有利于主反应进行，减少副反应。所以，搅拌在合成反应中广泛地使用。

搅拌的方法有三种：人工搅拌、机械搅拌和磁力搅拌。

1. 人工搅拌 对于反应物量小、反应时间不长、不需要加热或加热温度不太高，而且反应过程中放出无毒气体的化学实验，可采用人工搅拌。可以用玻璃棒沿着容器内壁顺时针均匀搅动，但应避免玻璃棒与容器壁发生碰撞。若在搅拌的同时还需要控制反应温度，可将玻璃棒和温度计绑在一起，玻璃棒需比温度计的下端稍长出一些，避免在搅拌过程中水银球碰到容器底部而损坏。

2. 机械搅拌 对于反应物量大、反应时间长、需要加热回流，且反应中有毒气逸出或反应过程中需长时间不断加入反应物的化学实验，可采用机械搅拌或磁力搅拌。

机械搅拌器主要包括三部分：电动机、搅拌棒和搅拌密封装置。电动机是动力部分，用支架固定，搅拌棒接在电动机上，其转动快慢由调速器来调节。接通电源后，电动机就带动搅拌棒转动而进行搅拌，搅拌密封装置是搅拌棒与反应器连接的装置，图 2-5 为机械搅拌装置图。一般常用三颈烧瓶，搅拌棒放在中间瓶口，一个侧口安装回流装置，一个侧口安装温度计或滴液漏斗。

搅拌的效率在很大程度上取决于搅拌棒的结构，常用的搅拌棒如图2-6所示。搅拌棒可根据反应器的大小、形状、瓶口的大小及反应条件的要求进行选择。图2-6中（b）、（c）和（d）搅拌效果较好。

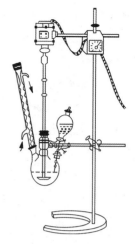

图2-5 机械搅拌装置图

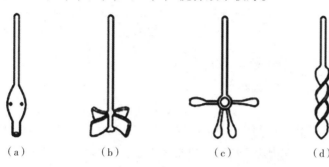

图2-6 常用的几种搅拌棒

为了防止蒸气外逸，需采用密封装置。图2-7（a）是一个简易密封装置，即在一个中央有孔的塞子中，先插入一根内径比搅拌棒粗的玻璃管，用橡皮管把搅拌棒连接在玻璃管上，搅拌棒可自由转动。接着把固定好搅拌装置的塞子塞入三颈瓶，塞子要塞紧，在橡皮管和搅拌棒间可滴入少许甘油或凡士林，起到润滑和密封作用，但密封性不好。

使用标准磨口仪器，需选择口径合适的磨口搅拌器套管，用橡皮管将搅拌棒固定在搅拌器套管中，再将连接好的搅拌器套管安装在三颈瓶的中口，即可进行搅拌，如图2-7（b）、（c）所示。安装搅拌装置，要求搅拌棒垂直、灵活，与管壁无摩擦和碰撞，搅拌棒下端距瓶底应为0.5~1cm。

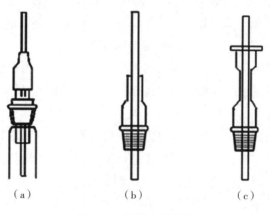

图2-7 搅拌密封装置

机械搅拌器不能超负荷使用，否则电机易发热而烧毁。使用时必须接地线，平时要注意保养，保持清洁干燥，防止被腐蚀。

3. 磁力搅拌 是以磁场的转动来带动磁铁旋转，磁铁再控制磁转子旋转。磁转子是一根包着玻璃或聚四氟乙烯外壳的小铁棒。一般的磁力搅拌器可控制磁铁转速和调节温度，磁力搅拌比机械搅拌装置简单、易操作，且更加安全，但不适用于黏稠液体和有大量固体参加或生成的体系。一般可根据实验的规模选择磁子的大小和形状等。

（五）化学试剂的取用

1. 试剂的等级与规格 我国化学试剂属国家标准的有GB代号，属于原化工部标准的有HG或HGB

代号。化学试剂根据其纯度和杂质含量，可分为优级纯、分析纯、化学纯和实验试剂四类。

（1）优级纯（保证）试剂　一级品，杂质含量极少，主要用于精密分析和科学研究，代号 GR，标签为绿色。

（2）分析纯试剂　二级品，杂质含量略高于优级纯，适用于要求略高的分析实验和一般性研究工作，代号 AR，标签为红色。

（3）化学纯试剂　三级品，杂质含量略高于分析纯，适用于一般的分析工作，代号 CP，标签为蓝色。

（4）实验试剂　四级品，杂质较多，杂质含量高于化学纯试剂而低于工业级试剂，只适用于一般的化学工作，代号 LP，标签为黄或棕色。

化学试剂除上述几个等级外，还有基准试剂、光谱纯试剂、色谱纯试剂、生化试剂等。

基准试剂：杂质总量不超过 0.05%，相当或高于优级纯试剂，专作配制标准溶液的基准物质。

光谱纯试剂：主要在光谱分析中用作标准物质，检测不出杂质含量，代号 SP。

色谱纯试剂：主要用作色谱分析的标准物质。

生化试剂：主要用于各种生化实验。

化学试剂纯度越高价格越贵，应根据不同的用途选用合适的试剂。一般试剂瓶的标签上会标识出该试剂技术条件所符合的标准。

2. 化学试剂的取用操作　首先，不能用手直接接触化学试剂，同时在取用化学试剂时还应注意以下几点。

（1）取用前先看标签，保证所取试剂的正确性。

（2）打开瓶塞后，瓶塞应仰放在桌面上，防止污染，用完后立即盖好。

（3）试剂按需取用，不能浪费，取出后的试剂不得再倒回原试剂瓶中，避免污染。

（4）自配的试剂，必须在瓶外贴上标签，标签上需写明试剂名称、浓度、配制时间等。

（5）所取用试剂的状态不同，取用操作要求也不同。

固体试剂的取用操作要求包括：①取用时要用洁净干燥的药匙，用后洗净；②称取试剂需用称量纸或容器，对于具有腐蚀性或易潮解的试剂需用称量瓶；③将容器倾斜 45°，药匙约到容器的 2/3 处，容器直立使样品直接落入容器底部。

液体试剂的取用操作要求包括：①取用时可直接倒出，若有特殊要求，可用洁净干燥的吸管或移液管取出，防止污染试剂；②倒出液体时，一手握住试剂瓶上的标签，瓶口紧贴容器口，让试剂缓慢流入容器中；若容器不易导入，需用玻璃棒引流；③停止倒出试剂时，需将瓶口在容器或玻璃棒上靠一下，避免瓶口上遗留的试剂流到外壁上；④若用滴管取试剂时，先将滴管胶头内的空气排出，直立伸入试剂瓶中，放松手指吸入试剂，将滴管提出，垂直于容器口上方，缓慢滴入，滴加试剂时，滴管不能深入容器中；⑤滴管吸入试剂后，滴管口应朝下，不能平放或倒立，否则试剂会流入胶头污染试剂并腐蚀胶头；⑥滴管滴完试剂后，滴管应排空试剂放回原试剂瓶，不能错放造成试剂污染。

（六）玻工操作和胶塞的装配

在有机化学实验中，如果不是使用标准磨口仪器，而是使用普通的玻璃仪器，常要用到不同规格和形状的玻璃管和塞子等配件，才能将各种玻璃仪器正确地装配起来。即使全部使用标准磨口仪器，也少不了要用到一些塞子进行密封等操作或需要弯管、搅拌器等配件。因此，掌握一些基本的玻工操作和胶塞的装配方法，是进行有机化学实验必不可少的基本操作。

1. 简单的玻工操作　有机化学实验中有些玻璃制品，如一些连接弯管、减压蒸馏的毛细管、化学反应的搅拌棒等都需要自己动手加工制作，这些都要求必须熟练地掌握简单的玻工操作。

（1）玻璃管（棒）的截断　玻璃管（棒）的截断操作可分为三个步骤：锉痕、折断、熔光。

1）锉痕：将玻璃管（棒）平放在桌子的边缘，左手按住玻璃管（棒），右手用小锉刀或小砂轮在需要截断的地方沿着一个方向用力锉出一道细直的锉痕，不能来回拉锉，否则会导致断面不平整。

2）折断：用布包着玻璃管（棒），远离眼睛，使玻璃管（棒）的凹痕朝外，两只手分别握住玻璃管（棒）的两边，两个大拇指按住凹痕的两侧，用力急速向与锉痕相反的方向折，玻璃管（棒）在凹痕处折成两段，操作参见图 2 - 8。

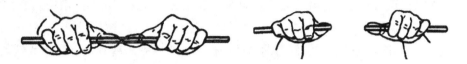

图 2 - 8　玻璃管（棒）的折断

3）熔光：将玻璃管（棒）成 45°倾斜，断口处放在酒精灯的外焰上烧制，烧制时要不断转动，烧到平滑即可，以免操作时划破手或橡皮管。

（2）弯管的制作　将玻璃管放至酒精灯火焰的外焰处，加热烧至玻璃管变软后，轻轻弯曲成所需角度。分为两个步骤：烧管、弯曲。

1）烧管：两只手握住玻璃管的两端，将需要弯曲的部位放在火焰中加热，受热部分约宽 5cm。加热过程中，缓慢地向同一方向转动，使其受热均匀；两手转动速度一致，用力均匀，防止玻璃管扭歪。当玻璃管变黄软化时，离开火焰准备弯管。

2）弯管：两手向下将软化的玻璃管轻轻弯曲成所需角度。在弯曲时用力均匀，不要过猛，防止扭动，否则弯曲后的管子不在同一平面上。可在弯成角度后，在管口轻轻吹气。120°以上的角度可以一次完成；而较小角度，可先弯成 120°左右的角度，待玻璃管稍冷后再重新加热软化后完成所需的角度，操作可参见图 2 - 9；若要完成小于 60°的弯管，需要重复三次烧管、弯管的操作才能完成。注意玻璃管每次不能在同一位置上加热，要向左或向右稍移一点。为防止弯管内径变细，弯管时不能向外拉。加热温度要得当，若加热软化不够不易弯曲，受热过度则玻璃管弯曲处管壁厚薄不均匀。检查制作的弯管如图 2 - 10 所示，（a）为合格，（b）和（c）不合格。

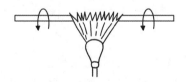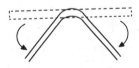

图 2 - 9　弯管的制作

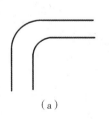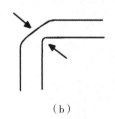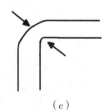

（a）　　　　　　　　　（b）　　　　　　　　　（c）

图 2 - 10　弯好的玻璃管形状

弯好的玻璃管应趁热在弱火焰中稍加热一会，将其慢慢移出火焰，放在石棉网上自然冷却，称为退火处理，这样可防止玻璃管因冷却产生较大的应力而断裂。玻璃管冷却时不能放在冷的实验台板上或立即与冷物体接触，否则玻璃管会因骤冷而断裂。

（3）熔点管和沸点管中毛细管的制作　熔沸点的测定一般用毛细管测定法。拉制成一定规格的毛细管，分为两步操作。

1）烧管：与制作弯管的烧管步骤基本一致，但加热时间更长，软化程度更大，一般要烧至红黄色。

2）拉管：两肘搁在桌面上，两手平稳地沿着水平方向将烧好的玻璃管向两边缓慢拉伸，接着逐步加快速度拉制成内径约1mm的毛细管后，两端用火封闭，使用时从中间截断成两根毛细管。

2. 塞子的选择、钻孔和装配　有机实验中常用的塞子有软木塞、橡皮塞和玻璃磨口塞。软木塞不与有机物反应但易被酸碱腐蚀；橡皮塞不易漏气和被酸碱腐蚀，但易被有机溶剂溶胀。塞子的选择可根据化学反应所需的装置和盛装的试剂进行选择。

（1）塞子的选择　一般根据所需塞子仪器的口径进行选择，以塞子塞到仪器瓶颈或管径的1/2 ~ 2/3处为宜，如图2 -11所示。

错误　　　　　　　　正确　　　　　　　　错误

图2 -11　塞子大小的选择

图2 -12　打孔器

（2）塞子的钻孔　有机实验中常需在塞子内插入导气管、温度计、滴液漏斗等，因此需对塞子进行打孔。打孔所用的工具叫打孔器，如图2 -12所示。打孔器是一组直径不同的具有手柄的金属管，另一端具有锋利的管口。打孔器一般是靠手力打孔，也可将打孔器固定在简单的机械设备上，靠机械力进行打孔。若在软木塞上打孔，应选用比欲插入的玻璃管口径稍小的钻嘴，因软木塞软而疏松，打出的孔径稍小于玻璃管的外径才能插紧；若在橡皮塞上打孔，应选用比欲插入的玻璃管外径稍大的钻嘴，因橡皮塞有弹性，孔打好后孔径会收缩变小。不管选用哪种塞子进行打孔，都必须保证插入的玻璃管要紧密，防止漏气。

钻孔的方法：首先在桌子上放块木板，将塞子的小端朝上，左手握住塞子，右手拿着打孔器柄在需要打孔的位置使劲地沿着顺时针方向钻动，打孔器要垂直，不能左右摆动、不能倾斜，否则打出的孔是斜的。当钻至塞子高度的一半时，逆时针旋转取出钻头，捅出钻嘴内的塞芯。然后将塞子大的一面朝上，按上述的方法钻孔直至钻通，捅出钻嘴内的塞芯，操作参见图2 -13。

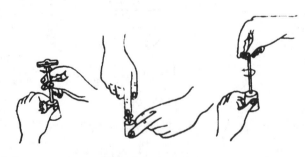

图2 -13　打孔的方法

钻孔后把玻璃管插进去，如果不费力就可插进去，说明孔过大，玻璃管与塞子间贴合不紧密，会漏气，不能用。若孔径小或不光滑，可用锉子进行修整至合适。

钻双孔时，两个孔的孔道要平行垂直，中间隔一定距离，保证两根玻璃管不能接触，方便使用。

（3）塞子的装配　左手拿着塞子，右手拿着用水或甘油润湿过的玻璃管的另一端，距管口约 4cm 处，如图 2-14 所示，稍稍用力把玻璃管插进去。

图 2-14　塞子的装配

注意右手需拿到距管口约 4cm 处的玻璃管位置，不能太远也不能用力太大，否则会使玻璃管折断刺到手，最好用布包住玻璃管再插入塞子较安全。若需插入弯管，不能捏着弯曲处。

实验一　简单玻工操作

【实验目的】

掌握玻璃管（棒）的简单加工方法；塞子钻孔的正确方法。

【实验步骤】

1. 玻璃管（棒）的截断和熔光　取直径 10mm、长 30cm 的薄玻璃管 1 根，直径 5mm、长 80cm 的玻璃棒 1 根，洗净、干燥。将玻璃管截为 3 根，每根长 10cm；将玻璃棒截为 4 根，每根长 20cm，并将截断的玻璃管和玻璃棒的断口熔光。

2. 制作熔点管　取直径 10mm、长 8cm 的薄玻璃管，拉制成直径 1mm 左右、长 10cm 且两端封口的毛细管 8 根，装入大试管备用。使用时从中间截断，即得两根熔点管。

3. 制作玻璃弯管　制作 120°、90°、60° 的玻璃弯管各 1 根。根据弯管的制作方法，120° 可一次完成，90°、60° 可分两次完成。

4. 制作带有玻璃管的橡皮塞子　制作带有直径 10mm、长 10cm 薄玻璃管的橡皮塞子 1 个；制作带有 100~200℃ 温度计的橡皮塞子 1 个。

【思考题】

（1）玻璃管（棒）截断应注意哪些问题？在火焰上加热玻璃管时怎样才能避免玻璃管被扭歪？

（2）弯曲玻璃管和拉制熔点管时，软化温度有何差别？如何判断？

（3）弯管制作应注意哪些问题？如何判断弯管是否合格？

（4）如何正确选择合适的塞子？为什么塞子打孔要打两面？将玻璃管插入塞子时应注意哪些问题？

二、有机化合物物理常数的测定

（一）熔点的测定与温度计的校正

通常情况下，当固体化合物受热达到一定的温度时，即由固体转变为液体，这时的温度就是该化合物的熔点。严格的熔点定义应为当物质的固态与液态蒸气压相等时的温度。纯粹的有机化合物一般都有固定熔点，同时熔点距（开始熔化到完全熔化的温度）也很短，只相差 0.5~1.0℃。但如有少量杂质存在，物质的熔点距就会增大，并使熔点降低，因此可以通过测定熔点来鉴定固体有机化合物是否纯粹。

1. 基本原理

（1）晶体的蒸气压、三相点和熔点　通常晶体中的质点（分子或原子）仅在晶格点阵中振动，但处在晶面上动能很大的质点会脱离晶格的束缚逸散到周围空间中去。在密闭有限的真空中，这些逸散出来的质点形成蒸气，由于互相碰撞，有的质点可重新回到晶格中去。当单位时间内逸出晶格的质点数等于重新回到晶格中的质点数时，即达到平衡，晶体周围空间内的蒸气浓度不再增加，这时蒸气的压强称为该种晶体的饱和蒸气压，简称该晶体的蒸气压。当晶体种类一定时，其蒸气压仅与温度相关，而与晶体的绝对量无关。

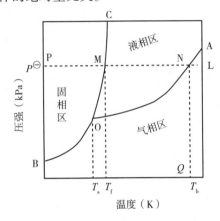

图 2 – 15　物质三相平衡曲线示意图

当对晶体加热时，晶体的蒸气压随温度升高而增大。若以压强为纵坐标，以温度为横坐标作图，可得到图 2 – 15，此即该物质的相图。物质的相图由固气平衡曲线 OB、固液平衡曲线 OC 和气液平衡曲线 OA 组成。虚线 PL 是压强为一个标准大气压（101.325kPa）时的等压线，交固液平衡曲线 OC 于 M，交气液平衡曲线 OA 于 N。按照熔点的定义，化合物的熔点是在一个大气压下固液平衡时的温度，即图中的 M 点所对应的温度点 T_f 为该晶体的熔点。同样，化合物的沸点是在一个大气压下气液平衡时的温度，故 N 所对应的温度点 T_b 即该物质的沸点。三条平衡曲线交汇于 O 点，O 点被称为三相点。三相点的主要特征：①三相点处气、液、固三相平衡共存；②三相点是液体存在的最低温度点和最低压强点；③大多数晶体化合物三相点处的蒸气压低于大气压，只有少数晶体三相点处的蒸气压高于大气压；④晶体化合物的三相点温度一般略低于其熔点温度，但相差很小，一般仅相差几十分之一度，故化合物的三相点是很难测准的。

一般情况下，化合物的熔点可以从各种理化手册中查到，所以人们往往根据其熔点时的蒸气压高低来粗略地判断其能否升华。表 2 – 4 列出了几种代表性化合物以供参考。

表 2 – 4　几种代表性化合物晶体的熔点及熔点时的蒸气压

晶体物质	熔点（℃）	熔点时的蒸气压（Pa）	升华情况
干冰	-57	516756（5.1atm）	易于常压升华
全氟环己烷	59	126656	易于常压升华
六氯乙烷	186	103991	易于常压升华
樟脑	179	49329	易于减压升华
碘	144	11999	易于减压升华
萘	80.22	933	可以减压升华
苯甲酸	122	800	可以减压升华
对硝基苯甲醛	106	1.2	不能升华

（2）含有杂质的晶体的熔融行为　晶体物质在三相点处出现的液体是看得见的液滴，若从微观上讲，固液平衡在更低的温度下就已存在。若晶体中含有少量杂质，则杂质中的极微量液体与原晶体中的极微量液体会相混而形成溶液。描述溶液蒸气压行为的拉乌尔定律表达式为：

$$P_A = P_A^0 X_A$$

式中，P_A 为 A 组分的蒸气分压；P_A^0 为 A 组分独立存在时的蒸气压；X_A 为 A 在溶液体系中的摩尔分数。由于 $X_A < 1$，所以 $P_A < P_A^0$，即因 A 液体中融入了杂质 B 而使 A 的蒸气分压下降，在相图（图 2 – 16）

中则表现为 A 的气液平衡曲线 OA 的位置下降，例如下降至 O_1A_1
的位置。当晶体 A 受热升温时，A 的蒸气压将沿固气平衡曲线
BO 的方向上升，当升至与 O_1A_1 相交的 O_1 点时开始有看得见的液
相出现，此时的温度即晶体 A 的初熔点 T_{f1}，它低于 A 的三相点
温度 T_s。随着温度的升高，A 和杂质 Z 都逐渐熔融而进入液相，
在液相中 A 与 Z 的比例大体不变，基本相当于初始溶液中的比
例，因而气液平衡曲线大体上仍停留在 O_1A_1 的位置上。但 Z 的
绝对量远少于 A，故 Z 将首先全部进入液相。当 Z 全部进入液相
后，A 仍将继续不断地进入液相，从而使液相中 A 的比例增大，
将导致 A 的蒸气分压上升，即 A 的气液平衡曲线的位置 BO 线上

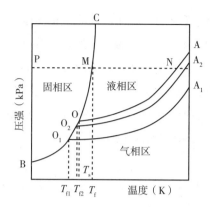

图 2-16　杂质对晶体溶解行为的影响

移。当 A 也全部进入溶液时，A 在溶液中所占的比例不再改变，A 的气液平衡曲线 O_2A_2 的位置也就固
定于 O_2 点。但此时液相中仍然有 Z 存在，因而 A 的蒸气分压仍然小于它独立存在时的蒸气压，O_2A_2 的
位置也仍然处于纯 A 的气液平衡曲线 OA 的下方。O_2 对应的温度 T_{f2} 即 A 的全熔点，即 $T_{f2} < T_s < T_f$。绝
大多数晶体的三相点温度稍低于其熔点，所以含有杂质的晶体的全熔点低于其纯品的熔点。

从图 2-16 可以看出，晶体 A 从初熔到全熔经历了一个温度区间 $T_{f1} \sim T_{f2}$，这个温度区间被称为 A
的熔程，T_{f1} 与 T_{f2} 的差值称为 A 的熔距（程），T_{f1} 与 T_{f2} 的平均值称为 A 的熔点。例如：某含杂质的晶体
在 119℃初熔，在 123℃全熔，则其熔程为 119~123℃，熔距 4℃，熔点 121℃。纯净晶体化合物的熔距
很短，一般不超过 1℃，有的甚至只有几十分之一摄氏度，可以近似地看作一个温度点。当化合物中混
有杂质时，不但熔点下降，熔距也会变长。

2. 测定方法　晶体化合物的熔点测定是有机化学实验中的重要基本操作之一。有机化合物熔点的
测定方法很多，其中，以毛细管法和显微熔点测定法为主。毛细管法可分为 b 形管法和熔点仪测定法，
具体方法测定见实验二，该法具有仪器设备要求简单、加热、冷却速度快，节省时间等优点。显微熔点
测定法由于采用可调电热板加热、温度计或热电偶测温以及显微镜观察样品的熔融情况，提高了测量的
准确度，常用于测量微量样品和具有较高熔点的（高于 350℃）样品。

用毛细管法测定熔点，操作简便，但样品用量较大，测定时间长，同时不能观察出样品在加热过程
中晶型的转化及其变化过程。为克服这些缺点，实验室常采用显微熔点测定仪。显微熔点测定仪主要由
三部分组成：显微镜、加热测温台和控制箱（图 2-17）。

除此之外，还可以通过放大镜观察样品在加热过程中变化的全过程，如失去结晶水、多晶体的变化
及分解等。

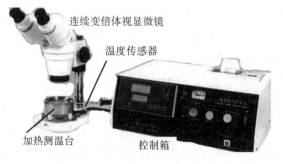

图 2-17　显微熔点测定仪

3. 温度计的校正　用以上方法测定熔点时，温度计上的熔点读数与真实熔点之间常有一定的偏差。
以常用的水银温度计为例，水银温度计是一种结构简单、使用方便、测量较准确并且测量范围大的温度
计，然而，当温度计受热后，水银球体积会有暂时的改变而需要较长时间才能恢复原来体积。由于玻璃

毛细管很细，因而水银球体积的微小改变都会引起读数的较大误差。对于长期使用的温度计，玻璃毛细管也会发生变形而导致刻度不准。另外，温度计有全浸式和半浸式两种，全浸式温度计的刻度是在温度计的水银柱全部均匀受热的情况下刻出来的，但在测量时，往往是仅有部分水银柱受热，因而露出的水银柱温度就较全部受热时低。这些在准确测量中都应予以校正。

（1）温度计读数的校正——露茎校正　将一支辅助温度计靠在测量温度计的露出部分，其水银球位于露出水银柱的中间，测量露出部分的平均温度（图2-18），校正值 Δt 按下式计算：

$$\Delta t = 0.00016h(t_体 - t_环)$$

式中，0.00016 为水银对玻璃的相对膨胀系数；h 为露出水银柱的高度（以温度差值表示）；$t_体$ 为体系的温度（由测量温度计测出）；$t_环$ 为环境温度，即水银柱露出部分的平均温度（由辅助温度计测出）。校正后的真实温度为：$t_真 = t_体 + \Delta t$。例如测得某液体的 $t_体 = 183℃$，其液面在温度计的29℃上，则 $h = 183 - 29 = 154$，$t_环 = 64℃$，则 $\Delta t = 0.00016h(t_体 - t_环) = 0.00016 \times 154 \times (183 - 64) = 2.9$，故该液体的真实温度为：

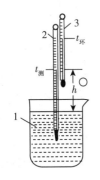

图 2-18　温度计校正
1. 被预测液体；2. 测量温度计；
3. 辅助温度计

$$t_真 = t_体 + \Delta t = 183 + 2.9 = 185.9$$

由此可见，体系的温度越高，校正值越大。在300℃时，其校正值可达10℃左右。

半浸式温度计在水银球上端不远处有一标志线，测量时只要将线下部分放入待测体系中，便无须进行露出部分的校正。

（2）温度计刻度的校正——示值校正　温度计刻度的校正通常用两种方法。

1）以纯的有机化合物的熔点为标准来校正：选用数种已知熔点的纯有机物，用该温度计测定它们的熔点，以实测熔点温度作纵坐标，实测熔点与已知熔点的差值为横坐标，在任一温度时的读数即可直接从曲线中读出。

2）与标准温度计比较来校正：将标准温度计与待校正的温度计平行放在热溶液中，缓慢均匀加热，每隔5℃分别记录两支温度计读数，求出偏差值 Δt。

$$\Delta t = 待校正的温度计的温度 - 标准温度计的温度$$

以待校正的温度计的温度作纵坐标，Δt 为横坐标，画出校正曲线，这样凡是用这只温度计测得的温度均可在曲线上找到校正数值 Δt。

（3）零点的测定　最好用蒸馏水和纯冰的混合物。在一个 15cm×2.5cm 的试管中放置蒸馏水 20ml，将试管浸在冰盐浴中至蒸馏水部分结冰。用玻璃棒搅动使之成为冰-水混合物。将试管自冰盐浴中移出，然后将温度计插入冰-水中，轻轻搅动混合物，到温度恒定2~3分钟后读数。

（4）使用注意事项　水银温度计在使用中应注意以下几点。

1）根据测量系统精度选择不同量程、不同精确度的温度计。

2）根据需要对温度计进行校正。

3）温度计插入系统后，待系统与温度计之间热传导达平衡后（几分钟）再进行读数。

4）以水银柱上升的方向读数，而且在各次读数前轻击水银温度计，以防水银粘壁。

（二）沸点的测定

通常情况下，纯粹的液态物质在一定的压力下具有一定的沸点，而且沸程很短，一般为0.5~1℃。不纯的液态物质的沸点，取决于杂质的物理性质和含量。

1. 基本原理　如果将液体置于一个真空密闭体系中，处于液体中动能较大的分子在接近液面时会脱离液面的束缚而逸散到上部空间中去。这些逸出液面的分子在有限的空间中漂游而形成蒸气。由于分子互相碰撞，有的分子被撞回液体中去。当单位时间内逸出液面的分子数与重新回到液体中的分子数相等时，即达到平衡状态。饱和时蒸气的压强称为该种液体的饱和蒸气压，也简称蒸气压。在同一温度下，不同种类的液体一般具有不同的蒸气压；而同一种类的液体，其蒸气压大小仅与温度有关，而与液体的绝对量无关。当液体种类一定，温度一定时，蒸气压具有固定不变的值。

将液体加热，其蒸气压随着温度的升高而升高（图 2 - 19）。当蒸气压升至与外压相等时，气化现象不仅发生于液体表面，也剧烈地发生于液体的内部，有大量气泡从液体内部逸出，这种现象称为沸腾。沸腾时的温度称为沸点。由于沸点与外界压强有关，所以记录沸点时需同时注明外界压强。如水在 85326Pa 的压强下于 95℃ 沸腾，可记为 95℃/85326Pa。如不注明压强，则通常认为外界压强为 101325Pa，该沸点称为正常沸点。

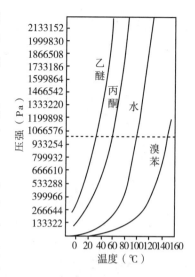

图 2 - 19　温度与蒸气压关系

有时液体的温度已经达到或超过其沸点而液体仍不沸腾，这种现象称为过热。过热的原因在于液体内部缺乏气化中心。通常液体在接近沸点的温度下，内部会产生大量极其微小的气泡。这些气泡由于太小，其浮力不足以冲脱液体的束缚，因而分散地滞留于液体中。如果装盛液体的瓶底较为粗糙，吸附有较多空气，则受热时空气泡会迅速增大体积并向上浮起，在上升时吸收液体中滞留的微小蒸气泡一起逸出液面。但在玻璃瓶中加热液体，瓶底及内壁非常光滑，极少吸附空气，不能提供气化中心，就会形成过热，特别是当液体较黏稠时更易过热。

过热液体的内部蒸气压大大超过了外界压强，一旦有一个气化中心形成，即会造成许多较大的气泡，这些气泡在上升过程中又会进一步吸收大量滞留的蒸气泡而使其体积急剧膨胀并携带液体冲出瓶外，这种不正常的沸腾现象称为暴沸。在蒸馏、减压蒸馏等操作中，暴沸会将未经分离的混合物冲入已被分开的纯净物中去，造成实验失败。暴沸还会冲脱仪器连接处，引发着火、中毒等实验事故。为防止暴沸，在蒸馏、回流等操作中投入沸石或碎瓷片，以其粗糙表面上吸附的空气提供气化中心；在减压蒸馏中，则通过毛细管连续地向液体中导入空气作为气化中心。

2. 测定方法　测定沸点可用两种实验方法：样品量很少时，可采用微量法，以微量测定熔点装置来进行（图 2 - 20）；样品量较多时，可用常量法，即以简单蒸馏装置进行测定。

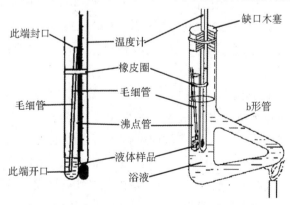

图 2 - 20　微量测定沸点装置

（三）折光率的测定

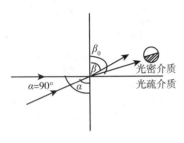

图 2 - 21　光的折射现象

1. 基本原理　光在不同的介质中有不同的传播速度。因而当光由一种介质进入另一种介质时，如果入射的方向与界面不垂直，则会在界面处改变前进的方向，即发生折射。如果是由光疏介质进入光密介质，则入射角总会大于折射角。如图 2 - 21 所示，当光由光疏介质沿入射角为 α 的方向进入光密介质时，在界面处改变方向而沿折射角为 β 的方向前进，且 $\alpha > \beta$。而 β 的大小与介质密度、分子结构、温度及光的波长有关。根据折射定律 α 与 β 的正弦之比与这两种介质的折光率成反比，即：

$$\frac{\sin\alpha}{\sin\beta} = \frac{n_B}{n_A}$$

式中，n_A 和 n_B 分别为介质 A 和 B 的折光率。若介质 A 为真空，则 $n_A = 1$，这时 $n_B = \frac{\sin\alpha}{\sin\beta}$。若 α 增大，则 β 也相应增大。当 α 增大至 $\alpha_0 = 90°$时，$\sin\alpha_0 = 1$，折射角 β 也增大到最大值 β_0，且有 $n_B = \frac{1}{\sin\beta}$。在温度和入射光的波长固定时，$\beta_0$ 为一固定的值，称为临界角，是介质 B 的特征值。

如果使 0 ~ 90°的所有角度上都有同一种单色光自光疏介质进入光密介质，则经折射后在临界角以内的整个区间内都有光线通过，因而是明亮的；相反地，在临界角以外的区域内则完全没有光线通过，因而是黑暗的。在明暗两区域的分界线上处设置目镜，则在目镜的视野中就会观察到一半明一半暗的现象。介质不同，临界角大小也不同，目镜中明暗区域分界线的位置也就不相同。如果在目镜中刻上十字交叉线，并调整目镜与光密介质的相对位置，使明暗交界线刚好经过十字交叉线的交点，然后根据目镜位置变动的幅度进行换算，即可求得介质 B 的折光率。在实际使用的折光仪中，目镜位置的变动幅度是经过计算先作了刻度的，因而可以直接从刻度盘上读出光密介质的折光率。

折光率是液体有机化合物的重要特性常数之一，由于它可以直接读出，且能精确到小数点后第四位，因而作为液体物质纯度的标准，它比沸点更为可靠。此外，利用折光率还可以鉴定未知物或确定沸点相近、结构相似的液体混合物的组成，因为结构类似、极性不大的液体混合物的折光率与各组分的摩尔比常呈线性关系。液体化合物的折光率与其分子结构、入射光的波长及测定时的温度、压强有关。但大气压强的变化对测定结果的影响并不显著，所以，若非特别精密的工作，一般不考虑压强的影响。通常温度升高 1℃，液态化合物折光率降低 $(3.5 ~ 5.5) \times 10^{-4}$，因此折光率（$n$）的表示需要注出所用光线波长和测定的温度，入射的光一般用钠的黄色光（$\lambda = 589.3 nm$）。用 n 代表折光率，通常记作 n_D^t。例如水在 20℃时用钠光测定折光率为 1.33299，表示为 $n_D^{20} = 1.33299$。

2. 阿贝折光仪的使用与测定方法　测定液体化合物折光率的仪器常使用阿贝（Abbe）折光仪（图 2 - 22）。

阿贝折光仪经校正后才能作测定用。校正的方法：从仪器盒中取出仪器，置于清洁干净的台面上，在棱镜外套上装好温度计，与超级恒温水浴相连，通入 20℃的恒温水。当水浴恒温后，打开锁，开启下面棱镜，使其镜面处于水平位置，滴入 1 ~ 2 滴丙酮于镜面上，合上棱镜，促使难挥发的污物逸去，再打开棱镜，用擦镜纸轻轻擦拭镜面（不能用滤纸）。待镜面干后，滴 1 ~ 2 滴重蒸蒸馏水于镜面上，关闭棱镜，调节反光镜使镜内视线明亮，转动棱镜直到镜内观察到有界线或出现彩色光带。若出现彩色光带，则调节消色散棱镜旋钮，使明暗界线清晰，再转动直角棱镜筒下方的方形螺旋，使明暗界线恰巧通过"×"字的交点（图 2 - 23），记录读数与温度，重复两次测得纯水的平均折光率与纯水的标准值（$n_D^{20} = 1.33299$）比较，即可求得折光仪的校正值，然后用同样的方法求待测液体样品的折光率，校正值一般很小，若数值太大时，整个仪器需重新校正。

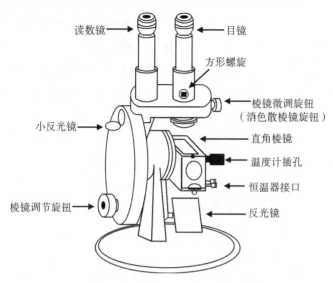

图 2 – 22　阿贝折光仪构造示意图

图 2 – 23　读数点图

每次测定前及进行示值校准时必须将进光棱镜的毛面、折射棱镜的抛光面及标准试样的抛光面，用脱脂棉蘸少许无水乙醇或丙酮，轻轻地朝单方向擦洗干净。使用完毕应用黑布罩住仪器。

需要说明的是，阿贝折光仪不能在较高温度下使用；对于易挥发或者易吸水样品的测定有些困难；此外对所测样品的纯度要求也较高。

近年来，随着微电子技术的发展和普及，阿贝折光仪也得到很大的改进，出现了数显、控温一体化的全自动阿贝折光仪。使测定更加智能化、操作更加简单、读数更加直观快速。但其前期校正与手动读数阿贝折光仪区别不大。

3. 阿贝折光仪的操作步骤　使用阿贝折光仪测定液体折光率的具体操作步骤如下。

（1）安装　将折光仪置于光线明亮、清洁干净的台面上（但应避免阳光直射或靠近热源），用橡胶管将测量棱镜和辅助棱镜上保温夹套的进出水口与超级恒温槽连接起来，调到测定所需的温度，一般选用 (20 ± 0.1) ℃。温度以折光仪上的温度计读数为准。

（2）清洗　开启棱镜，用滴管滴加少量丙酮或乙醇清洗镜面（勿使尖管碰触镜面），可用擦镜纸轻轻吸干镜面（不能过分用力，更不能使用滤纸）。

（3）校正　滴加 1 ~ 2 滴双蒸馏水于镜面上，关紧棱镜，转动左侧刻度盘，使读数镜内标尺读数置于纯水在该温度下的折光率。调节反射镜，使测量望远镜中的视场最亮。调节测量镜，使视场最清晰。转动消色散手柄，消除色散。调节校正螺丝，使明暗交界线和视场中的"×"形线交点对齐（图 2 – 23），读数即为折光率，与纯水的标准值（$n_{\mathrm{D}}^{20} = 1.33299$）比较，即可求得该折光仪的校正值。

（4）测量　打开棱镜，待镜面干燥后，滴加数滴待测液体，闭合棱镜（应注意防止待测液层中存在有气泡；若为易挥发液体，可用滴管从加液槽加样），转动刻度盘罩外手柄，直至在测量望远镜中观测到的视场出现半明半暗视野（应为上明下暗）。转动消色散手柄，使视场内呈现一个清晰的明暗分界线，消除色散。再次转动刻度盘罩外手柄，使临界线正好在"×"线交点上，这时便可从读数镜中读出折光率值。一般应重复测定 2 ~ 3 次，读数差值不能超过 ±0.0002，然后取平均值。

（5）维护　折光仪使用完毕，应将棱镜用丙酮或乙醇清洗，并干燥。拆下连接恒温水的胶管，排尽夹套中的水，将仪器擦拭干净，放入仪器盒中，置于干燥处。

（四）比旋光度的测定

1. 基本原理 光的本质是电磁波，波的振动始终沿着与光的前进方向垂直的所有方向上振动。如果使单色光通过 Nicol 棱镜，棱镜只允许在与棱镜轴平行方向上振动的光通过，而在其他方向上振动的光不能通过，则透过棱镜的光就只能在一个平面内振动，这样的光叫作平面偏振光，简称偏光。

某些有机化合物的分子具有手性，可以使偏光的振动平面旋转一定角度，这样的性质称为旋光性。具有旋光性的物质称为旋光物质或光学活性物质。旋光物质使偏光的振动平面旋转的角度称为旋光度，通常用 α 表示。不同种类的旋光物质，其旋光度一般不同，而同一种旋光物质在测定条件完全相同时具有固定不变的旋光角度，但当条件不同时，测定的值就不相同。影响旋光度的外界因素有溶液的浓度、温度、溶剂、光的波长以及光所通过的液层厚度。为了比较不同种旋光物质的旋光性能，设定光的波长（如用钠光灯 D，$\lambda = 589.3\text{nm}$），设定温度 t，溶剂为水，则旋光度与溶液浓度 c，光所通过的液层厚度 l 成正比，即：

$$\alpha = [\alpha]_D^t \times c \times l$$

式中，$[\alpha]_D^t$ 表示在单位浓度（1g/ml）的溶液且液层厚度为 1dm 时的旋光度，称为比旋光度。它只与物质的本性有关，是光学活性物质的特征常数之一，其对鉴定旋光性化合物是不可缺少的，而且可以计算出旋光性化合物的光学纯度。则：

纯液体的比旋光度：$[\alpha]_D^t = \dfrac{\alpha}{d \times l}$

溶液的比旋光度：$[\alpha]_D^t = \dfrac{\alpha}{c \times l}$

式中，l 为旋光管的长度（光所通过的液层厚度，单位为分米）；d 为密度；c 为溶液浓度（1ml 溶液中所含样品的克数）。

有些物质能使偏振光的振动平面向右（顺时针方向）旋转，称为右旋，以(+)号表示；另一些物质则能使偏振光的振动平面向左（逆时针方向）旋转，称为左旋，以(−)号表示。又由于溶剂能影响旋光度，所以表示比旋光度时通常还需标明测定时所用的溶剂。例如，l−谷氨酸在水溶液中比旋光度为 $[\alpha]_D^{20} = +12.1°$，在 2mol/L 盐酸溶液中为 $[\alpha]_D^{20} = +32°$。

2. 旋光仪及其工作原理 测定旋光度的仪器叫旋光仪。其实物结构如图 2−24（a）所示。工作原理见图 2−24（b），由图中可以看到，自单色光源（常见者为钠光灯）发出的普通单色光首先经聚焦透镜，将散射的光聚集成狭窄的一束平行光，但仍在垂直于光的前进方向的各个方向上振动。经过起偏镜一定角度后，只有沿一个方向振动的光波被透过，即变成了偏振光。偏振光通过旋光管内的液体后，其振动的方向改变了一定角度 α，因而不能透过检偏镜（Nicol 棱镜），起偏镜与检偏镜轴平行，它是由细心打磨成特定角度的两块冰晶石或方解石经光学透明的黏合剂黏合而成的，其作用是产生平面偏振光，因而也称为起偏镜；产生的偏振光经过盛待测液体的样品管，称为旋光管；使偏振光向右（或左）偏转 $\alpha°$，只有将检偏镜也旋转同样的角度，才能使光线透过。但检偏镜是与刻度盘连在一起的，检偏镜的旋转即带动刻度盘一起旋转。当在目镜中可以看到透过的光线时，刻度盘上的读数就是偏振光的偏振平面被样品旋转的角度，亦即旋光度。将测得的旋光度以及溶液浓度、旋光管长度等数据代入前面的式子，即可求得该物质的比旋光度。

为了减少误差，提高观测的准确性，在起偏镜后放置一块狭长的石英片，使目镜中能观察到三分视场（图 2−25），其中图 2−25（c）明暗度较暗且相同，三分视场消失，是灵敏度最高的。常选择这一视场作为仪器的测量读数点，即在测定旋光度时均要转动刻度盘转动手轮，调整到这一视野进行读数。

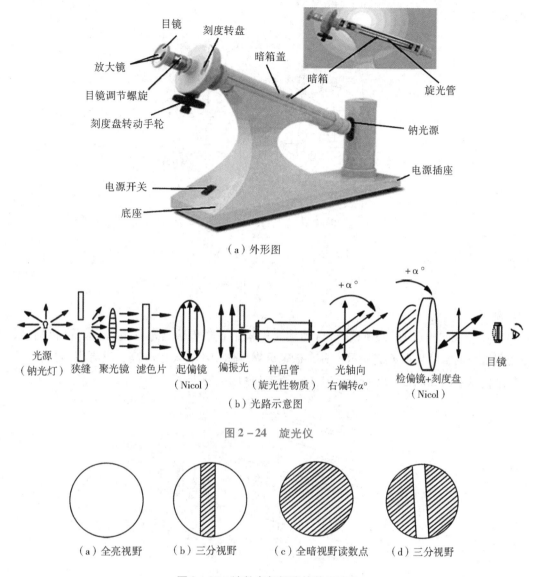

（a）外形图

（b）光路示意图

图 2－24　旋光仪

（a）全亮视野　　（b）三分视野　　（c）全暗视野读数点　　（d）三分视野

图 2－25　读数点与视野的关系确定

旋光仪的读数系统包括刻度盘和放大镜。刻度盘 360 格，每格 1°，左右各有一个游标，游标分为 20 格，用游标直接读数到 0.05°/格。目镜两侧有两个小放大镜。其采用双游标读数，以消除刻度盘偏心差。采用双游标读数法可按下列公式求得结果：

$$Q = (A + B)/2$$

式中，A 和 B 分别为两游标窗读数值。如图 2－26 所示，读数应为 +9.30°。

3. 测定操作步骤

（1）仪器预热　先接通电源，开启旋光仪的电源开关，预热 20 分钟，使灯光强度稳定。

（2）零点校正　将旋光管用蒸馏水冲洗干净，再装满蒸馏水，旋紧螺帽，擦干外壁的水分后，放入旋光仪中。转动刻度盘，使目镜中三分视场界线消失，观察刻度盘的读数是否在零点处，若不在零点，说明仪器存在零点误差，需测量三次取平均值作为零点校正值。

（3）样品测定　取出旋光管，倒出蒸馏水，用待测溶液洗涤 2～3 次。在旋光管中装满该待测溶液，旋紧螺帽，擦干外壁后放入仪器中。转动刻度盘，使目镜中三分视场消失（与零点校正时相同），记录此时刻度盘的读数，加上（或减去）校正值即该溶液的旋光度。

（4）结束测定　全部测定结束后，取出旋光管，倒出溶液，自来水冲洗，再用蒸馏水洗净，晾干存放。关闭旋光仪电源。

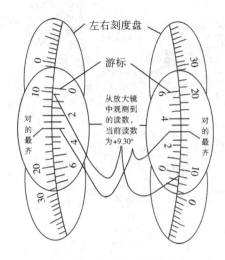

图2-26 旋光仪刻度盘读数

4. 自动旋光仪

（1）自动旋光仪的构造与工作原理 自动旋光仪采用光学零位自动平衡原理、微机伺服、光电检测进行旋光测量，测量结果由数字显示。具有稳定可靠、体积小，灵敏度高，没有人为误差，读数方便等特点。其结构示意图如图2-27所示，其工作原理如图2-28所示。

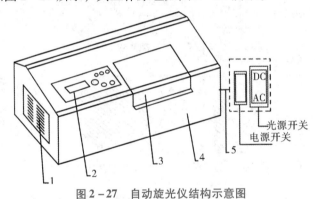

图2-27 自动旋光仪结构示意图

1. 钠光灯窗户；2. 按键显示窗；3. 样品室盖；4. 外壳；5. 开关电源板

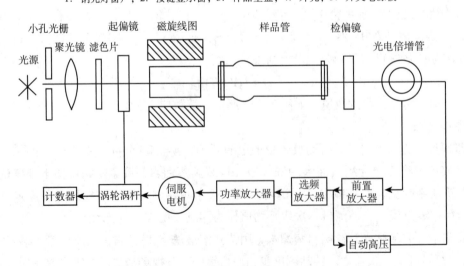

图2-28 自动旋光仪工作原理示意图

（2）自动旋光仪的使用方法

1）仪器预热：将仪器电源插头（机箱背面）插入 220V 交流电源（要求使用交流电子稳压器 1KVA），并接好地线。打开电源开关（power），5 分钟后向上打开光源开关（扳向 D.C），使钠光灯在直流下点亮，预热 15 分钟使钠光灯波长稳定。

2）旋光仪零点校正：洗净旋光管，将管子一端的盖子旋紧，向管内注入蒸馏水或其他空白试剂，把玻璃片盖好，使管内无气泡存在，旋紧套盖，勿使漏水（若有米粒小的气泡，应先让气泡浮在凸颈处；螺帽不宜旋得过紧，以免产生应力，影响读数）。再用吸水纸将旋光管和两端的玻璃片擦净，放入旋光仪样品室中（应注意标记的位置和方向），盖上箱盖，按下"测量"键（整个实验过程只按这一次），这时 LED 屏应有数字显示，待数字稳定后，按板面上的"清零"键，屏显"0.000"即可。

3）样品测定：取出旋光管，倒出蒸馏水，用待测溶液洗涤 2～3 次。在旋光管中装满待测溶液，把玻璃片盖好，旋紧套盖，勿使漏水。按相同的位置和方向放入样品室内，盖好箱盖，仪器数显窗将显示出该样品的旋光度值。按下板面上的"复测"键，指示灯"2"亮，表示仪器显示第一次复测结果，再次按"复测"键，指示灯"3"亮，表示仪器显示第二次复测结果，按"123"键，可切换显示各次测定的旋光度值。按"平均"键，显示平均值，指示灯"AV"亮。如果一个点只取一个值，可不按"复测"键，直接读数即可。

4）关机：仪器使用完毕后，应依次关闭测量、光源开关（扳向 A.C）、电源开关，用毛巾或吸水纸将旋光仪样品室擦拭干净，倒出旋光管中的溶液，拧开两侧的螺丝，依次用自来水、蒸馏水将玻璃管、玻璃片、螺丝、套盖及其他玻璃仪器冲洗干净，放于烘干器上。

5）注意事项：如样品超过测量范围，仪器在 +45°处来回振荡。此时，取出试管，仪器即自动转回零位。此时可将试液稀释一倍再测。

钠灯在直流供电系统出现故障不能使用时，仪器也可在钠灯交流供电（光源开关不向上开启，即扳向 A.C）的情况下测试，但仪器的性能可能略有降低。

当放入小角度样品（小于 0.5°）时，示数可能变化，这时只要按复测按钮，就会出现新数字。

开机后直至实验结束，"测量"键只需按一次，如果误按该键，则停止测量，LED 屏无显示，用户可再按"测量"键，LED 屏重新显示，此时仪器需要重新校零（用空白"清零"）。

（3）旋光仪的维护

1）旋光仪应放在通风干燥和温度适宜的地方，以免受潮发霉。旋光度和温度也有关系。对大多数物质，用 $\lambda = 589.3nm$（钠光）测定，当温度升高 1℃时，旋光度约减少 0.3%。对于要求较高的测定工作，最好能在 (20±2)℃ 的条件下进行。搬动仪器应小心轻放，避免振动。

2）旋光仪连续使用时间不宜超过 4 小时。如果使用时间较长，中间应关熄 10～15 分钟，待钠光灯冷却后再继续使用，或用电风扇吹灯，减少灯管受热程度，以免亮度下降和寿命降低。钠光灯积灰或损坏，可打开机壳侧面进行擦净或更换。

3）旋光管用后要及时将溶液倒出，用蒸馏水洗涤干净所有部件，用柔软绒布或吸水纸擦干藏好。所有镜片均不能用手直接擦拭。

4）旋光仪停用时，应将塑料套套上。装箱时，应按固定位置放入箱内并压紧。

实验二　熔点的测定与温度计的校正

【实验目的】

（1）掌握测定有机化合物熔点的操作方法和温度计的校正方法。

（2）了解熔点测定的意义。

【实验原理】

通过测定固体化合物的熔点，然后与文献记载的标准数据相比较，可以粗略地鉴定固体样品是何种化合物；也可确定两个固体样品是否为同一化合物；或用于定性地确定化合物是否纯净。详见 P32 熔点测定基本原理。

本实验毛细管法有两种：①以 b 形管为熔点测定装置，液体石蜡为浴液；②利用熔点测定仪。分别测定苯甲酸和未知物的熔点，推测未知物为可能的化合物，并将其纯化合物与未知物等量混合均匀，测定其熔点。同时可用显微熔点测定仪来确认测定结果。

【仪器与试剂】

1. 实验仪器　显微熔点测定仪，b 形管，毛细管，玻璃管，温度计，表面皿，酒精灯，铁架台，铁圈，橡皮圈等。

2. 实验试剂　苯甲酸，未知样品（尿素或乙酰苯胺），液体石蜡。

【实验步骤】

1. 毛细管测定法

（1）利用 b 形管测定

1）测定熔点的毛细管：通常用内径约 1mm，长 7～8cm，一端封闭的毛细管作为熔点管。

2）样品的填装[1,2]：取 0.1～0.2g 研细均匀的样品，置于干净的表面皿或玻片上，聚成小堆。将毛细管开口一端倒插入粉末中，样品便被挤入管中，再把开口一端向上，轻轻在桌上敲击，使粉末落入底管，取一长 30～40cm 的玻璃管，直立于桌面上，将装有样品的毛细管封闭端朝下，自由落体，使样品尽可能装填严实，样品高度 1～2mm。反复操作 5～8 次（图 2－29）。样品一定要研得很细，装样要结实。样品中如有空隙，不易传热，会使熔程增大。

3）测定熔点的装置：该装置（图 2－30）是利用 b 形管，又称提勒（Thiele）管。将熔点测定管固定于铁架台上，装入加热液体（液体石蜡）高于上侧管 1cm，熔点测定管口配一缺口单孔软木塞，温度计插入孔中，刻度应向软木塞缺口。将装有样品的毛细管开口向上，用橡皮圈紧附在温度计旁[3]，使毛细管的样品段与温度计水银球中部相齐，温度计插入熔点测定管中的深度以水银球恰在熔点测定管的两侧管的中部为准[4]。加热时，火焰必须与熔点测定管的倾斜部分接触。

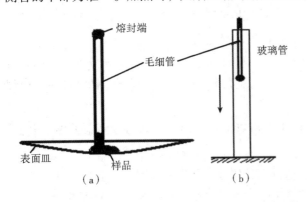

图 2－29　样品的装填图示

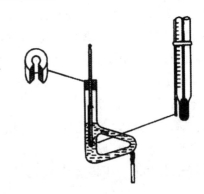

图 2－30　熔点测定装置

4）熔点的测定：用小火缓缓加热 b 形管靠近直立管的倾斜部分，以每分钟上升 3～4℃ 的速度升高温度至所预料的熔点尚差 15℃ 左右时，向右移动火焰，使温度上升速度每分钟约 1℃ 为宜，此时应特别注意观察温度的上升和毛细管中样品的情况。当毛细管中样品开始塌落、有湿润现象直至出现小滴液体时，表示样品开始熔化，是初熔，记下温度，继续微热至样品的固体消失成为透明液体时，是全熔，记下温度，此即样品的熔程。每个样品至少测定两次（两次数值基本一致）[5]。测定结束后，浴液回收[6]。

（2）利用熔点仪测定

1）熔点管的制备：同 b 形管测定。

2）样品的填装：同 b 形管测定。

3）熔点的测定

Ⅰ. 实验仪器简介：RY-1 型熔点测定仪如图 2-31 所示。

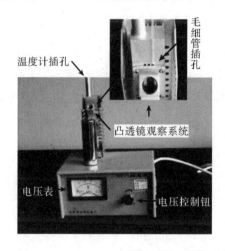

图 2-31 RY-1 型熔点测定仪

Ⅱ. 熔点可测范围：50~300℃。测量精度：1℃。电源：220V，50Hz。

Ⅲ. 升温速度：62V 时 1℃/min，70V 时 2℃/min，78V 时 4℃/min，84V 时 6℃/min。

将待测毛细管装入测量孔，接通电源，打开开关，调节电压至 70V，开始升温至预定熔点前 20℃时，调节电压至 62V 以下，并注意观察，记录样品的初熔温度及全熔温度。关闭开关，拿出毛细管放到指定的位置。待温度下降到所需的温度后，再重复上述测量过程。

2. 显微熔点仪测定法 这类仪器型号较多，但共同特点是使用样品量少（2~3 颗小结晶），能测量室温至 300℃的样品熔点，可观察晶体在加热过程中的变化情况，如结晶的失水、多晶的变化及分解等。

（1）在干净且干燥的载玻片上放微量晶体并盖一片载玻片，放在加热台上。调节反光镜、物镜和目镜，使显微镜焦点对准样品，开启加热器，先快速后慢速加热，温度快升至熔点时，控制温度上升的速度为 1~2℃/min。

（2）当样品开始有液滴出现时，表示熔化已开始，记录初熔温度。样品逐渐熔化直至完全成液体，记录全溶温度。

3. 温度计校正 温度计刻度的校正本实验采用纯的有机化合物的熔点为标准来校正。常用的纯化合物的熔点：二苯胺 54~55℃；萘 80.55℃；苯甲酸 122.4℃；水杨酸 159℃；对苯二酚 173~174℃；3,5-二硝基苯甲酸 205℃。

记录测得的熔点数据，以所测熔点作纵坐标，以测得的熔点与已知（标准）熔点的差值作横坐标，画出曲线。在任一温度时的校正值可以直接从曲线中读出。

【注释】

［1］若熔点管不洁净，或样品不干燥，或含有杂质，均会使熔点偏低，熔程变大。

［2］样品一定要研得很细，且装样要实。否则空隙会影响测定结果的准确性。样品量要适当，太

少不便观察，太多可能造成熔程增大。

［3］固定熔点管的橡胶圈不可浸没在浴液中，以免被浴液浴胀而使熔点管脱落。

［4］由于侧管内浴液的对流循环作用，使b形管中部的温度变化较稳定，熔点管在此位置受热较均匀。

［5］已测定过熔点的样品，经冷却后虽然固化，但不能用作第二次测定。因为有些物质受热后，会发生部分分解，还有些物质会转变成具有不同熔点的其他结晶形式。

［6］测试结束后，温度计不宜马上用冷水冲洗；浴液应冷却至室温后方可倒回试剂瓶中，否则将造成温度计或试剂瓶炸裂。

【思考题】

（1）加热的快慢为什么会影响熔点的测定？在什么情况下加热可以快一些？在什么情况下加热则要慢一些？

（2）是否可以使用第一次测熔点时已经熔化的有机物再做第二次测定呢？为什么？

（3）毛细管中样品填装过多，对测定结果有何影响？

（4）测得样品 A 和 B 的熔点均为 121～122℃，将两样品等量混合后，测得混合物的熔点为105～113℃，此测定结果说明什么？

实验三　沸点的测定

【实验目的】

（1）掌握微量法测定沸点的原理和方法。

（2）了解测定沸点的意义。

【实验原理】

液体的蒸气压随温度升高而增大，当达到与外界大气压相等时，液体就开始沸腾。液体的蒸气压与标准大气压（760mmHg）相等时的温度，称为该液体的沸点。液体的沸点对于外压是相当敏感的，外压降低时，沸点时所需的蒸气压也下降，于是液体便在较低的温度下沸腾；外压升高时，沸点时所需的蒸气压也上升，于是液体便在较高的温度下沸腾。详见 P35 沸点测定基本原理。

纯的液态有机物在一定的压力下具有一定的沸点，而且沸程很短，一般为 0.5～1℃。液体不纯（恒沸混合物例外），沸程则较宽。故沸点的测定可以用来鉴定液态有机物或判断其纯度。

本实验采用微量沸点法来测定液态有机物的沸点。

【仪器与试剂】

1. 实验仪器　b形管，沸点管，毛细管，温度计，橡皮塞，橡皮圈，铁架台，铁圈等。

2. 实验试剂　液体石蜡，四氯化碳，正丁醇。

【实验步骤】

取一支直径 1～2cm、长 7～8cm 的小试管，作为沸点管的外管，放入欲测定沸点的样品 4～5 滴，在此管中放入一根长 8～9cm、内径 1～2mm 的一端封闭的毛细管，将开口端浸入样品中。把这支微量沸点管贴于温度计水银旁，使样品段与温度计水银球相齐，用橡皮圈固定。用细线绳将温度计吊挂于铁圈上，并使沸点管大部分浸入 b 形管的热浴中加热[1]，达样品的沸点时，沸点管内毛细管开口端将出现一连串的小气泡，此时应停止加热[2]，使液浴温度自行下降，气泡逸出的速度渐渐减慢，仔细观察，最后一个气泡出现而欲缩回至内管的瞬间，则表示毛细管内液体的蒸气压和大气压平衡时的温度，也就是此液体的沸点[3]。测第二次时，待热浴温度下降至 30℃ 左右，更换沸点管和毛细管后重新进行沸点测定。记录数据，重复上述操作一次，求平均值。

【注释】

［1］加热不能过快，被测液体不宜太少，以防止液体全部气化。

［2］沸点内管里的空气要尽量赶干净，正式测定前，让沸点内管里有大量气泡冒出，以此带出空气。

［3］观察要仔细及时，并重复几次，其误差不得超过 1℃。

【思考题】

（1）若毛细管内存有空气，对微量沸点测定结果有何影响？

（2）同一样品，第一次测完后，是否需要重新换毛细管及样品？

实验四　旋光度的测定

【实验目的】

（1）掌握旋光仪的使用方法和比旋光度的计算方法。

（2）了解旋光仪的构造和旋光度的测定原理。

【实验原理】

当一束单一的平面偏振光通过手性物质时，其振动方向会发生改变，此时光的振动面旋转一定的角度，这种现象称为旋光现象。偏振光的振动面旋转的角度称为旋光度，物质的这种使偏振光的振动面旋转的性质叫作旋光性，具有旋光性的物质叫作旋光性物质。许多天然有机物都具有旋光性。由于旋光物质使偏振光振动面旋转时，可以右旋（顺时针方向，记作"＋"），也可以左旋（逆时针方向，记作"－"）[1]，所以旋光物质又可分为右旋物质和左旋物质。

通过测定旋光度，可以鉴定物质的纯度、测定溶液的浓度、密度和鉴别光学异构体及溶液的含糖量。

【仪器与试剂】

1. 实验仪器　旋光仪，旋光管，烧杯，滴管，洗瓶，滤纸，擦镜纸等。

2. 实验试剂　葡萄糖（已知和未知浓度各一种，提前 24 小时配制好）。

【实验步骤】

1. 样品溶液的配制　准确称取一定量的样品，在 50ml 的容量瓶中配成溶液。通常可以选用水、乙醇、三氯甲烷作溶剂。若用纯液体样品直接测试，则测定前只需确定其相对密度即可。

由于葡萄糖溶液具有变旋光现象，所以待测葡萄糖溶液应该提前 24 小时配好，以消除变旋光现象，否则测定过程中会出现读数不稳定的现象。

2. 预热[2]　打开旋光仪电源开关，预热 15 分钟，钠光灯亮，待完全发出钠黄光后方可观察使用。

3. 调零　在测定样品前，必须先用蒸馏水来调节旋光仪的零点。洗净样品管[3]后装入蒸馏水，使液面略凸出管口。将玻璃盖沿管口边缘轻轻平推盖好，不要带入气泡，旋紧（随手旋紧至不漏水为止，旋得太紧，玻片容易产生应力而引起视场亮度发生变化，影响测定准确度）螺丝帽盖。将样品管擦干后放入旋光仪样品室，合上盖子。将刻度盘调在零点左右[4]，会出现大于或小于零度视场的情况（图 2－32a、图 2－32c）。旋动粗动、微动手轮，使视场内三部分的亮度一致，即零点视场（图 2－32b）。记下刻度盘读数，重复调零4~5次取平均值。若平均值不为零而存在偏差值，应在测量读数中将其减去或者加上。

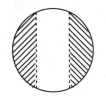 

（a）大于或小于零度视场　　　（b）零度视场　　　（c）小于或大于零度视场

图2-32　三分视场的不同情况

4. 测定　样品的测定和调零方法相同。每次测定之前样品管必须先用蒸馏水清洗1~2遍，再用少量待测液润洗2~3次，以免受污物的影响，然后装上样品进行测定。旋动刻度盘，寻找较暗照度下亮度一致的零度视场。若读数是正数为右旋；读数是负数为左旋。读数与零点值之差，即样品在测定温度时的旋光度。记下测定时样品的温度和样品管长度。测定完后倒出样品管中溶液，用蒸馏水把管洗净，擦干放好，按规定放置好旋光仪[5]。

按以上方法测定5%葡萄糖溶液的旋光度3~5次，再测定未知浓度葡萄糖溶液的旋光度3~5次，测定值填入表2-5相应位置。

5. 数据记录与处理　按表2-5中设计的项目进行相应处理，最终求出未知浓度葡萄糖溶液的浓度。

表2-5　旋光度测定数据处理表

读数次数	1	2	3	4	5	平均值
零点值						
5%葡萄糖的旋光度						
差值*						
比旋光度						
未知浓度葡萄糖的旋光度						
差值*						
葡萄糖溶液浓度						

* 差值＝旋光度平均值－零点平均值。

【注释】

[1] 对观察者来说，偏振光的振动平面若是顺时针旋转，则为右旋（＋），这样测得的＋α也可以代表α±（n×180）°的所有值。如读数为＋38°，实际上还可以是218°、398°、－142°等角度。因此，在测定未知物的旋光度时，至少要做一次改变浓度或者液层厚度的测定。如观察值为＋38°，在稀释5倍后，所得读数为＋7.6°，则此未知物的旋光度α应该为＋7.6°×5＝＋38°。

[2] 仪器应放在空气流通和温度适宜的地方。

[3] 样品管使用后，应及时用水或蒸馏水冲洗干净，擦干藏好。

[4] 镜片不能用不洁或硬质布、纸去擦拭，以免镜片表面产生痕迹等。

[5] 仪器不用时，应将仪器放入箱内或用塑料罩罩上，以防灰尘侵入。

【思考题】

（1）旋光度的测定具有什么实际意义？

（2）浓度为10%的某旋光性物质，用1dm长的样品管测定旋光度，如果读数为－6°，那么如何确定其旋光度是－6°还是＋354°？

（3）为什么在样品测定前要检查旋光仪的零点？通常用于零点检查液的溶剂应符合哪些条件？

（4）使用旋光仪有哪些注意事项？

三、分离纯化基础

（一）固体有机化合物的纯化

1. 重结晶 在有机合成反应产物中，得到的往往不是单一组分，需要对反应产物进行分离提纯。液体有机混合物可以通过蒸馏或分馏等方法分离，固体有机混合物一般通过重结晶分离纯化。重结晶是利用混合物中各组分在某种溶剂中溶解度的不同，而使不同组分分离开来。一般包括选择溶剂、制备热饱和溶液、除去杂质与热过滤、晶体析出、晶体的收集与洗涤、干燥等六个步骤。

（1）选择溶剂 正确选择溶剂是进行重结晶的前提。进行重结晶溶剂的选择，要考虑被溶解物质的成分和结构，依据"相似相溶"原理，通常有两种选择法：一是目标组分在热溶剂中溶解度很大，杂质的溶解度很小或者完全不溶，这样经过热过滤，目标组分就保留在溶液中，而杂质留在滤纸上被分离；二是目标组分在热溶剂中溶解度很小或不溶，杂质的溶解度很大，这样经过热过滤，目标组分留在滤纸上，杂质转移到滤液而分离。另外，作为重结晶溶剂还必须符合下列条件：① 不与被提纯物质发生化学反应；② 不同温度下，被提纯物质在溶剂中的溶解度差异较大，一般高温时溶解度较大，低温时则很小；③ 被提纯物质在溶剂中能够析出较好的晶型；④ 溶剂沸点适宜，较易挥发，易与结晶分离，便于蒸馏回收，同时，溶剂的沸点不得高于被提纯物的熔点，否则当溶剂沸腾时，样品会熔化为油状，给纯化带来麻烦。

此外，还需适当考虑溶剂的毒性、易燃性、价格和溶剂回收等因素。

一般对于已知化合物，借助文献资料可获得溶解性方面的数据和信息，从而选择适宜的重结晶溶剂。具体操作中也可通过实验筛选，方法如下：取0.1g待提纯的固体置于试管中，加入1ml待选溶剂，振摇或微热观察溶解情况。若样品在冷或微热的溶剂中很快全溶，表明溶解度过大，此溶剂不适用；若不溶，可小心加热至沸腾，振荡后观察，还不溶时，可分批每次加入0.5ml溶剂，并加热煮沸，记录所用溶剂的体积数，当总量达3~4ml后仍不溶解，说明溶解度太小，也不适用；只有当样品在1~3ml沸腾溶剂中能全溶，且冷却后可析出较多结晶，此溶剂方可作为重结晶的候选溶剂。实验时通常要做几种溶剂试验，相互比较，选出结晶速度适当，收率高者作为最佳重结晶溶剂。表2-6列出了一些常用重结晶溶剂。

表2-6 常用的重结晶溶剂

溶剂	沸点（℃）	相对密度	冰点（℃）	与水的混溶性	易燃性
水	100.0	1.00	0	+	0
甲醇	64.96	0.79	<0	+	+
95%乙醇	78.1	0.79	<0	+	+ +
冰醋酸	117.9	1.05	16.7	+	+
丙酮	56.1	0.79	<0	+	+ + +
乙醚	34.6	0.71	<0	–	+ + + + + + + +
石油醚	30~60 60~90	0.68~0.72	<0 <0	–	+ + + +
环己烷	80.8	0.78	4~7	–	+ + + +
苯	80.1	0.88	<0	–	+ + + +
甲苯	110.6	0.87	<0	–	+ + + +

溶剂	沸点（℃）	相对密度	冰点（℃）	与水的混溶性	易燃性
乙酸乙酯	77.1	0.90	<0	-	+ + +
二氧六环	101.3	1.03	11.8	+	+ + + +
二氯甲烷	40.8	1.34	<0	-	0
二氯乙烷	83.8	1.25	<0	-	+ + + +
三氯甲烷	61.2	1.49	<0	-	0
四氯甲烷	76.8	1.58	<0	-	0

　　如果筛选不到合适的单一溶剂，也可考虑使用混合溶剂。混合溶剂的筛选方法如下：选用两种互溶的溶剂，其中一种对样品是易溶的，另一种则是难溶或不溶的。将少量的样品溶于易溶的热溶剂中，然后向其中逐渐加入热的难溶溶剂，至溶液刚好出现浑浊为止。再滴加 1～2 滴易溶溶剂，使浑浊消失，冷却，结晶析出。记录两种溶剂的体积比，即为合适配比的混合溶剂。部分常用混合溶剂如下：甲醇 - 水、乙醚 - 甲醇、二氯甲烷 - 甲醇、乙醇 - 水、乙醚 - 丙酮、二氧六环 - 水、乙酸 - 水、乙醚 - 石油醚（30～60℃）、三氯甲烷 - 乙醚、丙酮 - 水、苯 - 石油醚（60～90℃）、苯 - 无水乙醇。

　　（2）溶解及热饱和溶液的制备　将一定量待提纯物质置于锥形瓶或圆底烧瓶中，加入比理论量的溶剂（根据查得的溶解度数据或溶解度实验方法所得的结果估算得到）稍少的适宜溶剂，加热至沸腾（使用易燃、有毒溶剂时，应采用回流装置并避免使用明火加热）。若固体未完全溶解，可逐次补加少量溶剂，每次加入后均需再加热使溶剂沸腾，直至物质完全溶解为止（要注意判断是否有不溶性杂质存在，以免误加入过多溶剂）。要提高重结晶产品的纯度和收率，溶剂的用量很关键。从减少溶剂损失角度考虑，应尽可能避免溶剂过量，但对低沸点溶剂，在热过滤时通常会因溶剂挥发或温度降低而提前析出晶体，从而引起产品损失。因此，实际操作时溶剂应以过量 15%～20% 为宜。

　　（3）脱色和热过滤　粗制的有机物常含有色杂质。在重结晶时，杂质溶于沸腾的溶剂中，当冷却析出晶体时，部分杂质会被结晶吸附，使产物带色。另外，溶液中有时含有的一些树脂状物质或分散性不溶杂质难用一般过滤除去。活性炭是一种具有很强吸附性能的多孔物质，在水溶液中脱色效果良好，也可在除烃类外的大部分有机溶剂中使用。在重结晶热溶液中，加入少量活性炭，煮沸 5～10 分钟，活性炭可吸附色素、树脂状物质及分散杂质，从而在热过滤中除去。

　　活性炭也可吸附一部分被提纯物，所以其用量要适当，一般视杂质的多少而定，为干燥粗品量的 1%～5%。活性炭最好一次脱色完毕，以减少操作损失。活性炭不得在沸腾或近沸腾的热溶液中加入，以免引起暴沸。

　　上述经活性炭脱色的溶液，要趁热过滤以除去不溶性杂质和活性炭。热过滤有常压过滤和减压过滤两种，其基本要求是避免溶液在过滤过程中出现结晶，因此，应尽可能缩短过滤时间和采取过滤过程中的溶液保温措施。

　　1）常压过滤：利用折叠滤纸和预热的短颈玻璃漏斗进行的重力过滤法。漏斗预热方法有两种：①沸腾溶剂直接润洗预热，盛滤液的锥形瓶用小火加热，产生的热蒸气可使漏斗保温（此法适用于水溶剂），装置如图 2 - 33（a）所示；②用热浴漏斗套保温过滤，适用于所有溶剂，装置及加热方法如图 2 - 33（b）所示。保温漏斗夹层中的水量一般为其容积的 2/3，过滤前预先将其加热到所需温度，然后熄灭火源即可起到保温过滤作用。

　　为了提高过滤速度，滤纸需要经过折叠以增加其与滤液接触面积。滤纸的折叠形状很多，扇形滤纸是其中常用的一种，其折叠方法：将圆形滤纸连续对折两次，使其形成边 1、2 和边 3；打开滤纸至 1/2 对折状即半圆状，继而分别将边 1 和边 3、边 2 和边 3 对折，使其形成边 4 和边 5，见图 2 - 34（a）；再打开至半圆状，依次将每等分对折，使其分别形成边6、边7、边8和边9，见图2－34（b）、（c）；将半圆状的八等分依次按折痕交替向相反方向对折成16等分，得到像扇形一样的排列，见图2－34（d），将其打开成图2－34（e）状，展开后即得到一个菊花形滤纸，如图2－34（f）所示。使用前应将滤纸翻转并整理好后再放入漏斗中，这样可以避免被手指弄脏的一面接触过滤过的滤液。

2）减压过滤：又称为抽滤，装置如图2－33（c）所示。优点是过滤速度快，适用于大量溶剂的热过滤；缺点是遇到沸点较低的溶剂容易引起溶剂的沸腾而改变溶液浓度，导致结晶过早析出，所以要尽量减少热滤过程中的溶剂损失。

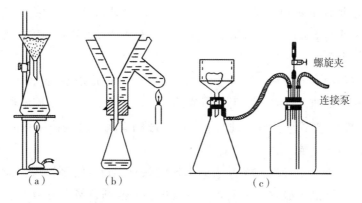

图2－33 常压过滤和减压过滤装置

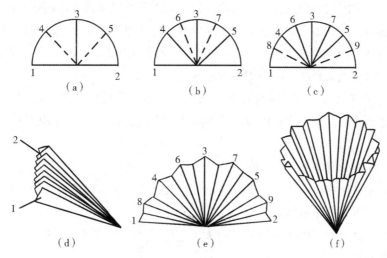

图2－34 扇形滤纸的折叠方法

抽滤使用的是布氏漏斗。所用滤纸大小应和漏斗底部恰好合适，过滤前，先用少量同样的溶剂润湿滤纸，轻微抽气，使滤纸与漏斗底部贴紧。迅速将热溶液倒入布氏漏斗中，在过滤过程中漏斗里应一直保留有较多的溶液，不得在溶液滤完之前有滤干现象。抽滤瓶内压力不宜过低，防止由于压力过低，溶液沸腾而沿抽气管跑掉。抽滤瓶中的母液和结晶应在水浴中加热溶解后转移出来，切不可用明火直接加热，以防抽滤瓶炸裂。

（4）结晶的析出 如将滤液在冷水浴中迅速冷却并剧烈搅动，析出的晶体颗粒较小。小晶体包藏杂质少，但其表面积大，吸附于表面的杂质多；如果结晶速度过慢，析出晶体颗粒过大，结晶中会包藏有溶液和杂质，不仅降低纯度，还会给干燥带来麻烦。若希望得到均匀而较大的晶体，可将滤液在室温或保温下静置使之缓慢冷却结晶。如在热滤液中已析出结晶，可加热使之溶解后再缓慢冷却结晶，这样得到的晶体往往比较纯净。

有时滤液中有胶状物或形成过饱和溶液，使结晶不易析出，可用玻璃棒摩擦瓶壁促使晶体形成，也可以加入几粒不纯的晶体，或取出少量溶液，使其挥发得到结晶后，再加到溶液中去（即所谓晶种），进行诱导，使结晶析出。如果溶液中析出油状物，这时用玻璃棒剧烈搅拌，使油状物在均匀分散的状况下固化，这样包含的母液会大大减少。但最好重新选择溶剂，再行结晶。

（5）结晶的过滤与洗涤　为了把结晶从母液中分离出来，一般采用布氏漏斗抽气过滤，如图2－33（c）所示。抽滤瓶的侧管和水泵中间接一安全瓶，以免操作不慎，使泵中的水倒流。抽滤前先用少量溶剂把滤纸润湿，然后打开水泵将滤纸吸紧，防止固体在抽滤时自滤纸边缘吸入瓶中。借助玻璃棒，将容器中液体和晶体分批倒入漏斗中，瓶中残留的结晶可用少量母液冲洗数次并转移至布氏漏斗中。把母液抽尽，必要时可用玻璃塞或刮刀把结晶压紧，以便抽干结晶吸附的含杂质的母液。抽干后，先打开安全瓶活塞，然后关掉水泵。

布氏漏斗中的晶体要用溶剂洗涤，以除去存在于晶体表面的母液及所含杂质。在布氏漏斗中洗涤时，先暂停抽气，在漏斗中加少量溶剂，用刮刀或玻璃棒小心拨动（不要使滤纸松动或破裂）以刚好使溶剂浸润全部结晶为宜。静置一会进行抽气，并用洁净的玻璃棒轻轻挤压结晶表面。重复洗涤1~2次，抽干，用刮刀将晶体转移至表面皿上进行干燥。

（6）结晶的干燥　抽滤和洗涤后的结晶表面上还吸附有少量的溶剂，为保证产品纯度，需将产品吸附的溶剂彻底除去。若产品不吸水，可放置在空气中，使溶剂自然挥发至干。一些对热稳定的化合物，若是不易挥发的溶剂，可用红外线灯或烘箱等设备在低于该晶体熔点或接近溶剂沸点的温度下进行烘干。需注意的是，由于溶剂的存在，结晶可能在较其熔点低的温度就开始熔化，因此必须十分注意控制温度和经常翻动结晶。对热不稳定或在空气中易分解的样品也可置于真空干燥器中进行干燥。

2. 升华　是纯化固体有机物的又一种手段，与其他分离纯化方法不同，它是直接由固体有机物受热汽化为蒸气，然后由蒸气又直接冷凝为固体的过程。

（1）基本原理　某些物质在固态时具有相当高的蒸气压，受热后不经过液态而直接汽化，这个过程称为升华，蒸气受到冷却又直接变成固体，称为凝华。利用这种升华－凝华的循环可以实现固体物质的纯化。

从图2－15可得到控制升华的条件。在三相点温度以下，物质只有气、固两相。升高温度，固相直接转变成气相；降低温度则相反。因此，从理论上说，凡是在三相点以下具有较高蒸气压的固态物质都可以在三相点温度以下进行升华操作。

不同的固体物质在其三相点的蒸气压差异较大，它们升华难易程度也不同。表2－7列出了樟脑和蒽醌的蒸气压与温度的关系。

表2－7　樟脑、蒽醌的蒸气压和温度关系

樟脑（熔点176℃）		蒽醌（熔点285℃）	
温度（℃）	蒸气压（mmHg）	温度（℃）	蒸气压（mmHg）
20	0.15	200	1.8
60	0.55	220	4.4
80	9.15	230	7.1
100	20.05	240	12.3
120	48.1	250	20.0
160	218.4	260	52.6

樟脑的三相点温度为179℃，压力为370mmHg。由表2－7可见，樟脑在熔点之前，蒸气压已相当高，所以只要缓慢地加热，使温度维持在179℃以下，它就可以不经熔化而直接升华。蒸气遇到冷的表

面就凝结在上面，这样蒸气压始终维持在 570mmHg，直至升华完毕。倘若加热过快，蒸气压超过三相点的平衡压，则开始熔化为液体，所以升华时加热应缓慢。

升华法特别适用于纯化易潮解及与溶剂起解离作用的物质。

在实际应用中，升华法只能用于在不太高的温度下具有较大蒸气压（在熔点前高于 2.67kPa）的固态物质。升华产物纯度较高，但操作时间长，损失较大，因此，具有一定的局限性。

（2）基本操作

1）常压升华：图 2-35（a）是常用的常压升华装置。首先将待升华物质置于蒸发皿上（因为升华发生在物质的表面，所以待升华物应预先粉碎），上面覆盖一张滤纸，用针在滤纸上刺些许小孔（注意冷却面与升华物质的距离应尽可能近些），滤纸上倒置一个大小合适的玻璃漏斗，漏斗颈部松弛的塞一些玻璃毛或棉花，以防止蒸气逃逸。操作时，为使加热均匀，蒸发皿可放在铁圈上，下面垫石棉网用小火加热（蒸发皿与石棉网之间隔开几毫米），控制加热温度（低于三相点温度）和加热速度（缓慢升华）。样品开始升华，上层蒸气凝结在滤纸背面，或穿过滤纸小孔，凝结在滤纸上面或漏斗内壁上，必要时，漏斗外壁上可以用湿布冷却，但注意不要弄湿滤纸。升华结束后，先移去热源，稍冷后，小心拿下漏斗，轻轻揭开滤纸，将凝结在滤纸正反面和漏斗壁上的晶体刮到干净表面皿上。

较大量物质的升华，可在烧杯中进行，如图 2-35（b）所示。烧杯上放置一通有冷凝水的烧瓶，烧杯下用热源加热，样品升华后蒸气在烧瓶底部凝结成晶体并附着在瓶底上。

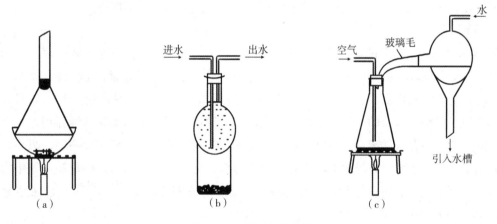

图 2-35 常压升华装置

若物质具有较高的蒸气压，可在空气或惰性气体（常用 N_2）流中进行升华，其装置如图 2-35（c）所示。在三角烧瓶上装一打有两个孔的塞子，一孔插玻璃管，以导入气体，另一孔装一接液管。接液管大的一端伸入圆底烧瓶中，烧瓶口塞一点玻璃毛或棉花。开始升华时即通入气体，把物质蒸气带走，凝结在用冷水冷却的烧瓶内壁上。

2）减压升华：在常压下其蒸气压不大或受热易分解的物质可用减压升华法纯化。图 2-36 是常用的减压升华装置，可用水泵或油泵减压。在减压下，被升华的物质经加热升华后凝结在冷凝指外壁上。升华结束后应慢慢使体系接通大气，以免空气突然冲入而把冷凝指上的晶体吹落，在取出冷凝指时也要小心轻拿。

（3）注意事项

1）升华温度一定要控制在固体化合物熔点以下。

2）待升华的固体物质一定要干燥，如有溶剂将会影响升华后晶体的凝结。

3）常压升华使用滤纸时，滤纸上的孔应尽量大并均匀分布，以便蒸气上升时顺利通过滤纸，在滤纸上面析出结晶。

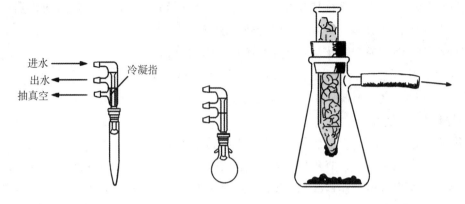

进水 →
出水 ←
抽真空 ←
冷凝指

图 2 - 36　减压升华装置

4）减压升华，停止抽滤时一定要先打开安全瓶上的放空阀，再关泵。否则循环泵内的水会倒吸进入吸滤管，造成实验失败。

（二）液体有机化合物的纯化

在通常情况下，液态有机化合物的使用要求是有一定纯度的，如分析纯、化学纯等试剂。但有机化学反应又是复杂的，副反应的副产物等普遍存在，因此就需要将反应后的混合物进行分离提纯。常用的提纯液态有机化合物的方法有简单蒸馏、简单分馏、减压蒸馏、水蒸气蒸馏等。

1. 简单蒸馏

（1）基本原理　蒸馏是分离和提纯液态物质最重要的方法。最简单的蒸馏是在常压下通过加热使液体沸腾，产生的蒸气在冷凝管中冷凝下来的操作过程，故又称为常压蒸馏。每种纯液态有机化合物在一定压力下均具有固定的沸点。利用蒸馏可将沸点相差30℃左右的液态混合物分开。如蒸馏沸点差别较大的混合液体时，沸点较低的先蒸出，沸点较高的随后蒸出，不挥发的留在蒸馏器内，这样，可达到分离和提纯的目的。但在蒸馏沸点比较接近的混合物时，各种物质的蒸气将同时蒸出，只不过低沸点的多一些，故难于达到分离和提纯的目的，只好借助于分馏。纯液态有机化合物在蒸馏过程中沸点范围很小（0.5～1℃），所以，可以利用蒸馏来测定沸点，用蒸馏法测定沸点叫常量法，此法用量较大，要10ml以上，若样品不多时，则可采用微量法（见实验三）。

为了消除在蒸馏过程中的过热现象和保证沸腾的平稳状态，常加入沸石，或一端封口的毛细管，因为它们引入了汽化中心，能防止加热时的暴沸现象，故把它们叫作止暴剂。

在加热蒸馏前就应加入沸石。当加热后发觉未加沸石，千万不可匆忙地投入沸石。因为当液体在沸腾或接近沸腾时投入沸石，将会引起猛烈的暴沸，液体易冲出瓶口，若是易燃的液体，将会引起火灾。所以，应使沸腾的液体冷却至沸点以下大约30℃后才能加入沸石。如蒸馏中途停止，而后来又需要继续蒸馏，也必须在加热前补添新的沸石，以免出现暴沸。

蒸馏操作是有机化学实验中常用的实验技术，由于很多有机化合物在150℃以上已显著分解，而沸点低于40℃的液体用简单蒸馏操作又难免造成损失，故简单蒸馏主要用于沸点40～150℃之间的液体分离，同时简单蒸馏只是进行一次蒸发和冷凝的操作，因此待分离的混合物中各组分的沸点要有较大的差别时才能有效地分离，通常沸点应相差30℃以上。一般用于下列几方面：①分离液体混合物，仅对混合物中各成分的沸点有较大差别时才能达到有效的分离；②测定化合物的沸点；③提纯，除去不挥发的杂质，以及回收溶剂或蒸出部分溶剂以浓缩溶液。

（2）简单蒸馏装置与安装　简单蒸馏装置如图2－37所示，所用仪器主要包括三部分：汽化部分、冷凝部分和接收部分。

1）汽化部分：由热源、圆底烧瓶、蒸馏头、温度计组成。液体在瓶内受热汽化，蒸气经蒸馏头侧管进入冷凝器中。蒸馏瓶的大小一般选择待蒸馏液体的体积不超过其容量的 2/3，也不少于 1/3。当液体沸点低于 80℃ 时，热源通常采用水浴，高于 80℃ 时采用封闭式的电加热器配上调压变压器控温（如可控温电热套）。

2）冷凝部分：由冷凝管组成，蒸气在冷凝管中冷凝成为液体，当液体的沸点低于 130℃ 时选用直型冷凝管（图 2 – 37a），高于 130℃ 时则选用空气冷凝管（图 2 – 37b）。冷凝管下端侧管为进水口，上端侧管为出水口，安装时应注意上端出水口侧管应向上，保证套管内充满水。

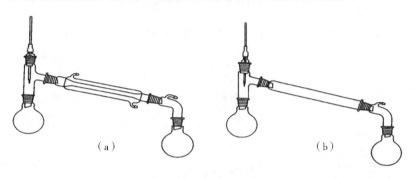

（a）　　　　　　　　　　　（b）

图 2 – 37　简单蒸馏装置

3）接收部分：由接液管、接收器（圆底烧瓶、三角烧瓶或梨形瓶）组成，用于收集冷凝后的液体。使用无支管接液管时，接液管和接收器之间不可密封，应与外界大气相通。

安装的顺序一般是先从热源处开始，由下而上，从左往右依次安装。

以热源高度为基准，用铁夹夹在烧瓶瓶颈上端玻璃较厚的磨口处并固定在铁架台上。

装上蒸馏头和冷凝管，使冷凝管的中心线和蒸馏头支管的中心线成一直线，然后移动冷凝管与蒸馏头支管紧密连接起来，在冷凝管中部用铁架台固定的铁夹夹紧，再依次装上接液管和接收器。整个装置要求准确端正，无论从正面或侧面观察，全套仪器中各个仪器的轴线都要在同一平面内（上下一线，左右一面）。所有的铁架台和铁夹都应尽可能整齐地放在仪器装置的背后。

在蒸馏头上装上配套专用温度计，如果没有专用温度计可用搅拌套管或橡皮塞装上一温度计，调整温度计的位置，使温度计水银球上端与蒸馏头支管的下沿在同一水平线上（图 2 – 38），以便在蒸馏时温度计的水银球能完全被蒸气所包围，若水银球偏高则引起所测量温度偏低，反之，则偏高。

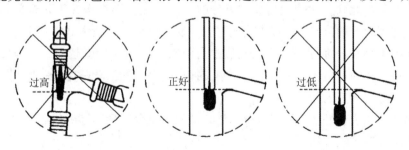

过高　　　　　　　正好　　　　　　　过低

图 2 – 38　温度计的安装位置

如果蒸馏所得的产物易挥发，易燃或有毒，可在接液管的支管上接一根长橡皮管，通入水槽的下水管内或引出室外。若室温较高，馏出物沸点低甚至与室温接近，可将接收器放在冷水浴或冰水浴中冷却，如图 2 – 39（a）所示。若蒸馏出的产品易受潮分解或是无水产品，可在接液管的支管上连接干燥管，如图 2 – 39 所示。

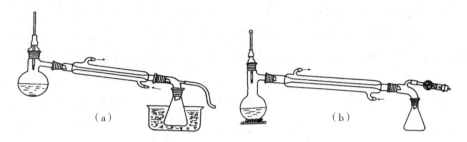

图 2 – 39 带有冰浴和干燥管的简单蒸馏装置

如果在蒸馏时放出有害气体，则需装配气体吸收装置（图 2 – 40）。

图 2 – 40 常用的尾气吸收装置

2. 简单分馏

（1）实验原理 分馏就是利用分馏柱实现一次加热、多次蒸馏的过程，用于分离沸点相近的液体混合物。因此，分馏实际上是多次蒸馏。它更适合于分离提纯沸点相差较小的液体有机混合物。

混合物中各组分具有不同的蒸气压，加热沸腾产生的蒸气中，低沸点组分的含量较高。将此蒸气冷凝，则得到低沸点组分含量较多的液体，这就是一次蒸馏。如将得到的液体继续蒸馏，再度产生的蒸气中所含低沸点的组分含量又将增加，将此蒸气冷凝，则得到低沸点组分含量又会增多，如此多次蒸馏，最终就可将沸点不同的组分分离。但应用这样反复多次的简单蒸馏，不仅操作烦琐，还浪费时间、能源。因此，通常采用分馏来进行分离，与简单蒸馏的不同之处是在装置上多一个分馏柱。

当混合物蒸气进入分馏柱中时，因为高沸点组分易被冷凝，所以冷凝液中就含有较多的高沸点组分，故上升的蒸气中低沸点组分就会进一步相对地增多，通过多次的冷凝，在分馏柱顶部出来的蒸气就越接近于纯低沸点组分。此外，含较多高沸点组分的冷凝液在分馏柱中并不是全部直接回流到烧瓶底部，在回流途中，遇到上升的蒸气时，二者之间进行热交换，使冷凝液中低沸点组分再次受热汽化，高沸点仍呈液态回流，越是在分馏柱底部，冷凝液中高沸点组分的含量就越多，直至回流到烧瓶中。所以，在分馏柱中，混合物通过多次气 – 液平衡的热交换产生多次的汽化—冷凝—回流—汽化的过程，最终使沸点相近的组分得到较好的分离。

简言之，分馏柱的作用就是使高沸点组分回流，低沸点组分得到蒸馏的仪器装置。分馏的用途就是分离沸点相近的多组分液体混合物。

影响分离效率的因素除混合物的本性外，主要就在于分馏柱设备装置的精密性以及操作的科学性（回流比）。根据设备条件的不同，分馏可分为简单分馏和精馏。现在用最精密的分馏设备能将沸点相差 1 ~ 2℃的混合物分开。

为简化，我们只讨论混合物是二组分理想液体的情况。所谓理想溶液就是指各组分在混合时无热效应产生，体积没有改变，遵守拉乌尔（Raoult）定律的溶液。这时溶液中每一组分的蒸气压等于此纯物质的蒸气压和它在溶液中的摩尔分数的乘积。

$$P_A = P_A^0 N_A \qquad P_B = P_B^0 N_B$$

式中，P_A、P_B分别为溶液中的分压；P_A^0、P_B^0分别为纯 A 和纯 B 的蒸气压；N_A、N_B分别为 A 和 B 在溶液中的摩尔分数。

溶液的总蒸气压：$P = P_A + P_B$。

根据道尔顿（Dalton）分压定律，气相中每一组分的蒸气压和它的摩尔分数成正比。因此在气相中各组分蒸气的成分为：

$$N_A^{气} = P_A / (P_A + P_B) \qquad N_B^{气} = P_B / (P_A + P_B)$$

由上式推知，组分 B 在气相和液相中的相对浓度为：

$$\frac{N_B^{气}}{N_B} = \frac{P_B}{P_A + P_B} \cdot \frac{P_B^0}{P_B} = \frac{1}{N_B + \dfrac{P_A^0}{P_B^0} N_A}$$

因为在溶液中 $N_A + N_B = 1$，所以若 $P_A^0 = P_B^0$，则 $N_B^{气}/N_B = 1$ 表明这时液相成分和气相成分完全相同，这样的 A 和 B 就不能用蒸馏（或分馏）来分离。如果 $P_B^0 > P_A^0$，则 $N_B^{气}/N_B > 1$，表明沸点较低的 B 在气相中的浓度较在液相中为大。在将此蒸气冷凝后得到的液体中，B 的组分比在原来的液体中多。如果将此液体再汽化，则在它的蒸气经冷凝后的液体中，易挥发的组分又将增加。如此多次重复，最终就能将这两组分分开（凡是能形成恒沸点混合物者不在此例）。分馏就是利用分馏柱来实现"多次重复"的蒸馏过程。

（2）分馏装置 实验室中常用的分馏柱主要为韦氏（Vigreux）分馏柱，如图 2 - 41 所示。

实验室简单分馏装置如图 2 - 42 所示，仪器主要由热源、蒸馏器、分馏柱、冷凝管和接收器五个部分组成。

图 2 - 41 韦氏（Vigreux）分馏柱

图 2 - 42 简单分馏装置

（3）影响分馏效果的因素 分馏柱效率的高低主要通过该柱的理论塔板数、理论板层高度、滞留液量、回流比、压力降差和蒸发速度等因素进行综合权衡。

1）理论塔板数：分馏柱中一次汽化与冷凝的热力学平衡过程，相当于一次普通蒸馏的理论浓缩，这个效果便称为具有一个理论塔板数效率。理论塔板数的多少是衡量一个分馏柱优劣的重要标志。柱子的理论塔板数越多，分离的效果越好。

2）理论板层高度（HETP 值）：表示一个理论塔板在分馏柱中的有效高度。一个 HETP 等于全回流时柱的理论塔板数分馏柱的有效高度，在高度相同的分馏柱中，HETP 值越小，柱的分离效率越高。

3）蒸发速度：单位时间内达到分馏柱顶的被蒸馏物质毫升数，用 ml/min 表示。

4）滞留液：也称之为附液或操作含量。分馏时，留在柱中（包括填料上）液体的量，滞留液越少越好，最大一般不超过任一被分离组分体积的 10%。

5）压力降差：分馏柱上下两端的蒸气压力差。它表示分馏柱的阻力大小，取决于分馏柱的大小、填料和蒸发速率。压力降差越小越好。

6）回流比：单位时间内，柱顶冷凝返回柱中液体的量与收集到的馏出液的体积比。回流比越大，分馏效率越高。但回流比太高，则收集的液量少，分馏速度慢。所以要选择适当的回流比，在实验室中一般选用回流比为理论塔板数的 1/5～1/10。

7）液泛：蒸馏速度增至某一程度，上升的蒸气能将下降的液体顶上去，破坏回流。

8）柱的保温：柱散热会破坏热平衡，因此柱要保温。

综上所述，对一支分馏柱较理想的要求是：①较大的理论塔板数；②理论板层高度尽可能小；③尽可能小的压力降差；④要求尽可能小的滞留量；⑤分馏快而精。

以上因素相互制约，相互影响，在实际操作中应根据分馏的要求具体选择条件。

3. 减压蒸馏 是分离提纯有机化合物的重要方法之一。某些高沸点的有机化合物在常压下加热蒸馏，未达到沸点就已发生分解、氧化或聚合反应；有的有机化合物在常压下沸点很高，常压下分离提纯很不方便，这些现象均可利用减压蒸馏的方法解决。

（1）基本原理 液体的沸点是指它的蒸气压等于外界压力时的温度，此时液体会沸腾。液体沸腾的温度会随着外压的增加而升高，也会随着外压的减小而降低。如用真空泵连接蒸馏装置，使液体表面的压力降低，就可降低液体的沸点，而达到蒸馏纯化的目的。这种在较低压力下进行蒸馏的操作，称为减压蒸馏。在给定压力下的沸点可近似地用下式求出：

$$\lg p = A + B/T$$

式中，p 为蒸气压；T 为沸点（绝对温度）；A、B 为常数。如以 $\lg p$ 为纵坐标，$1/T$ 为横坐标，可以近似地得到一条直线。从已知的压力和温度算出 A 和 B 的数值，再将所选择的压力代入上式即可算出液体的沸点。表 2-8 是一些有机化合物在常压和不同压力下的沸点，也可通过图 2-43 所示沸点-压力经验计算图近似地推算出高沸点物质在不同压力下的沸点。

表 2-8 压力-沸点关系

压力[Pa(mmHg)]	沸点（℃）					
	水	氯苯	苯甲醛	水杨酸乙酯	甘油	蒽
101325（760）	100	132	179	234	290	354
6665（50）	35	54	95	139	204	225
3999（30）	30	43	84	127	192	207
3332（25）	26	39	79	124	188	201
2666（20）	22	34	75	119	182	194
1999（15）	15	29	69	113	175	186
1333（10）	11	22	62	105	167	175
666（5）	1	10	50	95	156	159

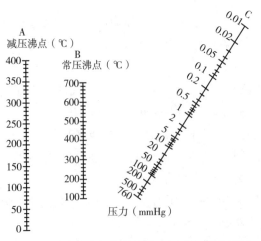

图 2-43 液体有机物的沸点-压力经验计算图

从图表中可以看出，当压力降到2666Pa（20mmHg）时，大多数有机物的沸点比常压的沸点低100~120℃，当减压蒸馏在1333~1999Pa（10~15mmHg）时，压力大体上每相差133.3Pa（1mmHg）时沸点相差约1℃。当需要减压蒸馏时，可预先估计出相应的沸点，这对具体操作及温度计的选择都有一定的参考价值。

减压蒸馏也称真空蒸馏，其真空在程度上有很大的差别，一般把压力范围分为三个阶段：①粗真空（1~760mmHg），一般可用水泵；②次高真空（10^{-3}~1mmHg），一般可用油泵；③高真空（$<10^{-3}$mmHg），可用扩散泵。

（2）减压蒸馏装置　图2-44是常用的减压蒸馏装置示意图。

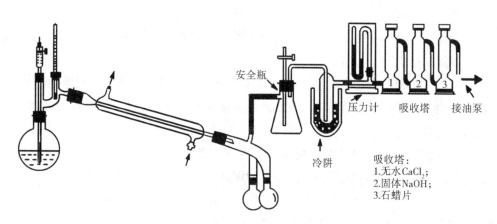

图2-44　减压蒸馏装置

1）蒸馏部分：减压蒸馏的蒸馏部分的主要仪器与普通蒸馏的仪器类似。由于减压蒸馏的特殊要求，也有些不同之处。首先仪器必须是耐压的，而且没有任何裂缝，以免在蒸馏过程中发生破裂，引起爆炸；为了防止液体由于沸腾而冲入冷凝管，蒸馏液不能装太多，一般占烧瓶体积的1/3~1/2；通常使用克氏蒸馏烧瓶或者用圆底烧瓶连接克氏蒸馏头。克氏蒸馏头带侧管的一颈插入温度计（要求与普通蒸馏相同）；另一颈插入一根毛细管，毛细管的下端距离瓶底1~2mm，上端接一短橡胶管且插一段细金属丝（以免橡胶管因抽气受压而粘在一起失去作用），用螺旋夹夹住橡胶管，以调节进入空气的量。

减压抽气时，空气从毛细管进入，成为液体的汽化中心，用以维持平稳的沸腾，同时又起一定的搅拌作用，这样可以防止液体暴沸。如果氧气对蒸馏液有影响，可通过毛细管通入惰性气体（氮气、二氧化碳等）。减压蒸馏的毛细管口要很细，检验毛细管粗细的方法是将毛细管插入少量的乙醚或丙酮内，由另一端吹气，若从毛细管冒出一连串小气泡，表示合适。

根据蒸出液体的沸点不同，选用合适的热浴和冷凝管。一般要控制热浴的温度比液体的沸点高20~30℃。

接收器一般采用多尾接液管和圆底烧瓶连接。转动多尾接收管，就可使不同的馏分进入指定的圆底烧瓶（切不可用平底烧瓶或锥形瓶）。

2）保护及测压部分：当用油泵进行减压时，为了防止易挥发的有机溶剂、酸性物质和水汽进入油泵，必须在馏液接收器与油泵之间顺次安装冷阱和几种吸收塔，以免污染油泵、腐蚀机件致使真空度降低。

在冷阱前安装一安全瓶。安全瓶一般采用吸滤瓶，壁厚耐压，瓶上配有二通活塞用来调节压力及放气，起缓冲和防止倒吸等作用。

冷阱用来冷凝水蒸气和一些挥发性物质，冷却瓶外用冰-盐混合物冷却（必要时可用干冰-丙酮冷却）。

水银压力计用来测量减压系统的压力。一般采用 U 形管水银压力计（图 2 - 44）。在开口式水银压力计中，两臂汞柱高度之差即大气压力与系统中压力之差，因此蒸馏系统内的实际压力（真空度）应是大气压减去这一压力差。在封闭式水银压力计中，两臂液面高度之差即蒸馏系统中的真空度。

吸收塔常用三个：第一个装硅胶或无水氯化钙，用来吸收水蒸气；第二个装粒状氢氧化钠，用来吸收酸性蒸气；第三个装石蜡片，用来吸收烃类气体。

3）减压部分：在有机化学实验中通常使用水泵或油泵进行减压。

在真空度要求不高时，一般使用水泵，其真空度可达 1067 ~ 3333Pa(8 ~ 25mmHg)。水泵能抽到的最低压力，理论上相当于当时水温下的水蒸气压力。

在真空度要求很高时，就要使用油泵。油泵的好坏，取决于其机械结构和油的质量，使用精炼的高沸点矿物油，其真空度可达 0.1 ~ 13Pa(0.001 ~ 0.1mmHg)。

减压系统必须保持密封不漏气，所用的橡胶塞和磨口塞都要十分合适，橡胶管要使用厚壁的真空用橡胶管，磨口塞要涂上真空脂。

目前，实验室也常用旋转蒸发仪来进行减压蒸馏，特别用于回收、蒸发有机溶剂，装置如图 1 - 5 所示。它的优点是由于蒸发器的不断旋转，蒸发面大，加快了蒸发速率，不加沸石也不会暴沸。

（3）减压蒸馏操作

1）安装仪器：按图 2 - 44 把仪器安装完毕后，先检查系统能否达到所要求的压力。检查方法：首先关闭安全瓶上的活塞及旋紧克氏蒸馏头上毛细管的螺旋夹，然后用泵抽气。观察能否达到要求的压力（如果仪器装置紧密不漏气，系统内的真空情况应能保持良好），然后慢慢旋开安全瓶上的活塞，放入空气，直到内外压力相等为止。如果压力降不下来，应逐段检查，直到符合要求为止。

2）加入待蒸馏液体：加入待蒸馏的液体于圆底烧瓶中，其体积不超过烧瓶容积的 1/2，关闭安全瓶活塞，打开抽气泵，调节毛细管导入空气量，以能稳定地冒出一连串小气泡为宜。

3）加热：当达到所要求的压力且稳定时，开始加热（不能直火加热）。液体沸腾后，应调节热源，经常注意压力计上所示的压力，如果与要求不符，则应进行调节，蒸馏速率以每秒 0.5 ~ 1 滴为宜。待达到所需的沸点时，更换接收器（用多头接收器），继续蒸馏。

4）结束操作：蒸馏完毕，移去热源，慢慢旋开夹在毛细管上的橡胶管的螺旋夹，并慢慢打开安全瓶上的活塞，平衡内外压力，使压力计的水银柱缓缓地恢复原状（若放开得太快，水银柱会很快上升，有冲破压力计的可能），待内外压力平衡后，才可关闭抽气泵，以免抽气泵中的油倒吸入干燥塔。最后按安装的反程序拆除仪器。

4. 水蒸气蒸馏

（1）基本原理　水蒸气蒸馏是将水蒸气通入不溶或难溶于水、但在 100℃ 时有一定挥发性的有机物质中，使需要蒸馏的物质在低于 100℃ 的温度下随着水蒸气一起蒸馏出来。

能进行水蒸气蒸馏的有机物必须具备三个特性：不溶或难溶于水；在沸腾下与水长时间共存不起化学反应；在 100℃ 左右时，必须具有一定的蒸气压（一般不小于 1333Pa）。

当水和不（或难）溶于水的某化合物一起存在时，整个体系的蒸气压力为二者蒸气压之和，即：

$$P = P_{H_2O} + P_A$$

式中，P 为体系蒸气压；P_{H_2O} 为水的饱和蒸气压；P_A 为难溶于水的化合物的饱和蒸气压。当 P 达到大气压时，体系开始沸腾，显然沸腾时的温度比水及该化合物的沸点都要低，也就是说该化合物和水在低于 100℃ 时可被同时蒸出。蒸馏时体系温度保持不变直至其中一组分被完全蒸出。在水蒸气蒸馏的馏出液中，设水的质量为 m_A，有机物的质量为 m_B，则两者质量比等于两者的分压与两者的摩尔质量的乘积之比。

$$\frac{m_A}{m_B} = \frac{M_A n_A}{M_B n_B} = \frac{M_A p_A}{M_B p_B}$$

此式适用于有机物在水中不溶解时的计算，实际上任何物质在水中都有部分溶解，对于难溶于水的物质，上式计算所得结果只是近似值。例如将溴苯和水一起加热至95.5℃，水的蒸气压为86.1kPa，溴苯的蒸气压为15.2kPa，总的蒸气压为0.1MPa，混合物开始沸腾。将各自的蒸气压和相对分子质量代入上式，则：

$$\frac{m_A}{m_B} = \frac{86.1 \times 18}{15.2 \times 157} = \frac{6.5}{10}$$

即蒸出6.5g水能够带出10g溴苯，溴苯占馏出液总质量的61%。这是理论值，实际蒸出的水量要多些。

此法优点在于使所需的有机物可在较低的温度下从混合物中被蒸馏出来，以避免在常压下蒸馏所造成的损失，提高分离提纯的效率。在操作和装置方面比减压蒸馏简便。此法常用于下列几种情况。

1）反应混合物中含有大量树脂状杂质或不挥发性杂质，需从中分离出产物时。

2）从固体多的反应混合物中分离被吸附的液体产物。

3）某些有机物在达到沸点时容易被破坏，即在沸点温度下易发生分解或其他化学变化，如采用水蒸气蒸馏，可在100℃以下蒸出。

4）使用其他分离纯化方法有一定操作困难的化合物的分离和纯化。

（2）水蒸气蒸馏装置　常用水蒸气蒸馏装置如图2-45所示，它是目前实验室中最常用的一种水蒸气蒸馏装置。由水蒸气发生器和蒸馏装置两部分组成，这两部分通过T形管相连接。

水蒸气发生器一般用金属制成（图2-46），也可用短颈圆底烧瓶（图2-45）代替。金属制成的水蒸气发生器通常是用铜板或薄铁板制成的圆筒状釜，釜顶开口，侧面装有一根竖直的玻管，玻管两端与釜体相连通，通过玻璃管可以观察釜内的水面高低，称为液面计。另一侧面有蒸气的出气管。釜顶开口中插入一支竖直的玻璃管，也称安全管。可根据安全管内水面的升降情况来判断蒸馏装置内的压力情况。安全管要插入水面以下但不能触底。当容器内气压过高时，水便沿玻璃管上升；如系统堵塞，水便从安全管上口喷出。

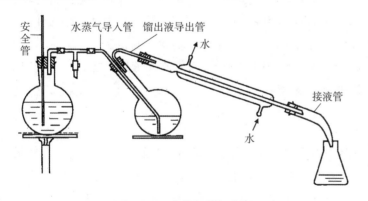 

图2-45　水蒸气蒸馏装置　　　　　　　图2-46　水蒸气发生器

T形管一般为直角三通管，管口分别与水蒸气发生器和蒸馏装置相连接，第三口向下安装，与螺旋夹（止水夹）相配套。安装时应注意使靠近水蒸气发生器的一端稍稍向下倾斜，连接蒸馏瓶的一端则稍稍向上倾斜，使蒸气在导气管中受冷而凝成的水能流回水蒸气发生器中而不是流入蒸馏瓶中，这样可以避免蒸馏时，蒸馏瓶中水过多。此外，应注意连接T形管的乳胶管尽可能短一些，以避免蒸汽在进入蒸馏瓶之前有过多水蒸气冷凝。T形管向下的一端套有一段橡胶管，橡胶管上配以螺旋夹。打开螺旋夹即可放出在导管中冷凝下来的积水。若体系发生堵塞、蒸馏结束或需要中途停止蒸馏时，打开螺旋夹可平衡系统内外压力，还可避免蒸馏瓶内的液体倒吸入水蒸气发生器中。

蒸馏装置由蒸馏瓶（常用长颈烧瓶，为了方便也可使用三口烧瓶）、V形导管、直形冷凝管、接收管和接收瓶组成。蒸馏瓶内待蒸馏的液体体积不能超过其容积的 1/3，且水蒸气发生器的方向倾斜 45°。V 形管的作用在于避免由于蒸馏时液体跳动十分剧烈而引起液体从导出管冲出，污染馏出液。水蒸气蒸馏时混合蒸气的温度一般在 90~100℃ 之间进行，故冷凝管用直形的。接收瓶可以为锥形或圆底烧瓶等。导入水蒸气的导气管应插至蒸馏瓶接近瓶底处。

（3）水蒸气蒸馏操作　按照图 2-45 安装仪器，烧瓶内加入待分离的混合液。打开 T 形管上的螺旋夹，直火加热水蒸气发生器。水沸后，冷凝管内通入冷水，将螺旋夹夹紧，使水蒸气均匀地进入圆底烧瓶。为了使蒸气不至在烧瓶中冷凝而积聚过多，必要时可在烧瓶下置一石棉网，用小火加热。必须控制加热速率使蒸气能全部在冷凝管中冷凝下来。万一冷凝管已被阻塞，应立即停止蒸馏并设法疏通（如用玻璃棒将阻塞的晶体捅出或在冷凝管中通入热水使之溶出等方法）。

水蒸气蒸馏的注意事项如下。

1）蒸馏过程要注意安全管中的水位变化。若安全管中水位急剧上升，说明蒸馏装置内的压力过大，发生了堵塞，应暂停蒸馏，检查原因后重新开始蒸馏。

2）蒸馏时应先打开螺旋夹，待 T 形管开口处有水蒸气冲出时再夹上螺旋夹，然后开始蒸馏。

3）当蒸馏完毕或中途需要中断时，一定要先打开螺旋夹接通大气，然后方可停止加热，以免蒸馏瓶内的液体倒吸入水蒸气发生器中。

4）要控制好加热速度和冷却水流速，使蒸气在冷凝管中完全冷却下来。当蒸馏物为较高熔点的有机物时，常在冷凝管中析出固体。此时，应暂时关掉冷却水，让热蒸气促使固体熔化进入接收瓶中。当重新开通冷却水时，要缓慢小心，防止冷凝管因骤冷破裂。

5）若蒸馏瓶中积水过多，可适当加热除去一部分水。

5. 萃取（extraction）　是有机化学实验中用来提取和纯化合物的手段之一。通过萃取，能从固体或液体混合物中提取所需要的化合物。以下介绍常用的液-液和固-液萃取，并对超临界萃取做简单介绍。

（1）基本原理　利用化合物在两种互不相溶（或微溶）的溶剂中溶解度或分配系数的不同，使化合物从一种溶剂中转移到另一种溶剂中，经过反复多次这样的操作，可将绝大部分的化合物提取出来。

分配定律是萃取的主要理论依据，物质在不同的溶剂中有着不同的溶解度。同时，在两种互不相溶的溶剂中加入某种可溶性的物质时，它能分别溶解于这两种溶剂中。实验证明，在一定温度下，该化合物与这两种溶剂不发生分解、电解、缔合和溶剂化等作用时，此化合物在两液层中之比是一个定值。不论所加的物质量是多少，都是如此。用以下公式表示：

$$\frac{c_A}{c_B} = K$$

式中，c_A、c_B 分别表示一种化合物在两种互不相溶的溶剂中的质量浓度；K 是一个常数，称为分配系数。

有机化合物在有机溶剂中一般比在水中的溶解度大。用有机溶剂提取溶解于水的有机化合物是萃取的典型实例。在萃取时，若在水溶液中加入一定量的电解质（如氯化钠），利用"盐析效应"以降低有机物和萃取溶剂在水溶液中的溶解度，可提高萃取效果。要把所需要的化合物从溶液中完全萃取出来，通常萃取一次是不够的，必须重复萃取数次，利用分配定律可以算出经过萃取后化合物的剩余量。

例如：V 为原溶液的体积，m_0 为萃取前化合物的总量，m_1 为萃取一次后化合物剩余量，m_2 为萃取二次后化合物剩余量，m_n 为萃取 n 次后化合物剩余量，V_e 为萃取溶剂的体积。

经一次萃取，原溶液中该化合物的质量浓度为 m_1/V；而萃取溶剂中该化合物的质量浓度为 $(m_0-m_1)/V_e$；两者之比等于 K，即：

$$\frac{m_1/V}{(m_0-m_1)V_e} = K$$

整理后

$$m_1 = m_0 \frac{KV}{KV + V_e}$$

同理，经二次萃取后，则有

$$\frac{m_2/V}{(m_1 - m_2)V_e} = K$$

即：

$$m_2 = m_1 \frac{KV}{KV + V_e} = m_0 \left(\frac{KV}{KV + V_e}\right)^2$$

因此，经 n 次萃取后

$$m_n = m_0 \left(\frac{KV}{KV + V_e}\right)^n$$

当用一定量溶剂萃取时，希望在水中的剩余量越少越好。而上式中 $\left(\frac{KV}{KV + V_e}\right)^n$ 总是小于 1，所以，n 越大，m_n 就越小。也就是说，把溶剂分成数份做多次萃取比用全部量的溶剂做一次萃取效果好。但应注意，上面的公式适用于几乎和水不互溶的溶剂，例如苯、四氯化碳等。而与水有少量互溶的溶剂，如乙醚，上面公式只是近似的，但还是可以定性地估算出预期的结果。

例如：在 100ml 水中含有 4g 正丁酸的溶液，在 15℃ 时用 100ml 苯来萃取。设已知 15℃ 时正丁酸在水和苯中的分配系数，则用苯 100ml 一次萃取后正丁酸在水中的剩余量为：

$$m_1 = 4\text{g} \times \frac{1/3 \times 100\text{ml}}{1/3 \times 100\text{ml} + 100\text{ml}} = 1.0\text{g}$$

如果将 100ml 苯分为三次萃取，则剩余量为：

$$m = 4\text{g} \times \left[\frac{1/3 \times 100\text{ml}}{1/3 \times 100\text{ml} + 33.3\text{ml}}\right]^3 = 0.5\text{g}$$

从上面的计算可以看出，100ml 苯一次萃取可提取出 3g（75%）的正丁酸，而分 3 次萃取时则可提取出 3.5g(87.5%) 的正丁酸。所以用同体积的溶剂，分多次萃取比一次萃取的效果好得多。但当溶剂的总量不变时，萃取次数 n 增加，V_e 就要减少。例如：当 $n = 5$ 时，$m_5 = 0.38$g，$n > 5$ 时，n 和 V_e 这两个因素的影响就几乎相互抵消了。再增加 n，m_n/m_{n+1} 的变化很小，通过实际运算也可证明这一点。所以一般同体积溶剂分为 3~5 次萃取即可。

上面的结果也适用于由溶液中除去（或洗涤）溶解的杂质。

（2）液 - 液萃取　用选定的溶剂分离液体混合物中某种组分，溶剂必须与被萃取的混合物液体不相溶，具有选择性的溶解能力，而且必须有好的热稳定性和化学稳定性，并有较低的毒性和腐蚀性。如用苯分离煤焦油中的酚；用有机溶剂分离石油馏分中的烯烃；用 CCl_4 萃取水中的 Br_2。

1）间歇多次萃取：通常用分液漏斗来进行液体中的萃取。在萃取前，活塞用凡士林处理，必须事先检查分液漏斗的塞子和活塞是否严密，以防分液漏斗在使用过程中发生泄漏而造成损失（检查的方法，通常是先用溶剂试验）。

在萃取时，先将液体与萃取用的溶剂由分液漏斗的上口倒入，塞好塞子，振摇分液漏斗使两液层充分接触。

振摇的操作方法：一般是先把分液漏斗倾斜，使漏斗的上口略朝下，右手捏住上口颈部，并用示指根部压紧塞子，以免盖子松开，左手握住活塞，握紧活塞的方式既要防止振摇时活塞转动或脱落，又要便于灵活地旋开活塞（图 2 - 47），振摇后漏斗仍保持倾斜状态，旋开活塞，放出蒸气或产生的气体，使内外压力平衡，若在漏斗中盛有易挥发的溶剂，如乙醚、苯，或用碳酸钠溶液中和酸液振摇后，更应注意及时旋开活塞，放出气体，振摇数次以后，将分液漏斗放在铁圈上，静置，使乳浊液分层。

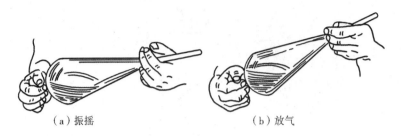

（a）振摇   （b）放气

图 2 − 47　分液漏斗的振摇和放气

待分液漏斗中的液体分成清晰的两层以后，就可以进行分离。分离液层时，下层液体应经活塞放出，上层液体应从上口倒出。如果上层液体也经活塞放出，则漏斗基部所附着的残液就会将上层液体污染。分离后再将被萃取的液体倒回分液漏斗中，用新的萃取溶剂继续萃取。萃取次数决定于分配系数，一般为 3 ~ 5 次。将所有萃取液合并，加入适当干燥剂进行干燥，滤除干燥剂后再蒸去溶剂，萃取后所得有机化合物视其性质确定进一步的纯化方法。

下面几点对初用者来说容易忽视，应予注意：①使用前对分液漏斗不检查，拿来就用；②振摇时用手抱着漏斗，而不是如图 2 − 47 那样操作；③分离液体时，不放在铁圈上而是用手拿着漏斗操作；④上层液体也经下端放出；⑤玻璃塞未打开就扭开活塞放液；⑥液体分层还未完全就从下端放出，或者是放的速度太快，分离不净。

2）盐析：易溶于水而难溶于盐类水溶液的物质，向其水溶液中加入一定量盐类，可降低该物质在水中的溶解度，这种作用称为盐析（加盐析出）。

Ⅰ. 通常用作盐析的盐类：$NaCl$、KCl、$(NH_4)_2SO_4$、NH_4Cl、Na_2SO_4、$CaCl_2$。

Ⅱ. 可盐析的物质：有机酸盐、蛋白质、醇、酯、磺酸等。

萃取时也常利用盐析效应增加萃取效率，同时也能减少溶剂的损失。如用乙醚萃取水溶液中的苯胺，若向水溶液中加入一定量的 $NaCl$，既可提高萃取效率，也能减少醚溶于水的损失。

3）连续萃取：此方法实验室也常采用。当有些化合物在原有溶剂中比在萃取溶剂中更易溶解时，就必须使用大量溶剂进行多次的萃取，用间断多次萃取效率差，且操作烦琐，损失也大。为了提高萃取效率，减少溶剂用量和被纯化物的损失，多采用连续萃取装置，使溶剂在进行萃取后能自动流入加热器，受热汽化，冷凝变为液体再进行萃取，如此循环即可萃取出大部分物质，此法萃取效率高，溶剂用量少，操作简便，损失较小。使用连续萃取方法时，根据所用溶剂的相对密度小于或大于被萃取溶液相对密度的条件，应采取不同的实验装置，如图 2 − 48 所示。

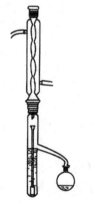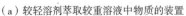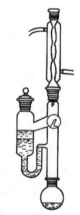

（a）较轻溶剂萃取较重溶液中物质的装置　　（b）较重溶剂萃取较轻溶液中物质的装置

图 2 − 48　连续萃取装置

（3）固 – 液萃取　也叫浸取，用溶剂分离固体混合物中的组分，如用水浸取甜菜中的糖类；用乙醇浸取黄豆中的豆油以提高油产量；用水从中药中浸取有效成分以制取流浸膏叫"渗沥"或"浸沥"。

1）长期浸泡法：将固体样品装在适当容器中，加入适当溶剂浸渍一段时间，反复数次，合并浸渍液，减压浓缩。药厂中常用此法萃取，但效率不高，时间长，溶剂用量大，实验室不常采用。

2）回流提取法：以有机溶剂作为提取溶剂，在回流装置中加热进行回流，也可采用反复回流法，即第一次回流一定时间后，滤出提取液，加入新鲜溶剂，重新回流，如此反复数次，合并提取液，减压回收溶剂。

3）脂肪提取器提取法：实验室多采用脂肪提取器，也称为索氏（Soxhlet）提取器来萃取物质（图 2 – 49）。通过对溶剂加热回流及虹吸现象，使固体物质每次均被新的溶剂所萃取，效率高，节约溶剂。但对受热易分解或变色的物质不宜采用。高沸点溶剂采用此法进行萃取也不合适。萃取前应先将固体物质研细，以增加固 – 液接触面积，然后将固体物质放入滤纸筒内（将滤纸卷成圆柱状，直径略小于提取筒的内径，下端用线扎紧）。轻轻压实，上盖一小圆滤纸。加溶剂于烧瓶内，装上冷凝管，开始加热，溶剂沸腾进行回流，蒸气上升后，溶剂冷凝成液体，滴入萃取器中，当液面超过虹吸管顶端时，萃取液自动流入加热烧瓶中，萃取出部分物质，再蒸发溶剂，如此循环，直到

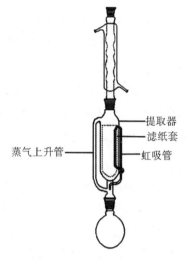

提取器
滤纸套
蒸气上升管
虹吸管

图 2 – 49　脂肪提取器

被萃取物质大部分被萃取出为止。固体中的可溶性物质富集于烧瓶中，然后用适当方法将萃取物质从溶液中分离出来。

（4）超临界萃取

1）基本原理：超临界萃取（supercritical extraction）是指以超临界流体（supercritical fluid，SCF）为萃取剂的萃取分离技术。所谓超临界流体，即处于临界温度（T_c）和临界压力（P_c）以上的流体。与常温常压下的气体和液体比较，超临界流体具有两个特性：①密度接近于液体，具有类似于液体的高密度，因而对溶质有较大的溶解度；②黏度近似于气体，具有类似于气体的低黏度，故易于扩散和运动，其传质速率大大高于液相过程。能作为超临界流体的化合物有二氧化碳、氨、乙烯、丙烷、丙烯、水等。其中超临界流体 CO_2 具有最适合的临界点数据，其临界温度为 31.06℃，接近温室；临界压力为 7.39MPa，比较适中；临界密度为 0.448g/cm³，是常用超临界溶剂中最高的（合成氟化物除外），而高密度使其具有较好的溶解能力。此外，CO_2 性质稳定、无毒、不易燃易爆、价格低廉，因而是最常用的超临界流体。

近年来，超临界 CO_2 流体萃取技术广泛应用于中草药有效成分提取。从已有的研究报告看，该技术可用于生物碱、醌类、香豆素、木脂素、黄酮类、皂苷类、多糖、挥发油等中药有效成分的提取。

2）超临界 CO_2 流体萃取装置：一般由四个基本部件构成，即萃取釜、减压阀、分离釜和加压泵。如图 2 – 50 所示。

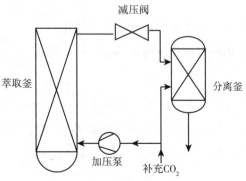

减压阀

萃取釜

分离釜

加压泵　补充 CO_2

图 2 –50　超临界 CO_2 流体萃取装置示意图

原料药装入萃取釜，CO_2气体经热交换器冷凝成液体，用加压泵使压力增加（高于CO_2的P_c），同时调节温度，使其成为超临界流体，从萃取釜底部进入，进行萃取。萃取后的流体经减压阀压力降至CO_2临界压力以下，进入分离釜中，所提取成分溶解度急剧下降而析出，可定期从釜底放出。CO_2气体可循环使用。

3）超临界CO_2流体萃取的优缺点：与常规的萃取方法比较，超临界CO_2流体萃取具有如下优点。

传统提取方法要用大量的有机溶剂，不但回收困难而且回收过程中有损失，造成成本增加和有机溶剂残留问题，运用超临界CO_2萃取，CO_2无色、无味、无毒，且通常条件下为气体，无溶剂残留问题。

常规提取方法如水煎煮法提取温度较高，提取时间也较长。药材中一些热不稳定性有效成分往往受热易破坏，超临界CO_2萃取温度接近室温，对于那些对湿、热、光敏感的物质和芳香性物质的提取特别适合，可避免常规提取过程可能产生的分解、形成复合物沉淀等反应，能最大限度地保持各组分的原有特性。

常规提取法在提取出有效成分的同时，往往也将药材中的一些大分子杂质，如树胶、淀粉、蛋白质、鞣质等提取出来，给后续的除杂精制工艺带来困难。超临界CO_2萃取可以根据被提取有效组分的性质，通过改变温度和压力以及加入少量其他溶剂，进行高选择性提取，并且流程简单，耗时短，省去了某些分离精制步骤，大大缩短了生产周期。

超临界CO_2萃取操作提取完全，能充分利用中药资源。由于超临界CO_2的溶解能力和渗透能力强，扩散速度快，且是在连续动态条件下进行，萃取出的产物不断地被带走，因而提取较完全，这一优势在挥发油提取中表现得非常明显。

超临界CO_2萃取技术同其他色谱技术及分析技术联用，能够实现中药有效成分的高效、快速、准确分析。

与其他超临界流体相比，CO_2临界压力适中，在实际操作中，其使用压力范围有利于工业化生产。

但是，超临界萃取技术也有其自身局限。比如：设备的安装、使用、维护的工程技术要求较高，投资较大；由于CO_2非极性和低分子量的特点，对于强极性和大分子量成分难以进行有效的提取，尽管可以通过添加夹带剂来改善提取效果，但与传统提取方法相比，优势可能就不再明显，甚至不如传统提取方法；有关超临界流体的基础研究还比较薄弱，还有大量的基础研究和化学工程方面的问题需要解决；该技术用于复方提取的方法与效率还有待于进一步研究和探讨。

实验五　重结晶

【实验目的】

（1）学习和熟悉固体溶解、热过滤、减压过滤等基本操作。

（2）通过重结晶实验，理解固体有机化合物重结晶提纯的原理及意义。

【实验原理】

冷却饱和溶液或蒸去溶剂即析出晶体，这个过程叫作结晶。分离晶体后的溶液称为母液。晶体如不纯，一般选择适当的溶剂，设法使粗制品溶解后，过滤或脱色以除去杂质，溶液经浓缩、冷却或其他方法处理后，便有纯的晶体析出。滤去母液，洗涤晶体后致干，这种再结晶的操作叫作重结晶。重结晶是纯化固体有机化合物的重要方法之一。

重结晶是利用被提纯物和杂质或固体混合物中各组分在某种溶剂中溶解度的不同而进行的一种分离

纯化方法，详见 P47。绝大多数固体化合物在溶剂中的溶解度随温度的升高而增大，随温度降低而减小。通常混合物中的被提纯物为主要成分，含量较高，容易配制成热饱和溶液，而此时杂质含量低，远未达到饱和。因此，当冷却此热饱和溶液时，被提纯的物质由于溶解度下降会结晶析出，杂质则全部或部分留在溶液中（若杂质在溶剂中的溶解度极小，则配成热饱和溶液后被过滤除去），这样便达到了提纯的目的。

实验常用粗苯甲酸、肉桂酸等为样品，本实验以苯甲酸为例。

【仪器与试剂】

1. 实验仪器 锥形瓶，酒精灯，布氏漏斗，抽滤瓶，滤纸，烧杯，玻璃棒。

2. 实验试剂 粗苯甲酸样品，蒸馏水，活性炭。

【实验步骤】

称取 2g 粗苯甲酸，置于 250ml 烧杯中，加入 120ml 水和几粒沸石，盖上合适的表面皿，加热至沸腾，并用玻璃棒不断搅动，观察固体溶解情况，如溶解不完全，可补加少量水，直到溶解完全为止（不溶性杂质除外）[1]。如有颜色，可冷却溶液后，加入适量活性炭[2]，搅拌后，再加热回流煮沸 5～10 分钟。

利用预先加热的保温漏斗[3]进行保温过滤，锥形瓶收集滤液。如一次未能倒完溶液，需注意加热保温。过滤完后，用少量热水洗涤烧杯和残渣。静置滤液，使其自然结晶。

用布氏漏斗抽滤后，用少量蒸馏水洗涤结晶，抽滤吸干，并如此重复两次。

将结晶摊放在表面皿或滤纸上，放入 80℃以下烘箱中干燥。称重，计算回收率，测定熔点。

【注释】

[1] 溶解粗样品时，加入溶剂的量要适当，一般按饱和溶液的需要量多加 15%～20%即可。在实际工作中，主要根据实验来确定。

[2] 若溶液有颜色或有树脂状悬浮物时，可加入粗品质量的 1%～5%活性炭进行脱色。活性炭的量不宜过多，加入时应注意样品必须溶解完全，且在溶液冷却之后再加入。活性炭绝对不可以加到正在沸腾或将要沸腾的溶液中，否则将引起暴沸！

[3] 漏斗一定要事先在烘箱中预热，即取即用。

【思考题】

（1）利用重结晶法纯化有机化合物的依据是什么？

（2）某有机化合物重结晶时，理想溶剂应具备哪些性质？

（3）将溶液进行热过滤时，为什么要尽可能减少溶剂挥发？如何减少？

实验六 常压蒸馏

【实验目的】

（1）了解常压蒸馏的原理及应用。

（2）学习常压蒸馏的操作。

【实验原理】

在通常情况下，纯的液态物质在大气压下有一定的沸点，如果在蒸馏过程中，沸点发生变化，那就是有机物不纯了。因此，可借蒸馏的方法来测定物质的沸点和定性检验物质的纯度。但是一些有机物常常能和其他组分形成二元或三元恒沸混合物，它们也有一定的沸点，因此不能认为沸点一定的物质都是纯物质。

所谓蒸馏，就是将液体物质加热到沸腾变为蒸气，又将蒸气冷凝为液体，这两个过程的联合操作。蒸馏可将沸点相差30℃以上的混合液体分离，蒸馏时沸点较低的先蒸出，沸点较高的随后蒸出，不挥发的物质留在蒸馏瓶内，这样可达到分离和提纯的目的。故蒸馏作为分离提纯液体有机物常用方法之一，是重要的基本操作，必须掌握。详见 P52 简单蒸馏。

【实验步骤】

1. 加料　先组装好仪器后再加原料。加液体原料[1]时，取下温度计和温度计套管，在蒸馏头上口放一个长颈漏斗，注意长颈漏斗下口处的斜面应低于蒸馏头支管，慢慢地将液体倒入蒸馏瓶中。

2. 加沸石[2]　为了防止液体暴沸，加入 3~5 粒止暴剂（实验室常用沸石）。沸石为多孔性物质，刚加入液体中小孔内有许多气泡，它可以将液体内部的气体导入液体表面，形成气化中心。如加热中断，再加热时应重新加入新沸石，因原来沸石上的小孔已被液体充满，不能再起气化中心的作用。

3. 加热　在加热前，应检查仪器装配是否正确，原料、沸石是否加好，冷凝水[3]是否通入，一切无误后再开始加热。开始加热[4]时，电压逐渐调高，一旦液体沸腾，水银球部位出现液滴，开始控制调压器电压，以蒸馏速度每秒 1~2 滴为宜。蒸馏时，温度计水银球上应始终保持有液滴存在，如果没有液滴说明可能有两种情况：①温度低于沸点，沸点低的成分已蒸完，温度计水银柱骤然下降，体系内的气-液相没有达到平衡，此时，应将电压调高；②温度过高，出现过热现象，此时，温度已超过沸点，应将电压调低。

4. 馏分的收集　收集馏分时，用一个经过称量干燥的容器来接收馏分，即产物。当温度超过沸腾范围，停止接收。沸程越小，蒸出的物质越纯。

5. 停止蒸馏　馏分蒸完后，如不需要接收第二组分，可停止蒸馏。应先停止加热，将变压器调至零点，关掉电源，取下电热套。待稍冷却后馏出物不再继续流出时，关掉冷却水，按安装仪器的相反顺序拆除仪器，即按次序取下接收瓶、接液管、冷凝管和蒸馏烧瓶，并加以清洗。

【注释】

[1] 蒸馏前应根据待蒸馏液体的体积，选择合适的蒸馏瓶。一般以被蒸馏液体的体积不超过蒸馏瓶容积的 2/3 为宜，蒸馏瓶越大，产品损失越多。

[2] 在加热开始后发现没加沸石，应停止加热，待稍冷却后再加入沸石。千万不可在沸腾或接近沸腾的溶液中加入沸石，以免在加入沸石的过程中发生暴沸。

[3] 在蒸馏沸点高于130℃的液体时，应用空气冷凝管。主要原因是温度高时，仍以水作为冷却介质，冷凝管内外温差增大，而使冷凝管接口处局部骤然遇冷容易断裂。

[4] 对于沸点较低又易燃的液体，如乙醚，应用水浴加热，而且蒸馏速度不能太快，以保证蒸气全部冷凝。如果室温较高，接收瓶应放在冷水中冷却，在接引管支口处连接橡胶管，将未被冷凝的蒸气导入流动的水中带走。

【思考题】

（1）在蒸馏过程中，火大小不变，为什么蒸了一段时间后，温度计的读数会突然下降？

（2）蒸馏时要加沸石，沸石什么作用？如果在加热前忘了加沸石，能否立即把沸石加到快要沸腾的液体中？

（3）蒸馏时最好控制馏出液的速度为每秒 1~2 滴，为什么？

实验七　分　馏

【实验目的】

（1）掌握简单分馏的基本原理及意义、应用范围；实验室常用的分馏操作方法。

（2）了解分馏柱的种类和选用方法。

【实验原理】

采用分馏柱对几种沸点相近的混合物进行分离的方法称为分馏。实际上分馏就是多次的蒸馏（详见P54）。所谓的分馏柱主要是一根长的玻璃管，柱身为空管或在管中填以特制的填料（图2-41）。现在最精密的分馏设备可将沸点相差1~2℃的混合物分开，它在化学工业和实验室中被广泛应用。常用于实验的样品有环己烷-正庚烷、丙酮-水等。

【实验步骤】

根据对待分离液体混合物的要求，选择合适的分馏柱及相应的全套仪器。在圆底烧瓶中加入待分离的混合物，放入沸石，按图2-42装好分馏装置[1,2]，用石棉绳包裹分馏柱身，尽量减少散热。分馏柱的支管和冷凝管相连，准备三个磨口烧瓶作为接收容器，蒸馏液收集在不同的容器中。选用合适的热源加热，仔细检查后方可加热，液体沸腾后要注意调节温度，使蒸气慢慢升入分馏柱，10~15分钟后蒸气到达柱顶（可用手摸柱壁，若烫手表示蒸气已达该处）。在馏出液滴出后，调节温度使得蒸出液体的速率控制在每2~3秒一滴[3]，这样可以得到比较好的分馏效果。待低沸点组分蒸完后，温度计[4]水银柱骤然下降，再逐渐升温，按各组分的沸点分馏出各组分的液体有机化合物。同时可安装一套常压蒸馏装置，比较两种蒸馏的效果。操作数据记入表2-9中。

表2-9　分馏实验数据处理表

分馏	馏出液体积（ml）	第一滴	2	4	6	8	10	11	12	13	14	16	18	……
	温度（℃）													
蒸馏	馏出液体积（ml）													……
	温度（℃）													

依表2-9数据在同一坐标上图作分馏曲线和蒸馏曲线（以馏出液体积为横坐标，温度为纵坐标）；并讨论分离效率。

【注释】

[1]切不可向正在加热的液体混合物中补加沸石。

[2]开始分馏时，一定要注意先通水，再加热。

[3]分馏操作中应严格控制馏出速度，以确保分离效果。

[4]在蒸操作中温度计安装的位置正确与否会直接影响测量的准确性。

【思考题】

（1）分馏和蒸馏在原理及装置上有哪些异同？如果是两种沸点很接近的液体组成的混合物能否用分馏来提纯呢？

（2）为什么分馏时最好控制馏出液的速度为每2~3秒一滴为宜？快了会造成什么后果？

（3）分离液体混合物时，普通蒸馏与简单分馏哪一种方法效果更好？为什么？

（4）什么叫共沸物？为什么不能用分馏法分离共沸混合物？

实验八 减压蒸馏

【实验目的】

(1) 掌握减压蒸馏的原理、适用范围、操作方法及步骤。

(2) 熟悉减压蒸馏的主要仪器装配及油泵、气压计的正确使用。

【实验原理】

有些有机化合物热稳定性较差，在受热温度还未达到沸点就发生了分解、氧化或聚合等。因此，这类化合物的分离、提纯就不宜采取常压蒸馏的方法，而常采用在减压的条件下进行蒸馏，进行分离、提纯。液体化合物的沸点与外界压力有关；当外界压力降低时，液体沸腾所需要的能量也会降低，即降低了外界压力，液体沸点也会随之降低（详见 P56）。

一般情况下，当压力降低到 2.67kPa(20mmHg) 时，多数有机化合物的沸点要比其常压的沸点低 100℃左右。沸点与压力的关系可近似地用图 2-43 推出。

例如：某一化合物在常压下的沸点为 234℃，若要在 1999Pa（15mmHg）的减压条件下进行蒸馏操作，那么其沸点是多少？首先在图 2-43 中常压沸点刻度线上找到 234℃标示点，在压力曲线上找出 1999Pa（15mmHg）标示点，然后将这两点连接成一条直线并向减压沸点刻度线延长相交，其交点所示的数字就是该化合物在 1999Pa（15mmHg）减压条件下的沸点，即 113℃。此法所得的虽为估计值，但对于实际减压蒸馏实验是具有一定参考价值的。

【实验步骤】

本实验是对康尼扎罗（Cannizzaro）反应得到的苯甲醇粗品进行精制纯化，苯甲醇的沸点为 205.4℃，沸点较高，为防止其达到沸点或在高温情况下氧化或炭化，采用减压蒸馏纯化。在粗制的苯甲醇中，含有一定量的水分和其他低沸点物质，所以要先进行常压蒸馏、水泵预减压蒸馏，最后用油泵减压蒸馏而达到苯甲醇的精制[1]。

在 100ml 耐压圆底烧瓶中，加入 20g 粗制的苯甲醇，加入几粒沸石，安装好常压蒸馏装置，进行常压蒸馏，收集其低沸点物质，温度升高至 120℃时，停止蒸馏。

改装为减压蒸馏装置，用水泵进行减压蒸馏[2]，温度升高到 60℃，无馏出液蒸出为止。再换成油泵真空减压系统[3]，严格按减压蒸馏操作进行蒸馏，收集与预期温度前后 2℃温度范围的馏分[4]，即纯的苯甲醇，并计算回收率。

【注释】

[1] 应该注意的是，在用油泵减压蒸馏前，一定要先做简单的蒸馏或用水泵减压蒸馏，以蒸除低沸点物质，防止低沸点物质抽入油泵。

[2] 减压蒸馏装置中，从克氏蒸馏头直插蒸馏瓶底的是末端如细针般的毛细管，它起到引入汽化中心的作用，使蒸馏平稳。

[3] 打开油泵，注意观察压力计。如发现体系压力无多大的变化，或者系统不能达到应该达到的真空度，那么就该检查系统是否漏气。

[4] 当减压操作结束时，要小心旋开安全瓶上的双通旋塞，让气体慢慢进入系统，使压力计中的水银柱缓慢复原，避免因系统内的压力突增使水银柱冲破玻璃管。

【思考题】

(1) 在什么情况下才选用减压蒸馏？

（2）减压蒸馏装置由哪些仪器及设备组成？各自作用是什么？

（3）减压蒸馏装置中毛细管有何重要作用？应如何正确安装毛细管？

（4）减压蒸馏时，若超过所需的真空度应怎样操作？

（5）减压蒸馏时，为什么要先抽真空再加热？

（6）减压蒸馏完成时，先关泵后开启活塞与大气相通，会产生什么后果？

实验九　水蒸气蒸馏

【实验目的】

（1）熟悉水蒸气蒸馏的仪器安装及操作。

（2）了解水蒸气蒸馏的原理及应用。

【实验原理】

水蒸气蒸馏是用来分离和提纯有机化合物比较常用的方法，对于一些难溶于水但具有一定挥发性的物质，可以用通入水蒸气的方法把它和水一起蒸馏出来，这叫水蒸气蒸馏。能进行水蒸气蒸馏的有机物必须具备以下三个特性：①不溶或难溶于水（若溶于水，则蒸汽压显著下降，不易蒸出）；②在沸腾下与水长时间共存不起化学反应；③在100℃左右时，必须有一定的蒸汽压（不小于1333.22Pa）（详见P58）。工业上常用水蒸气蒸馏的方法从植物组织中获取挥发性成分，如从橙皮中提取柠檬烯，从薄荷叶中提取薄荷油等。

【实验步骤】

1. 安装　按图2-45安装水蒸气蒸馏的装置。用500ml圆底蒸馏烧瓶作为水蒸馏器，用电热套加热。

加入的水量以其容积的3/4为宜。如果太多，沸腾时水将冲进烧瓶内。安全管[1]插至近发生器底部，加几粒沸石。

2. 加料　长颈烧瓶或三颈瓶内加入30ml有机物（环己烷）。

3. 蒸馏　打开螺旋夹[2]，加热至水沸腾，关闭螺旋夹，水蒸气进入长颈烧瓶，开始蒸馏。蒸馏过程中[3]，如由于水蒸气冷凝，使烧瓶内的液体量增加，以至超过烧瓶容量的2/3或水蒸气蒸馏的速度不快时，则将蒸馏部分隔石棉网加热，但注意瓶内崩跳现象，如崩跳剧烈，则应移走热源，以免发生意外，蒸馏速度为2~3滴/秒。

4. 结束　当蒸馏无明显油珠，澄清透明时，先打开螺旋夹[4]，然后移开热源，以免发生倒吸现象。蒸出物用分液漏斗分离出环己烷。

【注释】

[1] 必须经常检查安全管中水位是否正常，如果安全管内水柱从顶端喷出，说明蒸馏系统内压力增高，应立即打开螺旋夹，检查原因。

[2] 蒸馏时应先打开螺旋夹，待T形管开口处有水蒸气冲出时再夹上开始蒸馏。

[3] 蒸馏部分混合物溅飞一旦变得厉害，应立即旋开螺旋夹，移走热源。排故障后方可继续蒸馏。

[4] 避免倒吸现象的发生。如果蒸馏瓶内压力大于水蒸气发生器内的压力，将产生液体倒吸，此时也应立即打开螺旋夹。

【思考题】

（1）水蒸气蒸馏适用于分离什么样的有机混合物？

（2）能进行水蒸气蒸馏的有机物必须具备什么特性？

（3）用分液漏斗分离环己烷时，环己烷是在上层还是在下层？

实验十　萃　取

【实验目的】

掌握利用萃取分离纯化有机化合物的原理和操作技术；分液漏斗的正确使用方法。

【实验原理】

萃取是有机化学实验室中常用来提取纯化有机物的方法之一，经过萃取可将所需有机物从固体或液体混合物中提取分离出来。其基本原理详见 P60。

【实验步骤】

在分液漏斗中放入 10ml 苯酚水溶液，再加入 10ml 乙酸乙酯，塞上漏斗顶部的塞子。按照分液漏斗的正确使用握法将其倒置，打开活塞放气一次。关闭活塞，轻轻振摇后再打开活塞放气。重复操作（3~5 次）直至漏斗中不再有大量气体产生时可加大力度振摇，最后一次振摇放气后，将分液漏斗置于铁圈上静止使分层清晰。

在分液漏斗下放一烧杯，小心打开活塞，慢慢放出下层液体，待上层液体接近活塞时，减缓放液速度，尽量将下层液体放净，但一定注意不要把上层液体从分液漏斗下口放出，然后关闭活塞。

将上层液体从分液漏斗上口倒入另一烧杯中，取一滴下层液体置于点滴板中，加入一滴 $FeCl_3$ 溶液，观察记录现象。

若水层中已无苯酚剩余，可结束萃取操作；若水层中仍有苯酚存在，则需继续加入 10ml 乙酸乙酯再次进行萃取。通常需要萃取 3~5 次。

【思考题】

（1）分液漏斗在使用前应如何处理及检查？

（2）萃取振摇时应从什么地方放气？放气的目的是什么？不放气会导致什么后果？

（3）本实验中上层液体是什么？下层液体是什么？下层液体与 $FeCl_3$ 显色与否，说明什么？

四、立体化学基础

（一）立体化学模型实验的意义

分子结构是以立体形式存在的，少数简单的分子具有二维形象，而大多数有机分子都具有三维形象，也就是呈现立体形象。但是有机物分子的立体结构书写时很不方便，为了便于学习和理解，常利用分子模型来帮助我们了解分子内各种化学键之间的正确角度以及分子中各原子或基团在三维空间的相对关系。这种模型不能准确地表示分子中原子的相对大小、原子核间的精确距离等，但能帮助我们了解有机化合物的立体结构。特别是在学习立体化学时，能帮助我们辨别分子中原子在空间的各种排列情况；帮助我们理解这些立体模型在纸平面上的表示方法；进而帮助我们复习掌握课堂上学习到的立体化学基础知识。本实验通过分子立体模型的搭建，使学生形象、立体地感受到各种立体异构体之间的差异，认识各种立体异构体产生的原因，为更好地学习和理解立体化学知识奠定实验基础。

（二）简要基础立体化学知识

有机化合物中普遍存在同分异构现象。同分异构现象主要包括构造异构和立体异构两部分。具有相同的分子式但分子中原子或原子团的连接方式和次序不同的异构体叫作构造异构（constitutional isomerism）。如：

$$CH_3CH_2CH_2CH_3 \quad 和 \quad CH_3\overset{\overset{\displaystyle CH_3}{|}}{C}HCH_3 \qquad 碳链异构$$

$$CH_3CH_2CH_2OH \quad 和 \quad CH_3\overset{\overset{\displaystyle OH}{|}}{C}HCH_3 \qquad 位置异构$$

$$CH_3CH_2OH \quad 和 \quad CH_3OCH_3 \qquad 官能团异构$$

$$CH_3\overset{\overset{\displaystyle O}{||}}{C}CH_2COOC_2H_5 \rightleftharpoons CH_3\overset{\overset{\displaystyle OH}{|}}{C}=CHCOOC_2H_5 \qquad 互变异构$$

立体异构是指构造式相同，仅由于分子内的原子或基团在三维空间排列方式不同所引起的异构现象。立体异构主要分为以下三种情况：

$$立体结构\begin{cases}构型异构\begin{cases}顺反异构（也称几何异构）\\对映异构（也称旋光异构）\end{cases}\\构象异构\end{cases}$$

立体化学（stereochemistry）是研究立体异构现象以及由于立体异构而引起物质性能发生变化的一门科学。

1. 构型异构　是指分子内部原子或基团在空间"固定"的排列方式不同而产生的异构现象，包括顺反异构和对映异构。

（1）顺反异构　有机物分子如具有刚性结构（如有双键或环的存在），单键的自由旋转就会受到阻碍，分子中原子或原子团在空间就具有固定的排列方式（即有一定的构型），当双键或环上原子连接不同的原子或基团时，就会产生两种不同的化合物。如2-丁烯分子中双键两端的 H 原子有两种不同的排列方式：一种是在双键的同侧，另一种是分占双键的两侧，它们之间互为顺反异构体。其中一种称为"顺式"，另一种称为"反式"，这种异构现象称为"顺反异构"。

（2）对映异构　当平面偏振光通过某种化合物介质时，有些化合物介质能使平面偏振光发生旋转，具有这种性质的化合物就叫作"旋光性物质"或"光学活性物质"。能使平面偏振光向右旋转的物质称为右旋体，使平面偏振光向左旋转的物质称为左旋体。它们分别代表不同的构型，相互之间互为对映异构的关系，故称之为对映异构体。旋光性物质的结构特点是不具有对称性，它的一对对映体互为实物和镜像关系，不能重合，是两种物质。如从肌肉中得到的乳酸是右旋乳酸，以葡萄糖为原料经左旋乳酸杆菌发酵制得的乳酸是左旋乳酸。

2. 构象异构　是指具有一定构型的有机物分子由于碳碳单键的旋转或扭曲所产生的分子中原子或原子团在空间的不同排列方式而形成的立体异构。如乙烷(CH₃—CH₃)分子中的两个甲基可以围绕 C—C 单键自由旋转，如果使乙烷分子中的一个甲基不动，另一个甲基的碳原子绕键轴旋转，那么一个甲基上的三个氢原子相对于另一个甲基上的三个氢原子，可以有无数种空间排列方式，即有无数种构象。

研究分子中原子或基团在空间的排列状况，以及不同排列对分子理化性质、生物效应等所产生的影响是有机化学的重要内容之一。

实验十一　基础立体化学模型实验

【实验目的】

（1）掌握立体化学模型的搭建方法；有机化合物分子产生顺反异构的结构特征及其构型表示法；

对映体、非对映体、内消旋体的立体形象以及它们之间的构型差异，熟悉 R/S 构型表示法；环己烷及其衍生物的构象异构；费歇尔投影式、锯架投影式、纽曼投影式的使用方法和相互转换。

（2）了解有机物分子的立体形象及结构特点；开链分子的构象异构。

当有机物分子中原子或原子团相互连接的次序和方式不同时，可产生构造异构，包括碳链异构、位置异构、官能团异构、互变异构等。当构造相同的有机物分子中原子或原子团在空间的排列方式不同时，可产生立体异构，包括顺反异构、对映异构、构象异构。不同异构体的理化性质和生理活性都有差别。

【实验步骤】

（1）演示搭建 cis-丁-2-烯和 trans-丁-2-烯的球棒模型[1]，以此为例解释顺反异构体产生的原因和条件；练习顺反异构体的构型表示法。

（2）演示搭建 R/S-乳酸的球棒模型，并解释对映异构产生的原因；练习对映异构体的构型表示法。

（3）演示搭建乙烷的交叉式和重叠式构象的球棒模型，并演示费歇尔投影式、锯架投影式、纽曼投影式的投影方法和它们之间的相互转换。

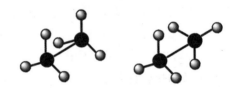

（4）演示搭建环己烷的船式、椅式构象的球棒模型，并解释构象的稳定性，展示转环作用。

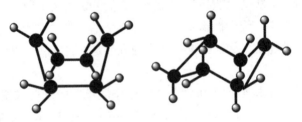

（5）学生独立完成搭建下列分子模型[2]，并拍摄照片制作 PPT 实验报告。

1）顺-2-氯戊-2-烯和反-2-氯戊-2-烯。

2）2,3-二羟基丁酸的四种对映异构体的球棒模型。

3）正丁烷的对位交叉式、邻位交叉式、部分重叠式、全部重叠式的球棒模型。

4）(2R,3S)-酒石酸、(2S,3R)-酒石酸及酒石酸的内消旋体的球棒模型。

5）一取代环己烷、二取代环己烷的椅式构象的球棒模型。

【注释】

[1] 一根直杆代表 σ 键，两根弯杆代表 π 键。

[2] 完成模型搭建后要比较各异构体产生的原因和各自的性质差异。

【思考题】

（1）构造异构体和立体异构体产生的原因有何不同？顺反异构和对映异构产生的原因有何不同？

（2）写出庚-2,4-二烯的顺反异构体结构式，并标定其构型。

（3）2,3-二羟基丁酸有无内消旋体？为什么？并说明内消旋体产生的原因。

（4）画出正丁烷四种典型构象的锯架投影式和纽曼投影式，并指出优势构象。

（5）1,2-二取代环己烷的顺式和反式异构体哪一种更稳定？为什么？

五、色谱分离技术

（一）色谱分离技术简介

色谱法是 1903 年植物学家 Tswett 创立的一种分离方法，它首次被应用于色素的分离。将含有色素的溶液流经装有吸附剂的柱子，结果在柱子的不同高度显示出各种色带，而使色素混合物得以分离（图2-51），这种方法因此得名色谱法。

色谱法是一种物理分离的方法，其基本原理是基于混合物中各组分在不相混溶并做相对运动的两相（流动相与固定相）中溶解度不同或在固定相上的吸附能力不同，而将各组分分开。前者称为分配色谱，后者称为吸附色谱。根据分离原理不同，可以将色谱法分为吸附色谱、分配色谱、离子交换色谱等；根据操作条件的不同，又可分为柱色谱、纸色谱、薄层色谱等。

色谱法在有机化学中的应用主要体现在分离混合物、鉴定化合物、检测反应是否完成等方面。

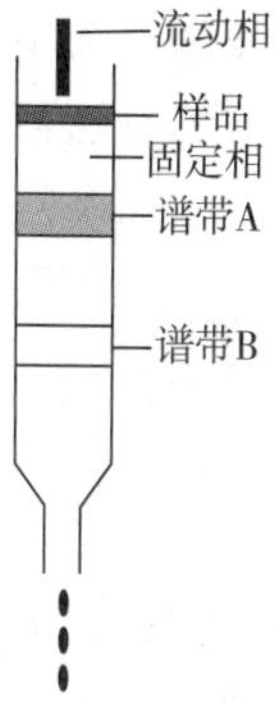

图 2-51　色谱法分离植物色素

（二）柱色谱技术及操作步骤

柱色谱通常是分离混合物和提纯少量有机物的有效方法。常用的柱色谱有吸附柱色谱和分配柱色谱。吸附柱色谱常用氧化铝和硅胶作固定相。在分配柱色谱中用硅胶、硅藻土和纤维素为支持剂，以吸附较大量的液体作为固定相，而支持剂本身一般不起分离作用。

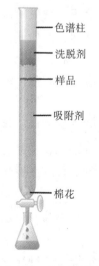

图 2-52　柱色谱装置

实验室中最常用的是吸附柱色谱，它是利用混合物中各组分在不相溶的流动相中吸附和解吸能力的不同而分离。当混合物随流动相流过固定相时，发生了多次的吸附和解吸过程，从而使混合物分离成各种单一的纯组分。柱色谱通常在玻璃管中填入比表面积很大、经过活化的粉状固体吸附剂。将已溶解的样品加入色谱柱中，混合物溶液流经吸附柱时，各种组分同时被吸附在柱的上端，装置如图 2-52 所示。当用洗脱剂（流动相）进行淋洗时，由于各组分在洗脱剂中的溶解度不同，因此被解吸的能力也不同。根据"相似相溶"原理，极性化合物易溶于极性洗脱剂中，非极性化合物易溶于非极性洗脱剂中。一般先用非极性洗脱剂进行淋洗。

当洗脱剂流下时解吸出来的溶质溶解在洗脱剂中，并随之向下移动。遇到新的吸附剂表面，溶质和洗脱剂又会被吸附而建立暂时的平衡，该平衡立即又被向下移动的洗脱剂打破而解吸。如此吸附—解吸—吸附交替进行，使具有不同吸附能力的化合物按不同速度沿柱向下移动，形成了不同层次的"色带"。每一个色带至少代表一个组分。当每个"色带"被完全洗脱从柱底流出时，分别收集每个"色带"的流分，即可得到各个组分的溶液，再将洗脱剂蒸去后，就可得到单一纯净物质。

1. 吸附剂 吸附色谱最重要的是选择合适的吸附剂。选择的吸附剂不能与被吸附物及洗脱溶剂发生化学反应。常用的吸附剂有硅胶、氧化铝、氧化镁、碳酸钙、活性炭、淀粉和糖等，吸附剂的选择取决于被分离化合物的类型。硅胶广泛用于烃、醇、酮、酯、酸和偶氮化合物的分离。淀粉和糖用于对酸碱作用较敏感的多官能团天然物质。实验室一般使用氧化铝或硅胶。这两种吸附剂中氧化铝的极性更大一些，它是一种高活性和强吸附的极性物质。国产层析用氧化铝有碱性、中性、酸性三种：酸性氧化铝 pH 为 4～4.5，适用于分离酸性有机物质；碱性氧化铝 pH 为 9～10，适用于分离碱性有机物质，如生物碱和胺类化合物；中性氧化铝应用最为广泛，适用于中性物质的分离，如醛、酮、酯、醌等有机物质。硅胶略带酸性。

由于样品被吸附在吸附剂的表面上，因此颗粒大小均匀、比表面积大的吸附剂分离效率最佳。比表面积越大，组分在流动相和固定相之间达到平衡就越快，色带就越窄。通常使用的吸附剂粒径大小以 100～150 目为宜。

吸附剂的活性取决于吸附剂的含水量（表 2－10），含水量越高，活性越低，吸附能力越弱，反之则吸附能力强。大多数吸附剂都能强烈地吸水，水不易被其他化合物置换，使吸附剂活性降低，通常采用加热烘干的方法使吸附剂活化。

表 2－10 吸附剂含水量与活性等级的关系

活性等级	I	II	III	IV	V
氧化铝含水量（%）	0	3	6	10	15
硅胶含水量（%）	0	5	15	25	38

吸附剂的吸附能力取决于吸附剂和被分离化合物之间的作用力，非极性化合物与氧化铝之间的作用力主要是诱导力，作用力极弱。极性化合物与氧化铝之间的作用力主要有静电力、氢键作用力、配位作用力以及形成盐等。这种作用力同样存在于硅胶中。作用力的强度大致按下列次序递加：

诱导力＜静电力＜氢键作用力＜配位作用力＜形成盐

当化合物中含有较强的极性基团时，则与吸附剂作用力愈大，吸附性也愈强。

2. 洗脱剂 洗脱剂的选择是色谱柱分离的一个重要因素。选择洗脱剂的原则如下。

（1）洗脱剂的极性不能大于样品中各组分的极性，否则会由于洗脱剂在固定相上被吸附，迫使样品一直留在流动相中。在这种情况下，组分在柱中移动得非常快，很少有机会建立起分离所需的吸附平衡，影响分离效果。

（2）选择的洗脱剂必须能够溶解样品中的各个组分。如果被分离的样品不溶于洗脱剂，那么各组分可能会牢固地吸附在固定相上，而不随流动相移动或移动很慢。

一般洗脱剂的选择可通过薄层色谱试验来确定。具体方法是先将少量样品溶解在溶剂中，在薄层板上点样。待干后，用少量展开剂展开观察薄层板上各组分展开点的位置。哪种展开剂能将样品各组分分开，就可作为柱色谱的洗脱剂。如果单一溶剂达不到所需要求的分离效果，可选择混合溶剂展开。

常用溶剂的极性和洗脱能力按下列顺序递减：

乙酸＞水＞甲醇＞乙醇＞丙醇＞酮＞乙酸乙酯＞乙醚＞三氯甲烷＞二氯甲烷＞甲苯＞环己烷＞己烷＞石油醚

3. 柱色谱的装置 色谱柱是一根带有下旋塞的玻璃管，管内填入比表面积很大，经过活化的多孔性粉末固体吸附剂。

一般来说，吸附剂的质量应是待分离物质质量的 25～30 倍，所用柱的高度和直径比应为 8：1。表 2－11 为样品质量、吸附剂质量、柱高和直径之间的关系参考值。

表 2 – 11　样品质量和吸附剂质量与色谱柱高和直径的关系

吸附剂质量（g）	样品质量（g）	色谱柱直径（mm）	色谱柱高度（mm）
0.3	0.01	3.5	30
3.0	0.1	7.5	60
30.0	1.00	16.0	130
300.0	10.00	35.0	280

4. 柱色谱的操作步骤

（1）装柱　是柱色谱中最关键的操作，层析柱装的好坏直接影响分离效果。在装柱前首先将色谱柱洗干净后干燥。将色谱柱垂直固定在铁架上，用一小团脱脂棉或玻璃棉塞入柱底部，上面铺约为 0.5cm 厚的石英砂或不铺，然后进行装柱。装柱的方法有湿法装柱和干法装柱。

1）湿法装柱：在锥形瓶中，称取一定量的吸附剂（氧化铝或硅胶），选用洗脱剂（如为混合流动相，则选用极性最低的组分）将其调成糊状。

先在色谱柱中加入约 1/2 柱高的洗脱剂，在色谱柱下放一个干净的锥形瓶，接收洗脱剂，打开柱下旋塞，控制流出速度约为每秒 1 滴。将调好的吸附剂摇动均匀，然后把固体与液体一起从柱顶慢慢倒入柱内。将柱下端流出的洗脱剂与剩余吸附剂混合，搅匀后再倒入柱中，反复多次，待所有的吸附剂全部转移完全，然后用洗脱剂将粘在柱内壁的吸附剂洗至柱中。在转移吸附剂的过程中，应不断轻轻敲击色谱柱，使柱填充均匀，无空气气泡，柱填充完后，轻轻敲击柱身使柱面平整。如果吸附剂表面不平或有气泡，往往会出现"色带"不平或产生"拖尾"现象。即在第一条"色带"尚未洗脱完毕时，另一条"色带"的前沿也开始洗脱出来，给收集每条单一的"色带"带来困难。为了防止在加入洗脱剂时造成吸附表面形成缺口而表面不平整，在吸附剂表面覆盖一张小圆滤纸，或慢慢加入一层约 0.5cm 的石英砂。在整个装柱过程中，柱内吸附剂始终应有溶剂浸润，不能出现"干裂"，否则会影响分离效果。

2）干法装柱：在色谱柱上端放一个干燥的长颈漏斗，将干的吸附剂从漏斗口缓慢加入柱内，用橡胶球等轻轻并均匀地敲击柱身，使柱填装紧密、均匀，柱面平整。

（2）样品的加入及色谱带的展开　将固体样品用尽可能少的溶剂溶解后，用滴管吸取样品溶液，并伸入柱内靠滤纸面或石英砂层面，沿内壁将样品溶液慢慢加入柱内。液体样品可用滴管直接加入色谱柱。样品加完后，打开下旋塞，使样品溶液进入吸附剂内。用少量洗脱剂将内壁的样品洗下。待这部分液体进入柱里，再慢慢加入洗脱剂淋洗，直至第一条"色带"下移至活塞处，用干净、干燥的锥形瓶接收第一条"色带"，再换另一极性大的洗脱剂进行淋洗。色谱带的展开过程也就是样品的分离过程。在此过程中应注意以下几点。

1）在整个淋洗过程，洗脱剂连续平稳地加入，绝不能出现"干裂"。样品少时，可用滴管加入，样品多时，可通过滴液漏斗滴入。

2）在洗脱过程中，应先用极性最小的洗脱剂淋洗，然后逐步加大洗脱剂的极性。洗脱剂在柱内形成梯度，以形成不同的色带环。

3）在洗脱过程中，样品在柱内的下移速度不能太快，否则影响分离效果。但也不能太慢，因吸附剂表面活性较大，时间过长，会造成某些成分被破坏使"色带"扩散，影响分离效果。若下移速度太慢，可适当加压或用水泵减压，一般洗脱剂流出速度为每秒 1 滴。

4）若色谱带出现拖尾时，可适当增加洗脱剂的极性。

（3）样品各组分的收集　若样品中各组分有颜色时，可根据不同颜色的色带用锥形瓶分别收集，然后蒸去溶剂后得到纯组分。对于无色的样品，将收集瓶编好号，根据吸附剂的使用量和样品分离情况来收集。一般用 50g 吸附剂，每份洗脱剂的收集体积约为 50ml。馏分的收集过程可用薄层色谱进行监控。

5. 加压快速柱层析　实验中为达到较好的分离效果，常使用颗粒度很小（300~400目，甚至目数更大）的吸附剂。由于吸附剂颗粒度很小，洗脱剂流过时阻力很大，常压下很难进行，因此加压才能使洗脱剂流出。常用加压快速层析装置的玻璃仪器部分由层析柱、球形容器、三通塞三部分组成，接口处均为标准磨口。对接后用橡皮筋固定。层析柱底部为玻璃砂芯，可使液体流出而吸附剂不漏下。层析柱下端旋塞一般用四氟乙烯塑料旋塞，不需涂润滑油就可顺利开关，避免样品被润滑油污染。

可用压缩空气钢瓶或氮气钢瓶进行加压，应注意气体压力不可过高，以免装置弹开或炸裂，造成危险。也常用充满空气或氮气的橡皮双联球，反复按一球向另一球及整个装置中压入空气或氮气，使体系内形成一定的压力。

加压快速柱层析操作与常压柱层析类似。装柱也有湿法装柱和干法装柱两种。在装柱及加样品时，球形容器不必装上，欲使柱内液体流出时，可直接将三通塞与色谱柱对接加压。在加好样品后，欲用大量淋洗剂洗脱时再将球形容器装上。

（三）薄层色谱技术及操作步骤

薄层色谱（thin layer chromatography，TLC）是快速分离和定性分析微量物质的一种极为重要的技术。特点是设备简单、操作方便、需要样品量少、展开速度快、效率高，已经成为一般实验室中最为常用的一种层析法。此法特别适用于挥发性小，或在较高温度易发生变化而不能用气相色谱分析的物质。在有机合成反应中可以利用 TLC 来跟踪有机反应或监控有机反应完成的程度，也常作为柱层析的先导，以确定分离的条件和监控分离的进程。

TLC 的原理和分离过程与柱色谱相似，在柱色谱中适用的吸附剂性质和洗脱剂相对洗脱能力等特点，同样适用于薄层色谱。不同的是，柱色谱中的流动相沿着吸附剂向下移动，而 TLC 中的流动相沿着薄板上的吸附剂向上移动。

薄层色谱是在洗涤干净、晾干的载玻片上均匀地涂一层吸附剂或支持剂，层析就在薄板上进行。把样品溶液点在离薄层板一端边缘一定距离处，样品被吸附剂吸附。点样后的薄层板放入可密闭的层析缸内，一端浸入流动相中，由于薄层板的毛细作用，展开剂沿着吸附剂薄层逐渐上升，当遇到样品时，样品溶解在展开剂中，各组分在固定相和流动相之间不断地进行吸附—解吸—再吸附—再解吸……样品中各组分与固定相的吸附不同，样品中吸附能力最弱的组分，容易溶解而不容易被吸附，会随展开剂向薄层板上方移动较大的距离。相反吸附能力强的组分，在薄层上移动的距离较短，最后各组分得到分离。

1. 薄层板的制作　层析板制作得好坏直接影响层析效果。层析板要求厚薄均匀，厚度为 0.5~1mm，否则展开时溶剂前沿不齐，层析结果不易重复。

（1）吸附剂　层析板所用的吸附剂与柱色谱相似，最常用的是硅胶和氧化铝，它们的吸附能力强，可分离的样品种类多。

硅胶是无定形多孔物质，略显酸性，机械性能较差，一般需要加入黏合剂，如用煅石膏（$CaSO_4 \cdot H_2O$）、淀粉、羧甲基纤维素钠（CMC）等制成"硬板"。

氧化铝的极性较硅胶强，适合分离极性较小的化合物。在铺板时一般不再加黏合剂，可将氧化铝干粉直接铺层，这样得到的层析板称为"软板"。

在 TLC 中，所用的吸附剂颗粒比柱色谱中的要细得多，一般为 260 目以上。若颗粒太大，表面积小，吸附量少，样品随展开剂移动速度快，斑点扩散较大，分离效果差。若颗粒太小时，样品随展开剂移动速度慢，斑点不集中，效果也不好。

（2）层析板的铺法

1）干法铺板：将氧化铝干粉倒在洗净、干燥的玻璃片上，取直径均匀的一根玻璃棒，将两端用胶布缠好，在玻璃板上滚压，注意两手用力要均匀，移动速度一致，把吸附剂均匀地铺在玻璃板上，制成"软板"。这种方法操作简单，展开快，但样品展开点易扩散，分离较差，制成的薄板不易保存。

2）湿法铺板：在小烧杯中称取 2g 硅胶 G 加入 5 ~ 6ml 的 1% CMC 水溶液，调成均匀的糊状，不能有气泡或颗粒。把糊状物均匀地倒在玻璃片上，然后将玻璃片放在桌边，用手轻轻抖动，使表面均匀、光滑。然后移至薄层板架上，让它自然干燥。切记不能快速干燥，否则薄板会出现干裂。铺好的薄层板厚度为 0.5 ~ 1mm。厚度太薄样品分离困难，太厚展开时易出现拖尾。

现在市售也有各种大小、规格的预制薄层板。

2. 薄层板的活化　薄层板经过自然晾干后再置于烘箱内加热活化，进一步除去水分。不同的吸附剂及配方需要不同的活化条件。常用的硅胶板一般在烘箱中逐渐升温，维持在 105 ~ 110℃ 活化 30 分钟。氧化铝板在 150 ~ 160℃ 下活化 4 小时，可得到活性为 3 ~ 4 级的薄板，在 200 ~ 220℃ 下活化 4 小时，可得到活性为 2 级的薄板。在分离某些易吸附的化合物时可不用活化。

3. 点样　将样品用低沸点溶剂（丙酮、甲醇、乙醇等）配成 1% ~ 5% 的溶液。用点样毛细管吸取样品溶液，以距离薄层板的一端 1cm 处作为起点线，在距离板的另一端 0.5cm 处作为终点线，用铅笔轻轻划线做一记号，在起点线的某个位置用吸好样品溶液的毛细管触及薄层板轻轻点样，斑点的直径为 1 ~ 2mm。待溶剂挥发后再在原点上重复多次。点样时应少量多次，以达到样点小而有足够的浓度。在薄层层析中样品的用量对物质的分离效果有很大的影响，所需样品的量与显色剂的灵敏度、吸附剂的种类与薄层的厚度均有关系。样品太少时，斑点不清晰，难以观察，样品量太多往往出现斑点太大或拖尾现象而不易分开。点样后，待溶剂挥发后再展开。

4. 展开　选择合适的展开剂是很重要的。一般展开剂的选择与色谱柱中洗脱剂选择原则类似，即极性化合物选择极性展开剂，非极性化合物选择非极性展开剂，当一种展开剂不能将样品分离时，可选用混合溶剂作为展开剂。展开能力大小通常与溶剂的极性成正比。如以下溶剂，其极性与展开能力从左到右逐渐增强：

戊烷＜四氯化碳＜苯＜三氯甲烷＜二氯甲烷＜乙醚＜乙酸乙酯＜丙酮＜乙醇＜甲醇

薄板层析展开在密闭容器中进行，展开方法如图 2 – 53 所示。为使溶剂蒸气迅速到达平衡，可在展开槽内衬一滤纸。在展开缸中加入展开剂，高度约浸入薄层 0.5cm。将点样后的层析板倾斜放入展开缸中，盖好盖。在展开过程中，样品斑点随着展开剂向上移动，当展开剂前沿到达终点线时，立即取出层析板，用铅笔画下溶剂前沿。待层析板上的展开剂挥发后，用铅笔圈好薄层板上分开的样品点。

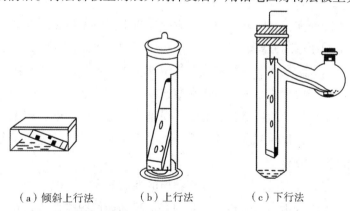

　　（a）倾斜上行法　　　　（b）上行法　　　　（c）下行法

图 2 – 53　薄板层析展开方法

5. 显色　若待分离的化合物是有色的，就可以清晰地观察到分离的过程和斑点的位置。但大多数化合物是无色的，在展开过程中观察不到分离过程和斑点位置，必须先经过显色，才能观察到斑点的位置，判断分离情况。常用的显色方法有如下几种。

（1）碘蒸气显色　由于碘能与许多化合物作用形成棕黄色的络合物后显色。在密闭的容器中放入几粒碘，待碘蒸气充满容器时，将展开后干燥的层析板放入。展开后的样品点与碘蒸气结合，在几秒或几分钟内形成黄棕色的斑点，由于薄板在空气中碘挥发后，棕色斑点在短时间内会消失，取出后应立即用铅笔标出化合物的斑点位置。不饱和烃、酚类等化合物易与碘起反应，不能用碘蒸气显色。必须注意，展开后的层析板需待溶剂挥发干燥后才能进行显色，因为碘蒸气也能与溶剂结合，使层析板显淡棕色，有碍观察。

（2）试剂显色

1）浓硫酸：用浓硫酸在层析板喷雾后，放在烘箱内110℃下加热，大多数有机物焦化显示出斑点。以CMC制成的硬板不宜用硫酸喷雾，因硫酸会使CMC碳化，板变黑色而显不出斑点。

2）磷钨酸钾试剂：用20%磷钨酸钾试剂在层析板上喷雾后放入烘箱内在120℃下烘，可使还原性物质显蓝色。

3）三氯化铁溶液：用2%三氯化铁溶液来显色，可检出带有酚羟基的化合物。

4）高锰酸钾溶液：用高锰酸钾水溶液喷雾后加热，可使含碳碳双键的有机物显色。

5）茚三酮：用0.3g茚三酮溶于100ml乙醇配成的溶液喷雾可检出胺、氨基酸。

（3）紫外光显色法　在制板时，将荧光剂（硫化锌镉、硅酸锌、荧光黄）加入吸附剂中调匀后涂于层析板上（用GF$_{254}$薄层板）。展开后的斑点在波长为254nm的紫外灯下可观察到在亮的荧光背景上有暗色的斑点，即分离后化合物的位置。

6. 比移值 R_f 的计算　在平面色谱（包括薄层色谱与纸色谱）中，原点到样品斑点中心的距离与原点到溶剂前沿的距离的比值，称为比移值，常用 R_f 来表示：

$$R_f = \frac{原点到样品斑点中心的距离}{原点到溶剂前沿的距离}$$

对于一种化合物，当展开条件相同时，R_f 值是一个常数，影响 R_f 值的因素较多，如展开剂、吸附剂、薄层板的厚度、温度等，实验数据往往与文献记载不完全相同，因此在鉴定时常常需用标准样品作对照，即在一块板上同时点一个已知物和一个未知物，进行展开，通过计算 R_f 来确定是否为同一化合物。

（四）纸色谱技术及操作步骤

纸色谱属于分配层析的一种。它的分离原理与吸附层析不同，是根据混合物的各组分在两种互不相溶的液相间分配系数的不同而达到分离的目的。因水与滤纸中纤维素的亲和力较大，且结合紧密，通常用定性滤纸为惰性载体，以吸附在滤纸上的水或有机溶剂作为固定相。流动相则是含有一定比例水的有机溶剂，也称为展开剂。分配层析法原则上与液-液连续萃取方法相同，流动相亲脂性较强的溶剂在含水的滤纸上移动时，溶解于流动相的各组分在滤纸上受到两相溶剂的影响，产生了分配现象。亲脂性稍强的组分在流动相中分配较多，移动速度较快，有较大的 R_f 值；反之，亲水性的组分在固定相中分配较多，移动速度较慢，从而得到分离。

流动相即展开剂与固定相的选择，根据被分离物质的性质而定。一般对于易溶于水的化合物，可直接以吸附在滤纸上的水作为固定相，以能与水互溶的有机溶剂如低级醇作流动相；对于难溶于水的极性化合物，应选择非质子极性溶剂如 N,N-二甲基甲酰胺等作为固定相，以不与固定相相混合的非极性化合物如环己烷、三氯甲烷等作为流动相；对于不溶于水的非极性化合物，应以非极性溶剂如液体石蜡等作为固定相，以极性溶剂如水、含水的醇或乙酸等作为流动相。

当一种溶剂不能将样品全部展开时，可选择混合溶剂。

纸层析和薄层层析一样，主要用于分离和鉴定有机化合物。纸层析多用于多官能团或高极性化合物如糖、氨基酸等的分离。它的优点是操作简单、价格便宜、所得到的色谱图可以长期保存。缺点是在展开过程中，溶剂的上升速度随着高度的增加而减慢，因此展开时间较长。

1. 纸色谱的装置　长形的展开缸或大的试管，顶上配有带钩子的塞子，如图 2-54 所示。

2. 纸色谱的操作步骤　先将长短合适的层析滤纸在展开溶剂的蒸气中放置过夜。在距离滤纸的一端1cm 处作为起点线，在距离滤纸另一端1cm 处作为溶剂展开前沿，分别用铅笔作一记号。用毛细管吸取待分离的样品溶液，点在起点线上，在原点上反复多次，使点小而浓度高。待溶液挥发后，将滤纸的另一端挂在塞子的钩子上。

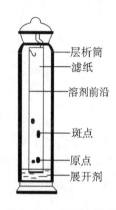

图 2-54　纸层析装置

展开缸内放入少许展开剂，把点样后的滤纸条慢慢放入展开缸中，使滤纸下端浸入展开剂中，但液面高度不要超过点样线。由于滤纸条的毛细作用，展开剂会沿着滤纸条不断上升，当展开剂与滤纸上的试样接触，试样中的各组分会不断地在固定相和流动相间进行分配，因各组分分配系数不同而得以分离。当溶剂前沿上升到接近滤纸条上端前沿线处时，将滤纸条取出，晾干。若被分离物中各组分是有色的，滤纸条上就有各种颜色的斑点显出。计算各化合物的比移值 R_f。比移值的计算与薄层层析相同。

对于无色混合物的分离，通常将展开后的滤纸晾干，置于紫外灯下观察是否有荧光，或者根据化合物的性质喷上显色剂，观察斑点的位置。

书网融合……

思政导航

第三章 有机化合物的制备

实验一 环己烯的制备

【实验目的】

（1）学习醇经酸催化脱水制备烯烃的原理及方法。

（2）掌握分馏柱的使用方法。

【实验原理】

烯烃是重要的有机化工原料。工业上主要通过石油裂解的方法制备烯烃，有时也利用醇在氧化铝等催化剂的存在下，进行高温催化脱水来制取。

实验室制备烯烃常常利用消除反应，如使用醇分子内的脱水反应，卤代烃脱卤化氢的反应等。醇分子内脱水制备烯烃，实验室常利用 Lewis 酸催化脱水，催化剂除了硫酸外，还可用磷酸、五氧化二磷等。无论是醇还是卤代烃发生消除反应生成烯烃，其消除方向都遵循扎依采夫规则（Zaitsev rule）。

本实验采用环己醇为原料，在浓硫酸的催化下加热脱水制备环己烯。

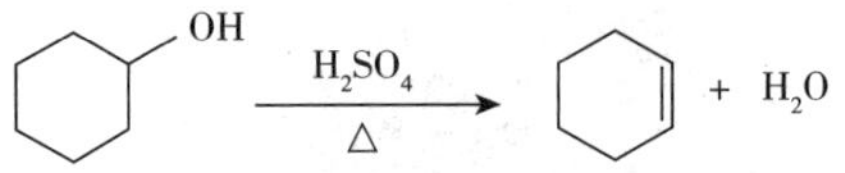

【实验步骤】

在 50ml 干燥的圆底烧瓶中，加入 20g（约 21ml，0.2mol）环己醇[1]、0.5～1ml 浓硫酸及几粒沸石，充分振摇使之混匀。烧瓶上装一刺形分馏柱，支管连接直形冷凝管，用 50ml 锥形瓶作接收器，锥形瓶外用冰水浴冷却。将烧瓶置石棉网上，用小火慢慢加热。控制加热速度，使环己烯及水缓慢蒸出[2]，注意控制分馏柱上端的温度不要超过 90℃ [3]。当烧瓶中只剩下少量残渣并出现阵阵白雾时，可停止蒸馏。全部蒸馏时间需 60～70 分钟。

在馏出液中加入固体氯化钠至饱和，加入 5% 碳酸钠溶液 3～4ml 以中和微量的酸。将溶液倒入分液漏斗，振摇后静置分层。分去下层水后[4]，将上层粗品倒入干燥锥形瓶中，加入 2～3g 无水氯化钙干燥，塞住瓶口，放置约半小时（稍加振摇），至溶液澄清。将溶液过滤至干燥的 25ml 圆底烧瓶中进行蒸馏[5]。收集 80～85℃馏分[6]，得澄清透明液体。产量 10～12g（产率为 61%～73%）。

纯环己烯为无色透明液体，沸点 83℃，相对密度 n_D^{20} 0.8102，折光率 d_4^{20} 1.4465。

本实验需要 6～7 小时。

【注释】

[1] 环己醇在常温下是黏稠液体，取样时应注意避免损失。环己醇与浓硫酸应充分混匀，否则在加热过程中可能会局部碳化。

[2] 馏出物的速度控制在 2～3 秒钟一滴。

[3] 由于反应中环己烯与水形成共沸物（沸点 70.8℃，含水 10%），环己醇与环己烯形成共沸物（沸点 64.9℃，含环己醇 30.5%），环己醇与水形成共沸物（沸点 97.8℃，含水 80%），因此在加热时

温度不可过高（控制在90℃以下），蒸馏速度不宜过快，以减少环己醇的蒸出。

　　[4]　水层应尽量分离完全。这样可避免使用较多的干燥剂，以减少产品的损失。

　　[5]　蒸馏用仪器应充分干燥。

　　[6]　若在80℃以下有大量液体馏出，或馏出液混浊，均系干燥不完全所致，应重新干燥后再蒸馏。

【思考题】

（1）在粗制的环己烯中加入食盐使水层饱和的目的何在？

（2）使用无水氯化钙作干燥剂应注意什么？本实验为何用无水氯化钙作干燥剂？

实验二　乙苯的制备

【实验目的】

（1）学习利用 Friedel – Crafts 反应制备烷基苯的原理及方法，从而加深对烷基化反应特点的认识。

（2）掌握气体吸收装置的操作及无水操作技术。

（3）巩固机械搅拌、分液萃取、蒸馏等基本操作。

【实验原理】

Friedel – Crafts 烷基化反应是向芳环上引入烷基的重要方法之一，实验室通常是用芳烃和卤代烷烃在无水三氯化铝等 Lewis 酸催化下进行反应。在烷基化反应中，反应常常难以停在一烷基化阶段，而是生成多烷基取代产物。但适当地选择反应物的比例，可部分地控制反应的进行，如过量的芳烃可以适当提高一取代产物的比例。

本实验就是在三氯化铝的催化下以溴乙烷和过量的苯反应来制备乙苯。

主反应：

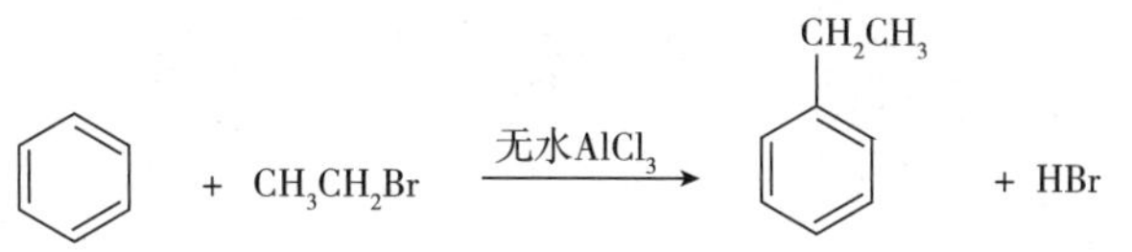

副反应：

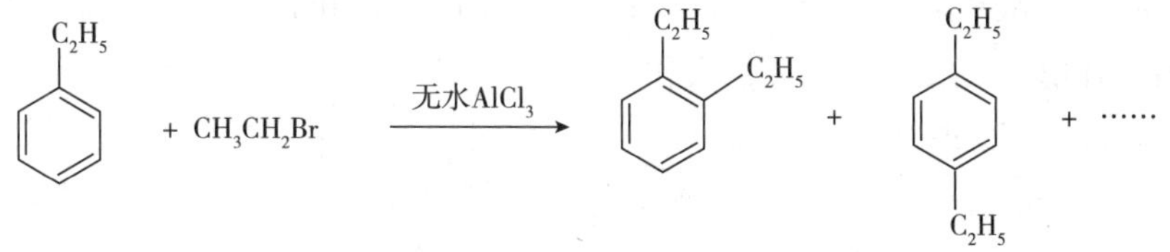

【实验步骤】

在干燥的 250ml 圆底烧瓶中分别装上机械搅拌装置、回流冷凝管[1]和滴液漏斗，在冷凝管上端装一氯化钙干燥管，后者再接一气体吸收装置[2]。

迅速称取 2.0g 经研碎的无水三氯化铝[3]，放入三口烧瓶中，再加入 22.2ml（19.5g，0.25mol）无水苯[4]，准确量取新蒸过的溴乙烷 7.6ml（11g，0.1mol）加入滴液漏斗中。在搅拌下慢慢滴加溴乙烷，当观察到有溴化氢气体逸出（约加入2ml溴乙烷后），并有不溶于苯的棕红色络合物生成时，表明反应已经开始。此时，立即减慢加料速度，避免反应过于激烈，使卤化氢气体平稳逸出。加料完毕（约25分钟）后，用小火加热，在 20~25 分钟内使温度升至 55~60℃（水浴温度60~65℃），保温反应55分钟后，停止搅拌，稍冷后改用冷水冷却。

待反应物充分冷却后，在通风橱内，于不断搅拌下将反应液缓缓倒入预先配好的50g冰、60ml水和8ml浓盐酸的烧杯中进行水解。用分液漏斗分去水层，上层有机液用等体积的水洗涤二次，将上层有机液倒入干燥的锥形瓶，加入约2g无水氯化钙干燥。

将干燥后的粗产品转入100ml干燥的圆底烧瓶中。进行分馏，用多头接收器收集85℃以前的馏分，再收集132~139℃的馏分，4.3~4.8g。

纯乙苯是无色透明液体，沸点136.3℃，相对密度d_4^{20} 0.8669，折光率n_D^{20} 1.4959。

本实验需要6~7小时。

【注释】

[1] 本实验为无水操作，仪器必须充分干燥，否则影响实验效果，甚至使实验失败。装置中凡是和空气相接触的地方，均应装干燥管。

[2] 用水或碱液吸收反应中放出的卤化氢气体，气体吸收装置的小漏斗倒置在盛水的烧杯中，略为倾斜，其边缘应接近水面但不能完全浸入水面以下。使漏斗口一半在水面上，既要防止气体逸出，又要防止水被倒吸。

[3] 无水三氯化铝的质量是影响实验成败的重要因素之一。无水三氯化铝应呈小颗粒或粗粉状，由于极易吸潮，称重和投料时应迅速操作，避免在空气中长时间暴露。

[4] 本实验最好使用无噻吩的苯。

【思考题】

（1）在本实验中为什么易生成多取代副产物？采用什么措施可减少副反应？

（2）使用无水三氯化铝应注意什么？

（3）如果实验中使用的苯含有噻吩会对实验产生什么影响？

实验三　1-溴丁烷的制备

【实验目的】

（1）学习以溴化钠、浓硫酸和丁-1-醇制备1-溴丁烷的原理和方法。

（2）掌握带有气体吸收装置的回流加热操作。

（3）巩固蒸馏操作及分液漏斗的使用等。

【实验原理】

卤代烷的制备常用三种方法：①不饱和烃与卤素或卤化氢加成；②烷烃和卤素在光照或高温加热条件下进行取代；③用醇与氢卤酸、氯化亚砜、卤化磷等进行取代反应。实验室制备卤代烷常采用第三种方法，即以结构上相对应的醇为原料，通过其和氢卤酸的作用来制备卤烃。

本实验是采用丁-1-醇和溴化氢的亲核取代反应来制备1-溴丁烷的，反应中溴化氢由溴化钠和浓硫酸反应生成。

主反应：

$$NaBr + H_2SO_4 \longrightarrow HBr + NaHSO_4$$

$$n\text{-}C_4H_9OH + HBr \underset{}{\overset{H_2SO_4}{\rightleftharpoons}} n\text{-}C_4H_9Br + H_2O$$

可能的副反应：

$$n\text{-}C_4H_9OH \xrightarrow[\triangle]{H_2SO_4} CH_3CH_2CH{=\!=}CH_2 + H_2O$$

$$2n\text{-}C_4H_9OH \xrightarrow[\triangle]{H_2SO_4} (n-C_4H_9)_2O + H_2O$$

$$2HBr + H_2SO_4 \xrightarrow{\triangle} Br_2 + SO_2 + 2H_2O$$

醇羟基的卤代是可逆反应，为使反应平衡向右移动，在本实验中采取了增加溴化钠用量和加入过量硫酸等方法。但硫酸的存在也会带来一些副反应，如使醇脱水生成烯烃和醚、使溴化氢氧化等。

【实验步骤】

在 250ml 圆底烧瓶中，加入 12.3ml（10g，0.136mol）丁-1-醇[1]，16.5g 研细的溴化钠[2] 和 2 粒沸石，烧瓶上装一个回流冷凝管。在一个小锥形瓶内放入 15ml 水，同时用冷水浴冷却此锥形瓶，一边摇动，一边慢慢地加入 20ml 浓硫酸，混合均匀后冷却至室温。将稀释后的硫酸分 4 次从冷凝管上口加入烧瓶，每加入一次，都要充分振摇烧瓶，使反应物混合均匀。加完硫酸后尽快在冷凝管的上口装一气体吸收装置。气体吸收装置的小漏斗倒置在盛水的烧杯中，其边缘应接近水面但不能全部浸入水面以下。

隔石棉网用小火加热至沸腾，当有冷凝液从冷凝管下端回流开始计时，回流 30 分钟，经常振摇烧瓶。反应结束，待反应物稍冷却后，取下回流冷凝管，向烧瓶中补加 2 粒沸石，改为蒸馏装置进行蒸馏[3]，直至无油滴蒸出为止[4]。

将馏出物倒入分液漏斗中，静置分层，将油层从分液漏斗下口放入一干燥的小锥形瓶中，然后将等体积的浓硫酸分多次加入瓶中，每加一次，都需要充分振荡锥形瓶。若混合物发热，可用冷水浴冷却。将混合物慢慢地倒入分液漏斗中，静置分层，放出下层的浓硫酸。有机层依次用 20ml 水、20ml 10% 碳酸钠溶液和 20ml 水洗涤。将下层的粗产物放入一干燥的小锥形瓶中，加入块状无水氯化钙，塞紧，干燥至透明或过夜。

将干燥后的粗产品滤至干燥的蒸馏烧瓶中，投入沸石，加热蒸馏，收集 99～102℃馏分。产量约 12.5g（产率约 68%）。

纯 1-溴丁烷为无色透明液体，沸点 101.6℃，相对密度 d_4^{20} 1.2758，折光率 n_D^{20} 1.4401。

本实验需 6～8 小时。

【注释】

[1] 丁-1-醇比较黏稠，易黏附量器，最好以称量增重法取用。

[2] 本实验如用含结晶水的溴化钠，可按摩尔数换算，并相应减少加入的水量。

[3] 馏出液分为两层，通常下层为正溴丁烷粗品（油层），上层为水。但若未反应的丁醇较多或蒸馏过久，可能蒸出部分氢溴酸恒沸液，这时由于密度的变化，油层可能悬浮或变化为上层。如遇这种现象，可加清水稀释，使油层下沉。

[4] 判断有无油滴蒸出可用如下方法：用盛清水的试管收集馏出液，看有无油滴悬浮。

【思考题】

（1）本实验可能发生哪些副反应？应如何减少副反应的发生？

（2）加料时，先使溴化钠与浓硫酸混合，再加丁-1-醇和水，行不行？为什么？

（3）加热回流时，反应物呈红棕色，是什么原因？

（4）为什么制得的粗正溴丁烷需用冷的浓硫酸洗涤？

（5）最后用碳酸钠溶液和水洗涤的目的是什么？

实验四　无水乙醇的制备

氧化钙脱水制备法　　　　　　$CaO + H_2O \rightleftharpoons Ca(OH)_2$

金属镁脱水制备法　　　　　　$2C_2H_5OH + Mg \Longrightarrow (C_2H_5O_2)_2Mg + H_2$

　　　　　　　　　　　　　　$(C_2H_5O)_2Mg + 2H_2O \Longrightarrow 2C_2H_5OH + Mg(OH)_2$

金属钠脱水制备法　　　　　　$2C_2H_5OH + 2Na \Longrightarrow 2C_2H_5ONa + H_2$

　　　　　　　　　　　　　　$C_2H_5ONa + H_2O \Longrightarrow C_2H_5OH + NaOH$

【实验步骤】

1. 氧化钙脱水制备法　在 250ml 干燥的圆底烧瓶中，放入砸成碎块的生石灰 22.5g，95% 乙醇 50ml，沸石 1~2 粒，装上回流冷凝管，在冷凝管上口接一个无水氯化钙干燥管[1,2]。在 85~90℃电热套上回流 1~2 小时[3]（回流操作见 P22），直至生石灰变成糊状，停止加热，稍冷却后，迅速改为蒸馏装置[4]，在接液管上连氯化钙干燥管（图 2-39b），接液管尾部接一个锥形瓶作接收器，于 85~90℃电热套上加热蒸馏，记录从蒸馏头支管处落下第一滴馏液的温度 t_1，然后调节加热速度，控制蒸馏速度在每秒 1~2 滴为宜。待温度恒定（即该液体的沸点）不变时，更换一个干燥的锥形瓶作接收器［将前面蒸出的初馏液（3~5ml）倒入回收瓶[5]］，并记录这一温度 t_2。当温度再上升 1℃[6]（t_3）时，即停止蒸馏。t_2~t_3 为乙醇的实验沸程。用干燥的量筒量取产品的体积，计算得率。再将实验产品小心倾入写有标签的产品回收瓶中，并迅速盖上瓶塞。此法可制得纯度达 99.5% 的乙醇。

2. 金属镁脱水制备法　在 250ml 圆底烧瓶中，放入 0.8g 干燥镁条和 10ml 99.5% 乙醇。装上回流冷凝管，并在冷凝管上口接一个无水氯化钙干燥管，加热至微沸，移去热源，立即加入几小粒碘粒（注意不要振荡），一会儿即在碘粒周围发生反应，逐渐可达到剧烈程度。若反应太慢，可适当加热或补加碘粒。待镁条作用完后，加入 50ml 99.5% 乙醇及几粒沸石，回流 1 小时，迅速改成蒸馏装置，收集馏出液即得纯度达 99.95% 的乙醇（绝对乙醇）。

3. 金属钠脱水制备法　在 250ml 圆底烧瓶中加入 50ml 99.5% 的乙醇，然后将 2g 金属钠加入乙醇中，并加几粒沸石，装上回流冷凝管，上端接无水氯化钙干燥管，回流 30 分钟后，再加入 4g 邻苯二甲酸二乙酯[7]回流 10 分钟，迅速改装成蒸馏装置，进行蒸馏，收集产品即得纯度更高的绝对乙醇。

4. 无水乙醇质量检查的方法

（1）取干燥小试管 1 支，加入少量无水硫酸铜粉末，再加 1ml 无水乙醇，用拇指堵住试管口振摇，应不显蓝色。

（2）取干燥小试管 1 支，加入干燥的高锰酸钾 1~2 粒，加入 1ml 无水乙醇，用拇指堵住试管口振摇，应不显紫红色。

【注释】

［1］实验中所用仪器必须是干燥好的。回流冷凝管顶端及接液管上的氯化钙干燥管是为了防止空气中的水分进入反应瓶中，因无水乙醇吸湿性较强，任何时候都必须防止空气中的湿气。

［2］干燥管的装法：在球端铺上少量棉花或玻璃棉，在球部及直管部分加入少量（2~3cm）颗粒状无水氯化钙，顶端再用少量棉花或玻璃棉塞住。

［3］回流时沸腾不宜过分猛烈，以防液体进入冷凝管的上部球管中，如遇上述现象，可适当调节温度，始终保持冷凝管中有连续液滴即可。

［4］本实验可安排一半同学做蒸馏，一半同学做分馏，实验完毕后，相互交换数据，分析比较蒸馏与分馏的提纯效果。

［5］蒸馏时常弃去第一部分蒸馏液（前馏分），这是因为它含有蒸馏系统各仪器表面存在的湿气，

即便烤干后的仪器，也要求这样做。

［6］因温度计未加校正，且温度计套管的类型不同，收集馏分的实际沸程温度的读数可能与无水乙醇的沸点（78.5℃）之间存在一定差异，所以不能统一规定收集馏分的温度。

［7］因为金属钠的反应活性太强，若钠过量会与乙醇生成杂质乙醇钠。而利用乙醇极易溶于邻苯二甲酸二乙酯，乙醇钠几乎不溶于含苯环的有机物，即可用分液等方法除去乙醇钠，再利用乙醇和邻苯二甲酸二乙酯沸点相差极大的特点，蒸馏即可得绝对乙醇。

【思考题】

（1）制备无水乙醇的操作过程中应注意什么？

（2）进行蒸馏和分馏操作时，为什么要加入沸石？如果蒸馏前忘记加沸石，而液体温度又已接近沸点，你将如何处理？

（3）纯粹的液体化合物在一定压力下有固定沸点，但具有固定沸点的液体是否一定是纯物质？为什么？

实验五 三苯甲醇的制备

【实验目的】

（1）熟悉格氏试剂的应用及三苯甲醇制备的原理；水蒸气蒸馏在合成中的应用。

（2）进一步掌握有机反应无水操作的方法。

【实验原理】

溴苯可以与金属镁作用生成苯基溴化镁，这类烃基卤化镁化合物称为 Grignard 试剂（格氏试剂）。格氏试剂用途比较广泛，最主要的用途是与醛、酮、酯等缺电羰基化合物加成，再经酸性水解以合成不同类型的醇。三苯甲醇是由苯基格氏试剂与苯甲酸乙酯加成再水解制得的，其间经过中间产物二苯酮。也可以直接选择二苯酮与苯基格氏试剂反应来合成。

反应式：

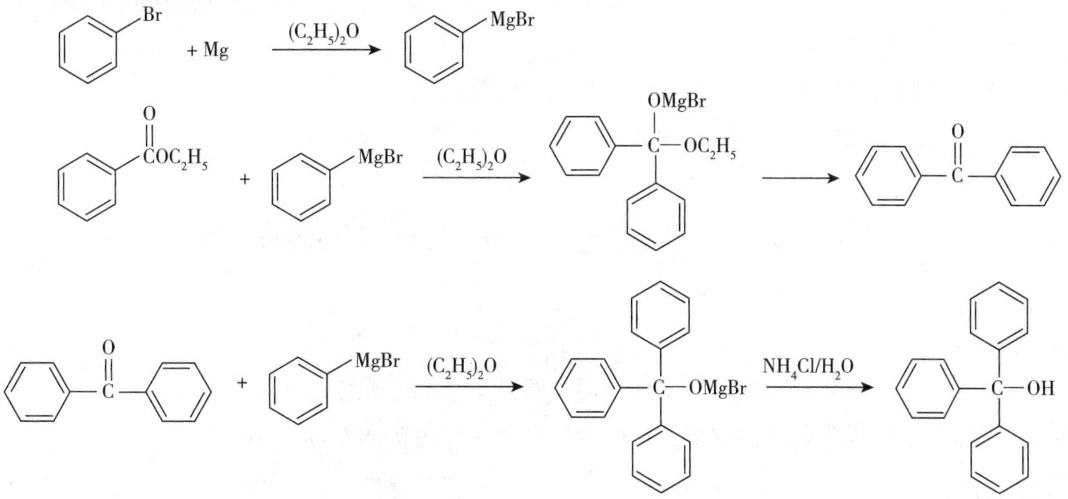

三苯甲醇是重要的合成中间体。

【实验步骤】

1. 苯基溴化镁的制备 在干燥的 100ml 三口烧瓶中，加入用砂纸擦去表面氧化膜的金属镁（剪成碎屑）0.75g、一小粒碘[1]，烧瓶上分别安装回流冷凝管、滴液漏斗和搅拌器[2]，在冷凝管及滴液漏斗的上口装置氯化钙干燥器，将 5g 溴苯及 16ml 无水乙醚混合在滴液漏斗中。将滴液漏斗中的混合液放下约8ml到三口烧瓶中，用手捂住瓶底温热片刻，镁屑表面有气泡产生，表明反应开始。如不反应，可用温水浴稍稍加热使之反应。待反应较激烈时开动搅拌，并缓缓滴入其余的混合液，滴加的速度以维持反应液微沸并有小量回流为宜。滴完后用40℃温水浴加热回流约半小时，使镁完全溶解。

2. 三苯甲醇的制备　用冷水冷却反应瓶，搅拌下将1.9ml苯甲酸乙酯与7ml无水乙醚混合液通过滴液漏斗加入三口烧瓶中。滴加完毕后将反应混合物在水浴回流约1小时，使反应完全。将反应物改为冰水浴冷却，反应物冷却后，在继续搅拌下，向其中慢慢滴加由4g氯化铵配制的饱和水溶液（约15ml），滴完后继续搅拌数分钟[3]，然后改为简单蒸馏装置，投入2～3粒沸石，水浴加热蒸除乙醚后，瓶中剩余物冷却后析出大量黄色固体。再改为水蒸气蒸馏装置进行水蒸气蒸馏，直至馏出液中不再含有黄色油珠为止[4]。冷却、抽滤，称重粗产物。用80%的乙醇作溶剂重结晶。

三苯甲醇纯品为无色晶体，沸点360℃，熔点在161～162℃，折光率 n_D^{20} 1.188。

本实验约需8小时。

【注释】

[1] 加碘可引发此反应，但不宜多加，有1/4粒绿豆大小即可，多加会产生较多副产物，给分离纯化带来麻烦。

[2] 格氏反应需在绝对无水的条件下进行，所用全部仪器和药品都必须充分干燥，并避免空气中的水汽侵入，同时应注意玻璃仪器的密封，防止与空气中水分接触。

[3] 此时瓶中固体应全部溶解。如仍有少量絮状沉淀未溶，可加入稀盐酸使之溶解。

[4] 黄色油珠是未反应的溴苯，必须蒸除干净，以免给纯化带来麻烦。一般情况下油珠并不多，但若溴苯过量，或镁屑不足，或反应不充分，则会有较多油状物将粗产物变成球状物，不易蒸除。此时可暂停蒸馏，小心将球状物用玻璃棒破碎再重新蒸馏，直至粗产物分散成近于无色的透明晶粒，再无油珠蒸出为止。

【思考题】

（1）在实验中为什么要用饱和的氯化铵溶液分解产物？还可用何种试剂代替？

（2）在本实验中若溴苯滴的速度太快或一次加入有什么不好？

（3）用混合试剂重结晶时，何时加入活性炭脱色？能否加入大量不良溶剂使产物全部析出？抽滤后的结晶应该用什么溶剂洗涤？

（4）三苯甲醇的制备采用了哪些装置？操作的关键是什么？

（5）格氏试剂的反应中，应该注意什么？

实验六　2-硝基苯-1,3-二酚的制备

【实验目的】

（1）掌握水蒸气蒸馏装置的安装与操作；混合溶剂重结晶的操作技术。

（2）熟悉芳环定位规律和活性位置保护的应用；水蒸气蒸馏的原理。

【实验原理】

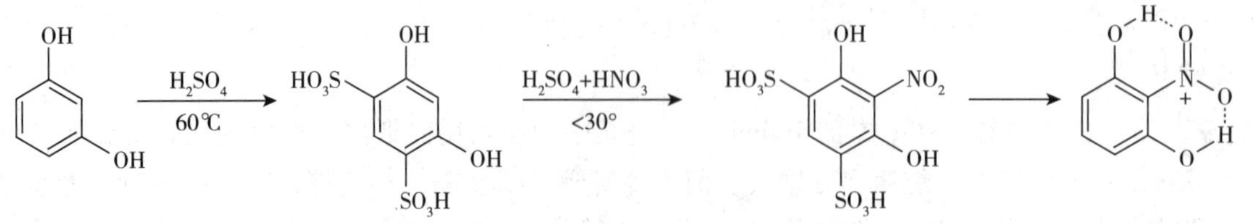

　　酚羟基是较强的邻对位定位基，也是较强的致活基团。如果让间苯二酚直接硝化，则反应太剧烈，不易控制；另外，由于空间效应，硝基会优先进入位阻较小的 4、6 位，很难进入 2 位。本实验利用磺酸基的强吸电子性和磺化反应的可逆性，先磺化，在 4、6 位引入磺酸基，既降低了芳环的活性，又占据了活性位置。再硝化时，受定位规律和空间效应的双重支配，硝基只进入 2 位，最后进行水蒸气蒸馏，既把磺酸基水解脱落，同时又将硝化产物随水蒸气一起蒸出来。本反应的磺酸基起到了占位、定位和阻塞导向的作用。

　　水蒸气蒸馏是分离和纯化有机物的常用方法之一，尤其适用于反应产物是黏稠状或树脂状体系，用一般的蒸馏、萃取、结晶等方法不易纯化的情况。

　　两种物质在馏出液中的相对质量与它们的蒸气分压和摩尔质量成正比。即蒸气分压越高，被蒸出的量就越多。当蒸气分压小到一定地步，被蒸出的量就很少了。因此，要进行水蒸气蒸馏的物质，必须满足一定条件，具体参见水蒸气蒸馏原理。

【实验步骤】

　　1. 方法一　将 5.5g（0.05mol）研成粉状[1] 的间苯二酚放在 250ml 的烧杯中，在充分搅拌下加入 25ml（0.46mol）浓硫酸，此时反应液发热，将烧杯置于水浴中慢慢加热到 60～65℃，待生成白色磺化物后，移去水浴，再静置反应 15 分钟。

　　把反应物放在冰水浴中冷却至 0～10℃，边搅拌边滴加预先用冰水冷却过的混酸[2]（4ml 浓硝酸和 5.6ml 浓硫酸的混合物），控制反应温度不超过 30℃，这时反应物呈黄色稠状（不应为棕色或紫色）。滴完后，在室温继续搅拌 15 分钟，然后仔细用 30ml 冷水稀释（最好用 15g 碎冰和 15ml 冷水）保持温度在 50℃ 以下。

　　在一个 250ml 三口烧瓶的侧口之一装一个 100ml 滴液漏斗，漏斗中预先加入 80ml 水，中口按普通蒸馏装置依次安装蒸馏头、温度计套管（温度计不必插入）和直形冷凝管[3]。此即简易滴水法水蒸气蒸馏装置。

　　将以上硝化反应液倒入滴液漏斗（用 5～10ml 水洗涤烧杯，一并转入滴液漏斗），滴液漏斗插入 250ml 三口瓶的侧口，加入 0.1g 尿素[4]，沸石 2 粒，再用玻璃塞塞住该侧口，用滴水法进行水蒸气蒸馏[5]，当冷凝管壁上出现橘红色固体时，及时开启滴液漏斗旋钮[6] 补充加水，当冷凝管壁上的橘红色固体越来越多时，应及时调节冷凝水的流速或短期排空冷凝水，使固体熔出，但同时又要防止产物变成黄色蒸气逸出。在蒸馏的过程中，还要注意避免三口瓶内液体起泡膨胀溢出使产物污染。当蒸馏至冷凝管内壁不再出现橘红色固体时，即可停止蒸馏。

　　将馏出的液体置于冰水中冷却，抽滤，称重，固体置于一小锥形瓶[7] 中，加入 6 倍量 95% 乙醇 V ml（6ml/g），在 80℃ 水浴中振摇加热溶解，待溶液透明后，再加入等体积的热水，溶液若有浑浊，可再在水浴中振摇加热至透明，将烧瓶静置[8] 于桌面 5～10 分钟，待晶体析出完全后，将烧瓶置于冰水中再冷却 5～10 分钟，抽滤，烧瓶用母液洗涤数次，抽干后，得橘红色片状晶体。产品置于 60℃[9] 烘箱中鼓风干燥 20 分钟，称重，计算产率。产量 1.5～2.5g。

　　2. 方法二　在 100ml 干燥的三颈瓶中，加入 2.8g 研成粉末状的间苯二酚，通过滴液漏斗缓慢加入 13ml 浓硫酸，同时充分搅拌，立即生成白色的磺化物，然后在 60～65℃ 水浴中搅拌反应 15 分钟，然后在冰水浴中冷至 10℃ 以下，得白色糊状磺化物料。再通过滴液漏斗加入混酸（2ml 浓硝酸和 2.8ml 浓硫酸，冷却室温再加），控制反应温度为 25～30℃，继续搅拌 15 分钟后，得亮黄色糊状物。加入 7ml 冷水稀释，用冰水浴控制温度在 50℃ 以下。加入 0.1g 尿素，组装水蒸气蒸馏装置，进行水蒸气蒸馏，馏出液中立即有橘红色固体析出，当无油状物出现即可停止蒸馏。冰水浴中冷却馏出液和固体，减压抽滤得粗产物。粗产物用 50% 乙醇水溶液重结晶，得精制品，干燥，称重，计算产率。

纯的 2-硝基苯-1,3-二酚为橘红色片状结晶，沸点 234℃，熔点 84.85℃，折光率 n_D^{20} 1.4396。

【注释】

[1] 间苯二酚要用研钵研成粉末，否则磺化反应不完全。

[2] 混酸（浓硝酸-浓硫酸）临时配制会发热，不利于低温硝化反应的进行，实验室可根据需求量，按比例提前配制好，置于冰箱冷藏备用。

[3] 此实验不需安装接引管，因蒸出的产品为固体，易导致狭窄接引管的堵塞，使产品难以转移。

[4] 加入尿素的目的是使多余的硝酸与尿素生成盐 $CO(NH_2)_2 \cdot HNO_3$，以减少污染。

[5] 硝化反应完成后，加水稀释时，水不能过量。如水蒸气蒸馏得不到产品时，应先蒸去少量水或补加 1ml 浓硫酸后再进行水蒸气蒸馏。

[6] 用滴水法水蒸气蒸馏时，当产品在冷凝管壁析出时，应打开滴液漏斗旋钮，向烧瓶中及时补充滴加冷水，滴加速度应与引接管滴出速度相当，并使烧瓶内反应液容积保持在 1/3 ~ 1/2 为宜。

[7] 混合有机溶剂（如醇-水）重结晶时，不宜用烧杯等敞口容器操作，应尽可能使用有一定回流效果的锥形烧瓶。溶剂（如醇、丙酮等）的使用量要小心控制，用量过大，将使产品难以析出，甚至得不到重结晶产品。

[8] 刚加热透明的重结晶溶液，一定要充分保持静置状态，慢慢冷却。切忌骤然冷却或提起容器来观察结晶情况，这些操作对结晶晶型和纯度都会产生不良影响。

[9] 放入烘箱热干燥的固体产品，一定要事先查明产品的熔点范围，烘箱温度一般应控制在被干燥产品熔点以下 10 ~ 20℃。为防止烘箱局部温度过热将产品烘化，一定要及时开启烘箱的鼓风开关，使箱内热气对流、温度均匀。此外，产品在进烘箱前一定要尽可能将滤液（或最后一次洗涤液）减压抽干至不滴滤液为止。必要时，还可用玻璃塞水平挤压固体抽滤产品。放入烘箱前，一定将待干燥产品平摊于玻璃表面皿上（不要堆积成棱锥形!）。实验间隙较长或热稳定性较差的固体产品有时常将其放置于玻璃干燥器中进行较长时间的冷干燥。

【思考题】

(1) 本实验为何要先磺化反应后硝化，再将产物水解？磺酸基起什么作用？

(2) 本实验为什么能采用水蒸气蒸馏方法对产物进行提纯？

(3) 在水蒸气蒸馏操作中，导汽法和滴水法在原理上有何异同？

实验七　正丁醚的制备

【实验目的】

(1) 掌握醇分子间脱水制醚的反应原理和实验方法；分水器的实验操作。

(2) 巩固分液漏斗的实验操作。

【实验原理】

醚类化合物可以分为单醚、混合醚和芳香醚。单醚一般采用酸催化醇分子间脱水反应制备；混合醚则会采用相应的羧酸盐和卤代烃加热反应制备；芳醚采用酚的盐与卤代烃制备。

单醚的脱水反应需要一定的温度，正丁醚的制备一般在 134 ~ 135℃，温度太低不易脱水反应制备醚类化合物，温度太高会生成较多的分子内脱水反应的烯烃化合物。

主反应：

$$2CH_3CH_2CH_2CH_2OH \xrightleftharpoons[134 \sim 135℃]{H_2SO_4} (CH_3CH_2CH_2CH_2)_2O + H_2O$$

副反应：

$$CH_3CH_2CH_2CH_2OH \xrightarrow{H_2SO_4} CH_3CH_2CH = CH_2$$

【实验步骤】

在 50ml 二口烧瓶中，加入 12.5g（15.5ml）正丁醇和约 4g（2.2ml）浓硫酸，摇动使混合均匀，并加入 2 ~ 3 粒沸石。一瓶口装上温度计，另一瓶口装上分水器，分水器上端连一回流冷凝管，装置见图 3 - 1；先在分水器中放置（$V-2$）ml 水[1]，然后将烧瓶在石棉网上用小火加热，使瓶内液体微沸，开始回流。

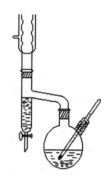

图 3 - 1　分水器装置

在分水器中可以发现液面增加，这是由于反应生成的水，以及未反应的正丁醇，经冷凝管聚集于分水器内，由于相对密度的不同，水在下层，而相对密度较水轻的正丁醇浮于水面而流回反应瓶中，继续加热到瓶内温度升高到134 ~ 135℃（约需 20 分钟）。待分水器已全部被水充满时，表示反应已基本完成[2]。如继续加热，则溶液变黑，并有大量副产物丁烯生成。

反应物冷却后，把混合物连同分水器里的水一起倒入内盛 25ml 水的分液漏斗中，充分振摇，静止后，分出产物粗制正丁醚，用两份 8ml 50% 硫酸萃取洗涤两次[3]，再用 10ml 水洗涤一次，然后用无水氯化钙干燥。干燥后的产物仔细地注入蒸馏烧瓶中，蒸馏收集 139 ~ 142℃留分，产量 5 ~ 6g。

纯的正丁醚沸点为 142℃，相对密度 d_4^{20} 0.7689，折光率 n_D^{20} 1.3992。

【注释】

[1] 如果从醇转变为醚的反应是定量进行，那么反应中应该被除去的水的体积数可以利用下式来估算：

$$2C_4H_9OH - H_2O = (C_4H_9)_2O$$

$$2 \times 74g \qquad 18g \qquad 130g$$

$$12.5 \qquad x$$

本实验是用 12.5g 正丁醇脱水制正丁醚，那么应该脱去的水量为 1.52g。

在实验以前预先在分水器里加（$V-2$）ml 水，V 为分水器的容积，那么加上反应以后生成的水一起正好充满分水器，而使气化冷凝后的醇正好溢流返回反应瓶中，从而达到自动分离的目的。

[2] 制备正丁醚的适宜温度是 130 ~ 140℃，但在本反应条件下会形成下列共沸物：醚 - 水共沸物（沸点 94.1℃，含水 33.4%）、醇 - 水共沸物（沸点 93.0℃，含水 44.5%）、醇 - 水 - 醚三元共沸物（沸点 90.6℃，含水 29.9 % 及醇 34.6%），所以在反应开始阶段温度计的实际读数约在 100℃。随着反应进行，出水速度逐渐减慢，温度也缓缓上升，至反应结束时一般可升至 135℃ 或稍高一些。如果反应液温度已经升至 140℃ 而分水量仍未达到理论值，还可再放宽 1 ~ 2℃，但若温度升至 142℃ 而分水量仍未达到 1.52ml，也应停止反应。否则会有较多副产物生成。

[3] 也可采用如下纯化方法来得到粗正丁醚：待混合物冷却后，转入分液漏斗，仔细用 2mol/L 氢氧化钠 20ml 洗涤至呈碱性，然后用 10ml 水以及 10ml 饱和氯化钙洗去未作用的正丁醇，以后如前法一样进行干燥、蒸馏。前面用 50% 硫酸处理是基于正丁醇能溶解在 50% 硫酸中，而产物正丁醚则很少溶解的原因。

【思考题】

(1) 简述正丁醚的制备原理以及此实验操作的注意事项。

(2) 如何严格控制反应温度? 怎样得知是否反应完全?

(3) 各步洗涤的目的是什么?

实验八　环己酮的制备

【实验目的】

掌握氧化法制备环己酮的原理和方法; 搅拌、萃取、盐析和干燥等实验操作及空气冷凝管的应用; 简易水蒸气蒸馏的方法。

【实验原理】

酮的制备可以采用醇类氧化反应制备。但是伯醇在氧化剂的存在下容易反应至羧酸, 叔醇在一般氧化剂存在下不易发生氧化反应, 所以一般会采用仲醇的氧化反应制备相应的酮类化合物。

六价铬盐是将醇氧化成醛酮的最重要和最常用的试剂, 氧化反应可在酸性、碱性或中性条件下进行。铬酸是重铬酸盐与40% ~50% 硫酸的混合物。本实验采用酸性氧化, 溶剂可用水、醋酸、二甲亚砜 (DMSO)、二甲基甲酰胺 (DMF) 或它们组成的混合溶剂。本实验采用乙醚 – 水混合溶剂。

反应式:

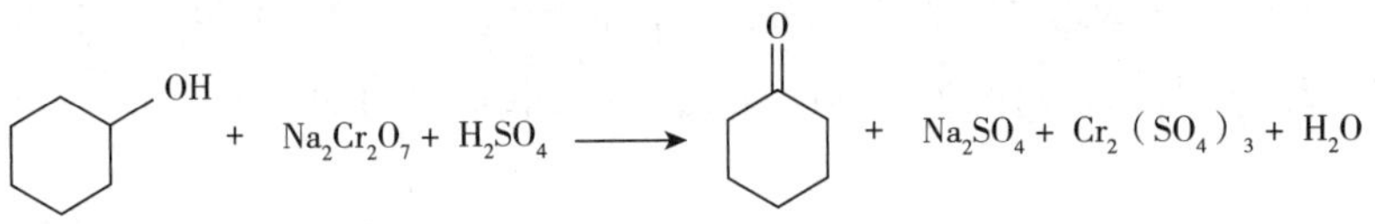

【实验步骤】

将 10.5g 重铬酸钠溶于 60ml 水中, 在搅拌下慢慢加入 9ml 98% 浓硫酸[1], 得一橙红色溶液, 冷却至 0℃ 以下备用。在 250ml 三口烧瓶上, 一孔安装回流装置, 一孔安装恒压漏斗, 另一孔放一温度计, 并加入磁力搅拌子。于三口烧瓶中加入 5.3ml (0.05mol) 环己醇和 25ml 乙醚[2], 摇匀且冷却至 0℃。开动磁力搅拌器, 将冷却至 0℃ 的 50ml 铬酸溶液从恒压漏斗中滴入三口烧瓶中。加完后保持反应温度在 55 ~60℃ 之间继续搅拌 20 分钟后[3,4], 加入 1.0g 的草酸, 使反应完全, 反应液呈墨绿色。将反应混合物用氯化钠饱和, 转移到分液漏斗中分出醚层[5], 水层用 12.5ml 乙醚萃取两次, 将三次的醚层合并, 用 12.5ml 5% 碳酸钠溶液洗涤一次, 然后用 12.5ml 水洗涤第二次。用无水硫酸钠干燥[6], 过滤到烧瓶中。水浴加热蒸去乙醚。改为空气冷凝蒸馏装置, 再加热蒸馏, 收集 152 ~155℃ 馏分。

纯环己酮为无色透明液体, 沸点 155.7℃, 相对密度 d_4^{20} 0.948, 折光率 n_D^{20} 1.4507。

【注释】

[1] 浓硫酸的滴加要缓慢, 注意冷却。

[2] 在第一次分层时, 由于上下两层都带深棕色, 不易看清其界线, 加少量乙醚或水, 则易看清。

[3] 铬酸氧化醇是一个放热反应, 实验中必须严格控制反应温度以防反应过于剧烈。反应中要控制好温度, 温度过低反应困难, 过高则副反应增多。

[4] 铬酸溶液具有较强的腐蚀性, 操作时多加小心, 不要溅到衣物或皮肤上。

[5] 乙醚容易燃烧, 必须远离火源。

[6] 环己酮和水可形成恒沸物 (95℃, 约含环己酮38.4%), 使其沸点下降, 用无水硫酸钠干燥时

一定要完全。

【思考题】

（1）本实验的氧化剂能否改用硝酸或高锰酸钾？为什么？

（2）蒸馏产物时，为什么选用空气冷凝管？

（3）制备环己酮时，当反应结束后为什么要加草酸？如果不加有什么不好？写出相关反应式。

实验九　苯乙酮的制备

【实验目的】

（1）掌握有毒气体的处理方法；气体吸收装置的基本操作。

（2）了解 Friedel–Crafts 反应（傅–克反应）制备芳香酮的原理及过程。

（3）学习无水操作及电动搅拌装置、蒸馏、萃取等基本操作。

【实验原理】

芳香酮的制备一般采用傅–克酰基化反应，是以酰氯或者酸酐为酰化剂，在路易斯酸催化下进行反应。常用的路易斯酸催化剂有无水三氯化铝、无水氯化锌等。连有吸电子基团（如—NO_2，—COOH，—SO_3H 的芳香环一般难以发生傅–克酰基化反应。所有傅–克反应均需要在无水条件下进行。

苯乙酮的制备就是在无水三氯化铝的存在下，苯与酰氯或酸酐作用，芳环上的氢原子被酰基取代制备得到。

反应式：

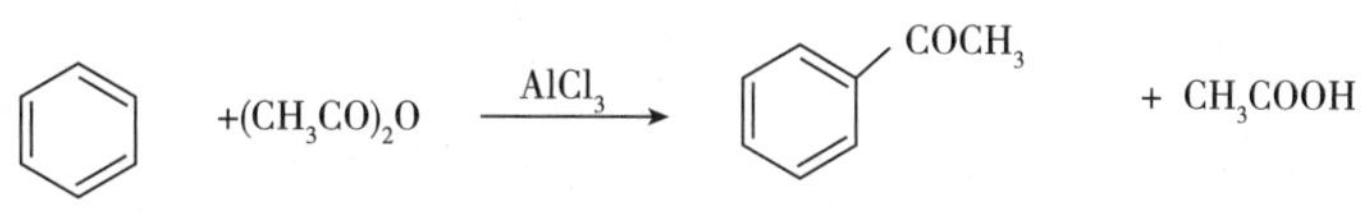

【实验步骤】

在 250ml 干燥三口烧瓶中，分别装置搅拌器、滴液漏斗及冷凝管[1]。在冷凝管上端装上氯化钙干燥管，后者再接氯化氢气体吸收装置。

迅速称取 20g 经研碎的无水三氯化铝[2]，放入三口烧瓶中，再加入 30ml 无水苯，在搅拌下滴 6ml 乙酸酐（约 6.5g，0.063mol）与 10ml 无水苯的混合液（约 20 分钟滴完）。加完后，在电热套上加热半个小时，至无氢气体逸出为止。然后将三口烧瓶浸入冷水浴中，在搅拌下慢慢滴入 50ml 浓盐酸与 50ml 冰水的混合液。瓶内固体完全溶解后，分出苯层。水层每次用 15ml 苯萃取两次。合并苯层，依次用 5% 氢氧化钠溶液、水各 20ml 洗涤，苯层用无水硫酸镁干燥。

将干燥后的粗产物先在电热套上蒸出苯[3]，当温度升至 140℃ 时，停止加热，稍冷换用空气冷凝管[4]。收集 198~202℃ 的馏分[5]，产量 4~5g（产率 52%~65%）。

纯苯乙酮为无色透明液体，熔点 20.5℃，沸点 202.0℃，相对密度 d_4^{20} 1.0281，折光率 n_D^{20} 1.5372。

【注释】

[1] 仪器必须充分干燥，否则会影响反应顺利进行。装置中凡是和空气相接触的地方均应安装干燥管。

[2] 无水三氯化铝的质量是影响实验成败的关键之一。研细、称量、投料都要迅速，避免长时间暴露在空气中。为此，可在带塞的锥形瓶中称量。还应避免与皮肤接触，以免被灼伤。

［3］ 由于最终产物不多，宜选用较小的蒸馏瓶，苯溶液可用分液漏斗分数次加入蒸馏瓶中。

［4］ 为减少产品的损失，可用一根长 2.5cm、外径与支管相仿的玻璃管代替，玻璃管与支管可借橡皮管连接。

【思考题】

（1） 为什么要求所用的苯不含噻吩？如何除去粗苯中的噻吩？

（2） 为什么要使用过量的苯和无水三氯化铝？

（3） 使用和蒸馏乙醚时要注意什么？

实验十　苯甲酸的制备

【实验目的】

（1） 掌握由甲苯氧化制备苯甲酸的原理；苯甲酸的制备方法以及分离纯化方法。

（2） 了解由格氏试剂与二氧化碳反应制取羧酸的方法。

【实验原理】

芳香酸可由烷基芳烃氧化制备而得；具有 α-H 的烷基苯在氧化剂存在下，不论碳链的长短都可以被氧化生成芳酸。常用氧化剂是高锰酸钾或重铬酸钾，催化剂可以是酸或碱；也可用芳香卤代烃制备成格氏试剂再与二氧化碳反应制备芳香酸。

1. 方法一：氧化法

反应式：

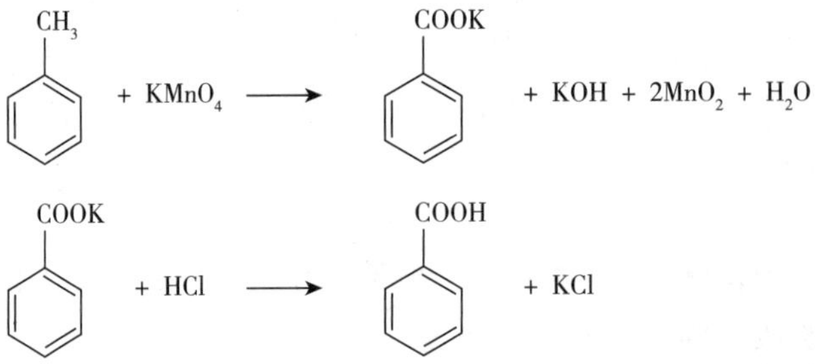

2. 方法二：格氏试剂法

反应式：

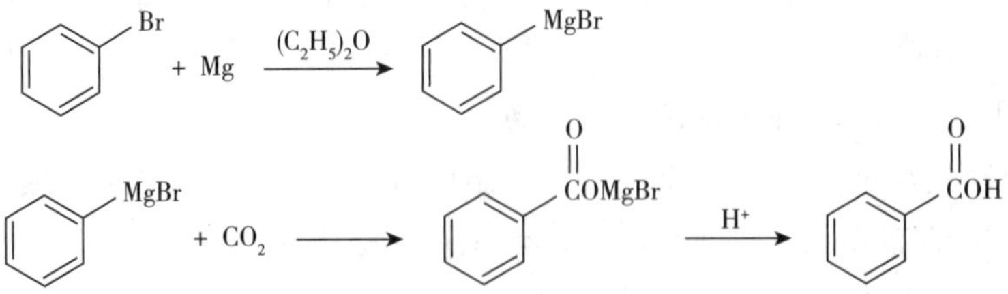

副反应：

【实验步骤】

1. 方法一：氧化法　在 250ml 圆底烧瓶中放入 2.7ml（2.3g，0.025mol）甲苯和 80ml 水，瓶口装回流冷凝管，在石棉网上加热至沸。从冷凝管上口分批加入总量为 8.5g 的高锰酸钾[1]，每次加高锰酸钾后应待反应平缓后再加下一批，最后用少量水（25ml）将黏附在冷凝管内壁上的高锰酸钾冲入瓶内，继续回流并间歇摇动烧瓶，直到甲苯层几乎近于消失、回流液不再出现油珠（需 4~5 小时）。

将反应混合物趁热过滤[2]，并用少量热水洗涤滤渣。合并滤液和洗液，在冷水浴中冷却，然后用浓盐酸酸化至刚果红试纸变蓝（pH = 3），放置待晶体析出，抽滤，沉淀用少量冷水洗涤，抽干溶剂，晾干，得粗产品约 1.7g。

2. 方法二：格氏试剂法　在二颈烧瓶中放置 0.5g 剪碎的、干燥并除去了氧化膜的镁条、6.5ml 无水乙醚、2.5ml（3.75g）溴苯和一小粒碘，加入磁性搅拌子并装上冷凝管和无水氯化钙的干燥管[3]。数分钟后反应开始，此时应注意用冷水浴控制反应温度，使反应温和进行，10 分钟后改用温水浴加热回流并搅拌，约 15 分钟后镁条几乎消失并形成灰白色黏稠液体。

用冰盐浴将反应瓶冷却到 −5℃，从另一瓶口插入导气管，通 CO_2[4] 气体约 15 分钟，瓶内形成灰色黏稠固体。继续在冰盐浴冷却下不断搅拌，缓慢滴加由冰水与浓盐酸配成的 1∶1 混合液[5]，开始滴加时会形成膨化固体，继续滴加时固体溶解，将反应液转移到分液漏斗中，静置分层，分出有机层，水层用 10ml 乙醚分两次萃取，合并有机层。有机层用 20ml 5% 氢氧化钠溶液分两次萃取，合并碱性萃取液，置小烧杯中，逐渐滴加浓盐酸，直到溶液显酸性，静置，抽滤，用冷水洗涤沉淀，晾干，可得产品 1.0~1.5g，若需要得到纯产物，可在水中进行重结晶[6]。

纯苯甲酸为无色针状晶体，沸点 249℃，熔点 122.4℃，相对密度 d_4^{20} 1.2659。

本实验需 6~7 小时。

【注释】

[1] 每次加料不宜太多，否则反应将异常剧烈。

[2] 滤液如果呈紫色，可加入少量亚硫酸氢钠使紫色褪去，重新过滤。

[3] 本实验所有仪器与药品均应干燥。

[4] 二氧化碳可用大理石加盐酸自制，通过浓硫酸干燥后再通入二颈烧瓶中。

[5] 开始滴加酸液时要慢，以免生成的二氧化碳将产物冲出。

[6] 苯甲酸在 100g 水中的溶解度：4℃，0.18g；18℃，0.27g；75℃，2.2g。

【思考题】

（1）在氧化反应中，影响苯甲酸产量的主要因素有哪些？

（2）反应完毕后，如果滤液呈紫色，为什么要加亚硫酸氢钠？

（3）精制苯甲酸还有什么方法？

（4）使用苯基溴化镁进行格氏反应时，往往有副产物苯生成，怎样解释它的生成？试写出生成苯的平衡方程式。

（5）为什么必须用氢氧化钠溶液萃取乙醚层？

实验十一　苯甲醇和苯甲酸的制备

【实验目的】

（1）熟悉由苯甲醛制备苯甲醇和苯甲酸的康尼扎罗反应原理和制备方法。

（2）进一步熟悉机械搅拌器的使用。

（3）进一步掌握萃取、洗涤、蒸馏、干燥和重结晶等基本操作。

【实验原理】

无 α-H 的醛在浓碱溶液作用下发生歧化反应，一分子醛被氧化成羧酸，另一分子醛则被还原成醇，此反应称康尼扎罗（Cannizzaro）反应。本实验采用苯甲醛在浓氢氧化钠溶液中发生康尼扎罗反应，制备苯甲醇和苯甲酸，反应式如下：

$$\text{C}_6\text{H}_5\text{—CHO} + \text{NaOH} \longrightarrow \text{C}_6\text{H}_5\text{—CH}_2\text{OH} + \text{C}_6\text{H}_5\text{—COONa}$$

$$\text{C}_6\text{H}_5\text{—COONa} \xrightarrow{\text{H}^+} \text{C}_6\text{H}_5\text{—COOH}$$

反应后的分离纯化处理，所涉及的化合物理常数可参照表 3-1。

表 3-1   制备苯甲醇和苯甲酸所涉及物理常数

化合物	分子量	相对密度	熔点（℃）	沸点（℃）	折光率 n_D^{20}	溶解度		
						水	乙醇	乙醚
苯甲醛	105.12	1.046	-26	179.1	1.5456	0.3	溶	溶
苯甲醇	108.13	1.0419	-15.3	205.3	1.5392	4.17	∞	∞
苯甲酸	122.12	1.2659	122	249	1.501	微溶	溶	溶

本实验制备苯甲醇和苯甲酸，采用机械搅拌下的加热回流装置，如图 3-2 所示。乙醚的沸点低，要注意安全，蒸馏低沸点液体的装置如图 3-3 所示。

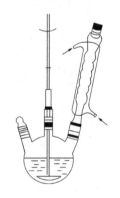

图 3-2   制备苯甲酸和苯甲醇的反应装置

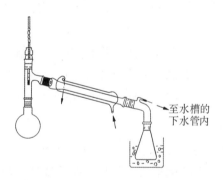

至水槽的下水管内

图 3-3   蒸乙醚装置

【实验步骤】

1. 方法一   在 250ml 三口烧瓶上安装机械搅拌及回流冷凝管，另一口塞住，实验装置如图 3-2 所示。加入 8g 氢氧化钠和 30ml 水，搅拌溶解。稍冷，加入 10ml 新蒸过的苯甲醛。开启搅拌器，调整转速，使搅拌平稳进行。加热回流约 40 分钟。停止加热，从球形冷凝管上口缓缓加入冷水 20ml，摇动均匀，冷却至室温。

将反应混合液倒入分液漏斗中，加乙醚[1]萃取 3 次，每次 10ml。水层保留待用。合并三次乙醚萃取液，依次用 5ml 饱和亚硫酸氢钠溶液、10ml 10% 碳酸钠溶液、10ml 水洗涤。分出醚层，倒入一干燥小锥形瓶中，加入无水硫酸镁干燥（每 10ml 加 1~2g 干燥剂），注意锥形瓶上要加塞。将干燥的乙醚溶液倒入 50ml 小圆底烧瓶中，按图 3 – 3 安装好低沸点液体的蒸馏装置，缓缓加热蒸出乙醚（回收）。乙醚蒸出完全后，改用空气冷凝管，继续加热，用一个干燥并称重的小锥形瓶收集 198 ~ 204℃的馏分，即苯甲醇，称重，回收，计算产率。将前分离保留的水层盛于烧杯内，用浓盐酸酸化（使刚果红试纸变蓝）有大量白色苯甲酸晶体析出。充分冷却，抽滤，滤饼用少量蒸馏水洗涤，抽干，得到粗苯甲酸，称重。粗苯甲酸用水作溶剂重结晶[2]，需加活性炭脱色（具体操作见 P47）。产品在红外灯下干燥后称重，回收，计算产率。

2. 方法二 在 250ml 锥形瓶中，将 6.4g 氢氧化钠溶于 9ml 水中，冷却至室温后，在振摇下，分次加入 10ml 苯甲醛，用橡皮塞塞好瓶口，用力振荡，直到生成稳定的乳状液为止。紧塞好瓶口，静置 24 小时。反应完全后，在反应混合物中加入足够量的水（约 20ml），搅拌使固体（苯甲酸钠）完全溶解。后续步骤同方法一。

【注释】

［1］本实验需要用乙醚，而乙醚极易着火，必须在近旁没有任何种类的明火时才能使用乙醚。蒸乙醚时可在接引管支管上连接一长橡皮管通入水槽的下水管内或引出室外，接收器用冷水浴冷却。

［2］结晶提纯苯甲酸可用水作溶剂，苯甲酸在水中的溶解度：80℃时，每 100ml 水中可溶解苯甲酸 2.2g。

【思考题】

（1）试比较 Cannizzaro 反应与羟醛缩合反应在醛的结构上有什么不同。

（2）本实验中两种产物是根据什么原理分离提纯的？用饱和亚硫酸氢钠及 10% 碳酸钠溶液洗涤的目的是什么？

（3）乙醚萃取后剩余的水溶液，用浓盐酸酸化到中性是否最恰当？为什么？

（4）为什么要用新蒸过的苯甲醛？长期放置的苯甲醛含有什么杂质？如不除去，对本实验有什么影响？

实验十二　呋喃甲醇和呋喃甲酸的制备

【实验目的】

（1）学习康尼扎罗反应，熟悉呋喃甲醇和呋喃甲酸的制备原理和方法。

（2）掌握分离、纯化呋喃甲醇和呋喃甲酸的方法。

【实验原理】

无 α–H 的醛在浓碱溶液作用下发生歧化反应，一分子醛被氧化成羧酸，另一分子醛则被还原成醇，此反应称康尼扎罗（Cannizzaro）反应。本实验采用呋喃甲醛在浓氢氧化钠溶液中发生康尼扎罗反应，制备呋喃甲醇和呋喃甲酸，反应式如下：

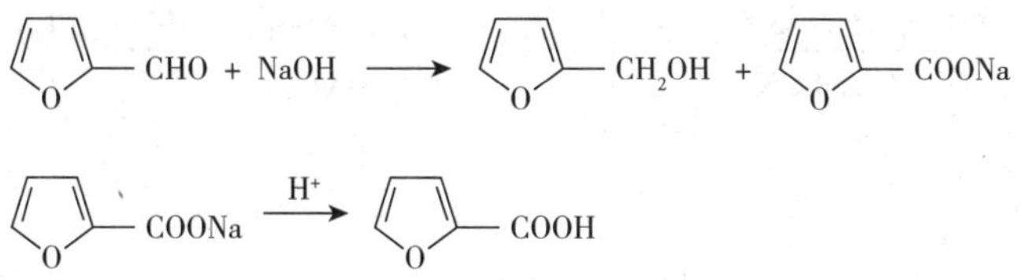

【实验步骤】

在 250ml 的烧杯中，加入新蒸的呋喃甲醛[1]，将烧杯浸入冰水至 5℃左右，从滴液漏斗滴入 16ml

33% 氢氧化钠溶液，边滴边搅拌，如图 3 - 2 所示，使反应温度保持在 8 ~ 12℃[2]，在 20 ~ 30 分钟将氢氧化钠溶液滴完，在室温下并经常搅拌[3]静置半小时，得一黄色浆状物。

加入约 16ml 的水使沉淀溶解[4]，这时溶液为暗褐色。将溶液倒入分液漏斗中，每次用 15ml 乙醚萃取 4 次，合并乙醚萃取液用无水硫酸镁或无水碳酸钾干燥，过滤后先蒸去乙醚，再蒸馏呋喃甲醇，如图 3 - 3 所示，收集 169 ~ 172℃的馏分。产量为 7 ~ 8g（产率为 71% ~ 82%）。

纯净的呋喃甲醇的沸点 171℃，折光率 n_D^{25} 1.4868。

乙醚萃取后的水溶液用 25% 的盐酸酸化 15 ~ 16ml，至刚果红试纸变蓝。

冷却使呋喃甲酸完全析出，抽滤，用少量水洗涤。粗产物可用水重结晶，得呋喃甲酸的针状结晶，熔点 129 ~ 130℃[5]，产量约为 8g（产率 71%）。

纯净呋喃甲酸的熔点为 133 ~ 134℃。

本实验约用 8 小时。

【注释】

[1] 呋喃甲醛放久会变成棕褐色或黑色，同时也含有一定的水分。因此使用前必须蒸馏提纯，收集 155 ~ 162℃的馏分。新蒸的呋喃甲醛为无色或浅黄色的液体。

[2] 反应温度高于 12℃，则使反应物变成深红色，并增加副产物，影响产量和纯度；小于 8℃，则反应过慢，会积累一些氢氧化钠。

[3] 加完氢氧化钠后，若反应液已变成黏稠物时，就可不再进行搅拌。

[4] 加水过多会损失一部分产品。

[5] 实验产品的熔点一般约在 130℃。

【思考题】

如何利用康尼扎罗反应将呋喃甲醛全部转化为呋喃甲酸？

实验十三　己二酸的制备

【实验目的】

（1）学习用环己醇氧化制备己二酸的原理和方法。

（2）掌握集热式磁力搅拌器的操作使用方法；水浴回流操作中有毒气体导气吸收装置的安装。

（3）了解相转移催化剂（TEBAC）在非均相有机合成反应中的应用。

【实验原理】

己二酸是合成尼龙 66 的主要原料之一。实验室常采用高锰酸钾或硝酸氧化环己醇而制得，机理为环己醇被氧化剂氧化生成环己酮，环己酮进一步氧化断键生成己二酸。

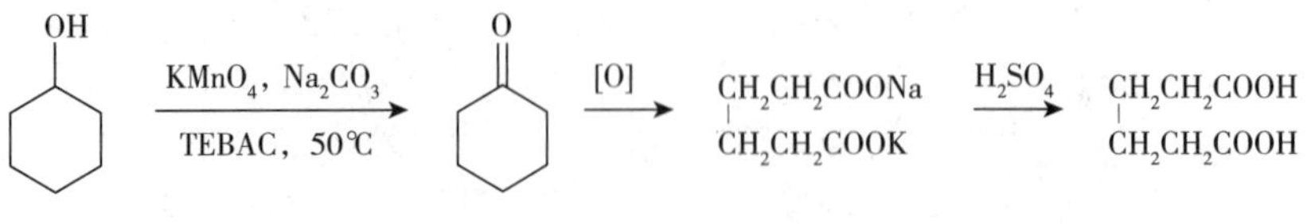

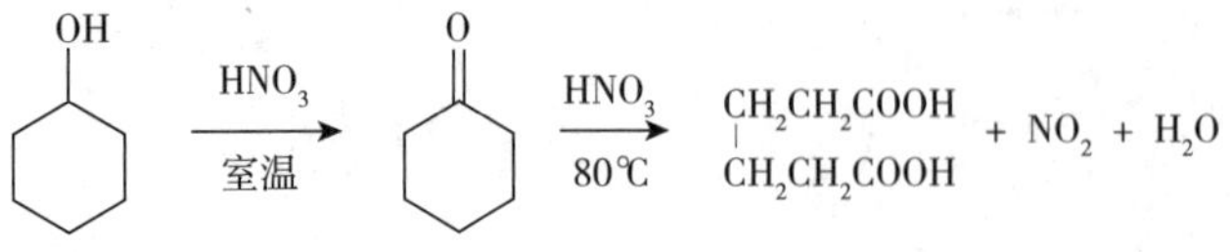

也可以采用丙二酸二乙酯、乙酰乙酸乙酯与相应的卤代烃反应制备。例如：

$$2\ Na^+[CH(COOC_2H_5)_2]^- \xrightarrow{BrCH_2CH_2Br} \begin{matrix} CH_2CH(COOC_2H_5)_2 \\ | \\ CH_2CH(COOC_2H_5)_2 \end{matrix} \xrightarrow{NaOH,\ H_2O} \xrightarrow[\triangle]{H^+} \begin{matrix} CH_2CH_2COOH \\ | \\ CH_2CH_2COOH \end{matrix}$$

所涉及的化合物物理常数见表 3-2。

表 3-2 合成己二酸所涉及物理常数

	分子量	相对密度 d_4^{20}	熔点（℃）	溶解度（g/100mlH₂O）
环己醇	100	0.962	25.5	3.6
己二酸	146	1.360	152	1.46
高锰酸钾	158			

【实验步骤】

1. 方法一：高锰酸钾法 在装有电磁搅拌器、磁芯搅拌子的 250ml 三口烧瓶中，加入 8ml 环己醇、50ml 15% 碳酸钠溶液和 1g 三乙基苄基氯化铵（TEBAC）催化剂，在三口烧瓶中口装上一支球形冷凝管，通入冷凝水，开动电磁搅拌器（温度控制在 20℃，即室温），在迅速搅拌下，先加入 1g 左右的高锰酸钾，搅拌 5 分钟后，待烧瓶中反应液紫红色消褪并有棕色 MnO₂ 出现时，调节搅拌装置的温度，使水温缓慢升至 50℃，在继续搅拌下，分批少量多次（0.5～1g/min）地加入剩余的高锰酸钾，严格控制在 30 分钟内加完[1]。氧化剂加完后，在 50℃ 的水浴中继续搅拌 30 分钟[2]。反应过程中，有大量二氧化锰沉淀生成。

趁热将反应物抽滤，用母液洗涤烧瓶和滤渣后，再用 10ml 10% 碳酸钠溶液洗涤烧瓶和滤渣两次[3]（滤液总体积不应超过 70ml[4]）。

将滤液转移至一个 250ml 的烧杯中，在搅拌下，加入 5g 粉状食盐[5]（必要时可加热溶解），量取 8～10ml 浓硫酸，用吸管慢慢向滤液中滴加浓硫酸，充分搅拌[6]，直至溶液呈强酸性（pH = 1～2），己二酸沉淀析出（记下浓硫酸的用量），冰水冷却 20 分钟后，抽滤，用母液洗涤容器，晶体最后再用 5ml 冰水洗涤一次，再抽滤，晾干，称重，计算产率。产量 2～4.5g。

2. 方法二：硝酸法 将 250ml 的圆底三口烧瓶置于恒温磁力搅拌器（水浴）中央，加入 40ml 79% 的硝酸溶液[7]及搅拌子一枚，搭建导气回流滴加装置（图 3-4），将搅拌器控温在 0℃ 并开动搅拌。将 5.3ml 环己醇盛入滴液漏斗中[8]，室温下缓慢滴加（6 滴/秒）[9]，反应体系逐渐升温并有棕色二氧化氮气体逸出[10]。约 20 分钟滴完，滴加完毕，逐渐升温至 80℃ 继续搅拌反应 30 分钟直至无棕色气体逸出。反应完毕，拆除反应装置[11]，稍微冷却约 5 分钟，烧瓶中即可出现白色沉淀，将反应体系在冰水浴中继续冷却 20 分钟，抽滤用母液洗涤得白色固体，置 85℃ 烘箱鼓风干燥 15 分钟得粗品，计算粗产品产率（粗产品约 6g）。

重结晶方法：按照每 1g 加入 4ml 水的比例将产品置于冷水中，加热至沸 3～5 分钟得到透明溶液，减压抽滤，静置，冷却 30 分钟，抽滤即得，计算重结晶收率。

纯己二酸是白色结晶或结晶性粉末，沸点 337℃，熔点 152℃，相对密度 d_4^{20} 1.360。

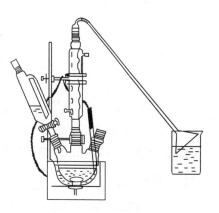

图 3-4 磁力搅拌器回流装置

【注释】

[1] 此反应是放热反应，必须控制好添加高锰酸钾的速度，以免温度上升太快使反应失控。

[2] 原料加完后，在水浴中继续搅拌的目的是为使反应进行得完全。但这一步必须在反应温度不再上升后进行。

[3] 在二氧化锰滤渣中易夹杂己二酸钾盐，故必须用碳酸钠溶液把它洗涤下来。

[4] 己二酸因有一定的水溶性（1.46g/100ml），应严格控制10%碳酸钠洗涤液的用量，若用量过多（总体积 > 100ml）时，产品产量将显著下降。此时可将盛有碱性滤液的烧杯置于电炉上，适当浓缩后（< 70ml）再加入少量活性炭脱色，抽滤冷却后，再用浓硫酸酸化，以促使己二酸沉淀尽量析出。

[5] 反应产率较低时，己二酸可能难以从已酸化的酸性溶液中析出。此时可采用加入粉状食盐（先加热溶解）盐析的办法，降低己二酸的溶解度以提高产品的收率。

[6] 反应液在滴加浓硫酸酸化时，一定要充分搅拌，因酸化过程有二氧化碳气体逸出，应少量多次缓缓滴加。每次用广泛 pH 试纸测试溶液 pH，都应在加酸搅拌 1~2 分钟后进行。

[7] 硝酸过浓会使反应过于剧烈，40ml 79% 的硝酸可用 27ml 浓硝酸加 13ml 水稀释。

[8] 环己醇和浓硝酸不可用同一量筒量取，因两者相遇会发生剧烈反应，甚至发生意外。

[9] 此反应是放热反应，必须控制好滴加环己醇的速度，以免温度上升太快使反应失控。

[10] 本实验最好在通风橱中进行，因为产生的二氧化氮气体有毒，不可逸散在实验室内。反应装置要密封良好，如发现泄露应立即停止反应。

[11] 环己醇的熔点是 24℃，熔融时是黏稠液体，可用少量水冲洗量筒并入滴液漏斗中。在室温较低时，这样做还可以降低其熔点，以免堵塞漏斗。

【思考题】

(1) 写出高锰酸钾氧化环己醇的氧化还原平衡方程式，根据平衡方程式计算己二酸的理论产量。

(2) 做本实验时，为什么必须严格控制添加高锰酸钾的速度和氧化反应的温度？

(3) 碱性反应液滴加浓硫酸应注意什么？

(4) 己二酸析出完全后，产品在抽滤、转移、洗涤过程中应注意什么？

(5) 采用硝酸氧化法，为什么要严格控制氧化反应的温度？

(6) 如果用市售浓度为 71%（相对密度为 1.42）的硝酸配制浓度为 50% 的 16ml，需要该浓度的硝酸多少体积？

(7) 为什么一些反应比较剧烈的实验在开始时加料的速度要慢，等反应开始一段时间后可以适当加快加料速度？

实验十四　肉桂酸的制备

【实验目的】

(1) 掌握水蒸气蒸馏的基本原理与操作方法。

(2) 熟悉利用 Perkin 反应制备肉桂酸的原理与方法。

【实验原理】

芳香醛与羧酸酐在弱碱催化下生成 α,β-不饱和酸的反应称为柏琴反应（Perkin）反应。此反应的实质是酸酐与芳醛之间的羟醛缩合，所用催化剂一般是该酸酐所对应的羧酸的钾盐或钠盐，也可以使用碳酸钾或叔胺作催化剂。其反应式为：

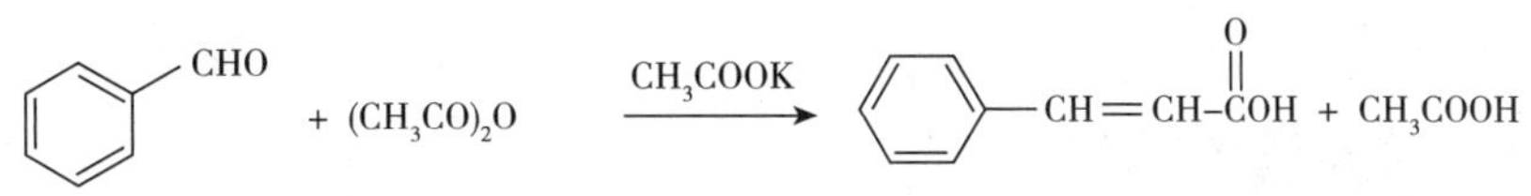

$$\text{PhCHO} + (CH_3CO)_2O \xrightarrow{CH_3COOK} Ph-CH=CH-COOH + CH_3COOH$$

机理为：

$$CH_3COO^- + (CH_3CO)_2O \Longrightarrow CH_3COOH + \bar{C}H_2CO_2COCH_3$$

（反应机理图示）

$$(CH_3CO)_2O \text{ ... } \xrightarrow{CH_3COO^-} Ph-CH=CH-C-O-C-CH_3 \xrightarrow{H_2O} Ph-CH=CH-C-OH$$

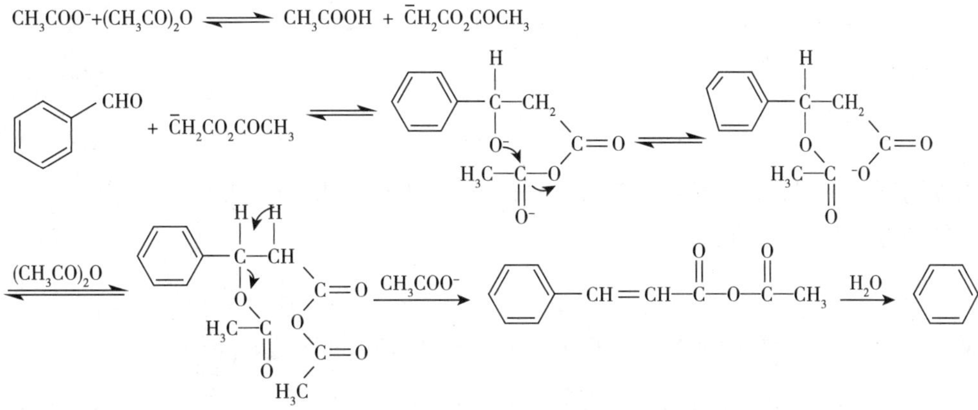

【实验步骤】

在干燥的 100ml 圆底烧瓶中放入 3g 碾细的、新熔融过的无水醋酸钾粉末[1]，5ml（0.05mol）新蒸馏过的苯甲醛[2]和 7ml 醋酸酐，振摇使三者混合。装上空气冷凝管，在电热套上加热回流。先加热至160℃左右，保持 45 分钟，然后升温至 170～180℃，保持 1.5 小时。如果实验需中途停顿，则应在冷凝管上端接一个氯化钙干燥管，以防空气中水分进入反应体系，影响实验结果。

将反应物趁热倒入盛有 50ml 水的 500ml 圆底烧瓶内，原烧瓶用 50ml 沸水分两次洗涤，洗涤液也倒入 500ml 烧瓶中。一边充分摇动烧瓶，一边慢慢加入少量碳酸钠固体[3]，直至反应混合物呈弱碱性（7～7.5g）。然后进行水蒸气蒸馏，蒸出未作用的苯甲醛至馏出液无油珠状为止。剩余物中加入少许活性炭，加热回流 10 分钟，趁热过滤。滤液小心地用浓盐酸酸化，将热溶液放入冷水浴中，搅拌冷却。待肉桂酸完全析出后，减压过滤，产物用少量水洗净，挤压去水分，在 100℃ 以下干燥（在空气中晾干）[4]，产物可用热水或 50% 乙醇重结晶纯化，产量 7.5～9g。

纯肉桂酸为无色结晶，熔点 133℃，相对密度 d_4^{20} 1.046～1.052，折光率 n_D^{20} 1.619～1.623。

本实验需 8 小时。

【注释】

［1］将晶体醋酸钾置蒸发皿中加热至熔融，继续加热并不断搅拌。约 120℃ 时出现固体，继续加大火力加热，直到醋酸钾再次熔融，停止加热，置干燥器中放冷，碾碎，备用。本反应用无水碳酸钾的催化效果比无水碳酸钠好。

［2］本实验所用苯甲醛不能含有苯甲酸，因苯甲醛久置会部分氧化产生苯甲酸，不但影响反应的进行，还会混入产物不易分离，故在使用前需要纯化。方法是先用 10% 碳酸钠溶液洗涤至 pH 等于 8，再用清水洗至中性，然后用无水硫酸镁干燥，干燥时可加入少量锌粉防止氧化。将干燥好的苯甲醛进行减压蒸馏，收集（79±1）℃/3333Pa 或（69±1）℃/2000Pa 或（62±1）℃/1333Pa 的馏分。也可加入少量锌粉进行常压蒸馏，收集 177～179℃ 馏分。新开瓶的苯甲醛可不必洗涤，可直接进行减压或常压蒸馏。

［3］此处不能用氢氧化钠代替碳酸钠，因未反应的苯甲醛在此情况下可能发生歧化反应，生成的苯甲酸难以分离纯化。

［4］如用红外灯干燥，应注意控制温度不使过高。

【思考题】

（1）具有何种结构的醛能发生柏琴反应？

（2）为什么要进行水蒸气蒸馏？

实验十五　乙酸乙酯的制备

【实验目的】

（1）掌握乙酸乙酯的制备原理、方法和纯化过程；蒸馏及分液漏斗的使用方法。

（2）了解酯化反应的特点及其反应机理。

【实验原理】

本实验采用乙酸与乙醇为原料，在浓硫酸[1]催化下，加热制得乙酸乙酯，其反应为：

$$CH_3COOH + C_2H_5OH \underset{\triangle}{\overset{H_2SO_4}{\rightleftharpoons}} CH_3COOC_2H_5 + H_2O$$

增高温度或使用催化剂可加快酯化反应速率，使反应在较短的时间内达到平衡。酯化反应是一个可逆反应，当反应达到平衡后，酯的生成量就不再增加，为了提高酯的产量，可采用加过量的乙醇，并利用乙酸乙酯易挥发的特性，待它生成后立即从反应混合物中蒸出，用脱水剂把生成物之一的水不断吸收除去，破坏此可逆反应平衡，使产量得到提高。

【实验步骤】

1. 方法一　在100ml圆底烧瓶中，加入15ml冰醋酸和23ml95%乙醇，在振摇下滴入7.5ml浓硫酸充分摇匀，加2～3粒沸石，装上回流冷凝管，在水浴上加热回流30分钟。稍冷后，改成蒸馏装置，水浴上蒸馏，蒸至不再有馏出物为止。往馏出液中加饱和碳酸钠溶液，充分摇匀，有机相呈碱性或中性。用分液漏斗分去有机相，有机相加等体积的饱和食盐水洗一次，再用等体积的饱和氯化钙溶液洗一次，分出有机相，用无水硫酸钠干燥。干燥后的粗产品过滤，置于干燥的蒸馏烧瓶中，加几颗沸石，于水浴上蒸馏，收集73～78℃馏分，产量13.1～15.6g。

2. 方法二　在100ml三口烧瓶中，放入10ml95%乙醇，在振摇下分次加入10ml浓硫酸，加完后再充分摇振混匀[2]，加入2～3粒沸石，瓶口两侧分别安装温度计和滴液漏斗，它们的末端均应浸入液体中，温度计的水银球和滴液漏斗的尾端均应插到液面以下，并距瓶底0.5～1cm处[3]。将20ml95%乙醇与20ml冰醋酸混合均匀加入滴液漏斗中。小心开启活塞，将3～5ml混合液放入三口烧瓶中，关闭活塞。烧瓶的中口安装简单蒸馏装置或刺分馏柱，分馏柱的上端用软木塞封闭，然后再与冷凝管连接，冷凝管的末端连接一个接液管。装置完毕，在电热套上慢慢加热到110℃，这时已有液体蒸出。在此温度下，小心将滴液漏斗的剩余混合物慢慢滴入反应烧瓶中（约70分钟滴完），控制滴加速度与馏出速度大体相同。滴液初期温度基本稳定在120℃左右，后期会缓缓上升至约125℃[4]。滴完后继续加热数分钟，当温度上升至130～132℃，基本上再无液体馏出时，停止加热。

把收集到的馏液转移至烧杯中，向馏出液中慢慢加入饱和碳酸钠[5]溶液，振摇混合并用pH试纸检查，直至酯层pH等于7时，不再有气泡产生。将此混合液转入分液漏斗中充分振摇（注意及时放气），静置分层后分出水层。酯层依次用10ml饱和食盐水洗涤[6]，用分液漏斗分离下面水层后，再用10ml饱和氯化钙洗涤两次[7]，静置，弃去下面的水层，上面酯层自分液漏斗上口倒入干燥的50ml锥形瓶中，用大约3g无水硫酸镁干燥，加塞，放置，直到液体澄清后，通过漏斗滤入干燥的60～100ml蒸馏瓶中，用水浴加热进行蒸馏，收集73～78℃的馏分，称重，计算产率。

乙酸乙酯为无色透明液体，熔点 $-83.6℃$，沸点 $77.1℃$，相对密度 d_4^{20} 0.9003，折光率 n_D^{20} 1.3723。本实验约需 6 小时。

【注释】

〔1〕本实验采用浓硫酸作催化剂和脱水剂，不仅易腐蚀设备、会产生副反应，中和时还会生成许多无机盐副产物。目前发现许多物质如离子交换树脂、固体超强酸、无机路易斯（Lewis）酸等均有利于催化剂的绿色化。本实验所采用的酯化方法，仅适用于合成一些沸点较低的酯类，优点是能连续进行，用较小的容积的反应瓶制得较大量的产物。对于沸点较低的酯类，若采用相应的酸和醇回流加热来制备，常常不够理想。乙醇沸点 $78℃$，冰醋酸沸点 $117 \sim 118℃$，乙酸乙酯与水的共沸物（含 8.2% 的水）沸点 $70.4℃$，乙酸乙酯与醇的共沸物（含 30.8% 的乙醇）沸点 $71.8℃$。三元共沸物：乙酸乙酯与水和醇能形成 $70.3℃$ 的共沸混合物，其中含水 9.0%，乙醇 8.4%，乙酸乙酯 82.6%。

〔2〕硫酸加入过快会使温度迅速上升而超过乙醇的沸点。若不及时摇振均匀，则在硫酸与乙醇的界面处会产生局部过热导致碳化，反应液变为棕色，同时产生较多的副产物。

〔3〕分液漏斗的末端应伸入反应液面以下，若在液面上则滴入的乙醇易受热蒸出，无法参加反应，影响反应速度及产量；若插入液面太深，又因压力关系而使混合液难以滴下。

〔4〕严格控制反应温度和速率很重要，一般保持反应温度在 $110 \sim 120℃$，温度太低反应不完全，温度太高则副产品增加。滴加速度太快会使醋酸和乙醇来不及反应而被蒸出。

〔5〕用碳酸钠溶液可洗去残留在酯中的酸性物质如乙酸、亚硫酸。

〔6〕为了减少酯在水中的溶解度（每 17 份水溶解 1 份乙酸乙酯），这里用饱和食盐水洗去水溶性杂质，如部分乙醇、乙酸等。

〔7〕饱和的氯化钙洗去混在酯中的乙醇，此步很重要，因为乙醇与乙酸乙酯能生成共沸点溶液（沸点 $70 \sim 71.8℃$）致使蒸馏时在 $73℃$ 以前有大量共沸液蒸出，影响乙酸乙酯的产量。

【思考题】

（1）本实验从机理分析可能有哪些副反应？乙酸乙酯粗品有哪些杂质？如何除去？

（2）酯化反应有哪些特点？本实验可采取哪些措施使酯化尽量向正反应方向完成？

（3）酯化反应中用作催化剂的硫酸，一般只需醇质量的 3%，本实验为什么用了 10ml 浓硫酸？

（4）实验成败的关键是什么？

（5）此反应使用过量乙酸是否可以？为什么？

实验十六　乙酰水杨酸的制备

【实验目的】

（1）了解酰化反应的机理。

（2）熟练掌握无水操作方法及乙酰水杨酸的制备、纯化。

（3）巩固重结晶的操作方法。

【实验原理】

乙酰水杨酸通常称为阿司匹林（Aspirin），是由水杨酸（邻羟基苯甲酸）和乙酸酐合成的。早在 18 世纪，人们就已从柳树皮中提取出水杨酸，并注意到它可以作为止痛、退热和抗炎药，不过对肠胃刺激作用较大。19 世纪末，人们终于成功地合成了可以替代水杨酸的有效药物——乙酰水杨酸，直到现在，阿司匹林仍然是一个广泛使用的具有解热镇痛、抗风湿、抑制血栓形成等作用的药物，也可治疗感冒的药物。

水杨酸是一个具有酚羟基和羧基双官能团化合物，能进行两种不同的酯化反应。当与乙酸酐作用时，可以得到乙酰水杨酸；如与过量的甲醇反应，生成水杨酸甲酯，水杨酸甲酯是第一个作为冬青树的香味成分被发现的化合物，因此通称为冬青油。

反应式：

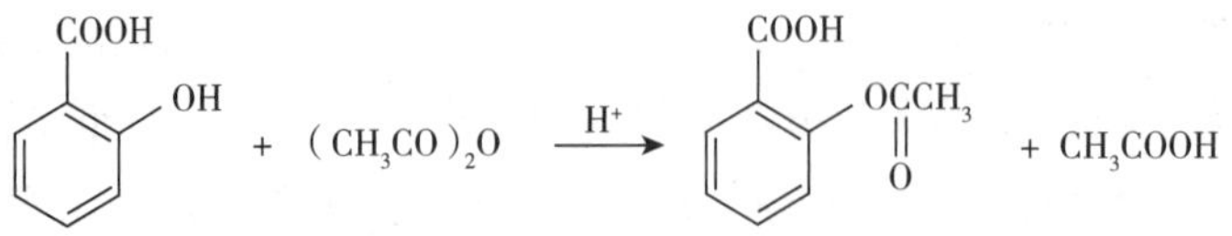

由于水杨酸中的羧基与羟基能形成分子内氢键，反应需加热到 $150 \sim 160℃$，若加入少量的浓硫酸、浓磷酸或过氯酸等来破坏氢键，则反应可降到 $60 \sim 80℃$ 进行，同时还减少了副产物的生成。

在生成乙酰水杨酸的同时，水杨酸分子之间可以发生缩合反应，生成少量的聚合物。

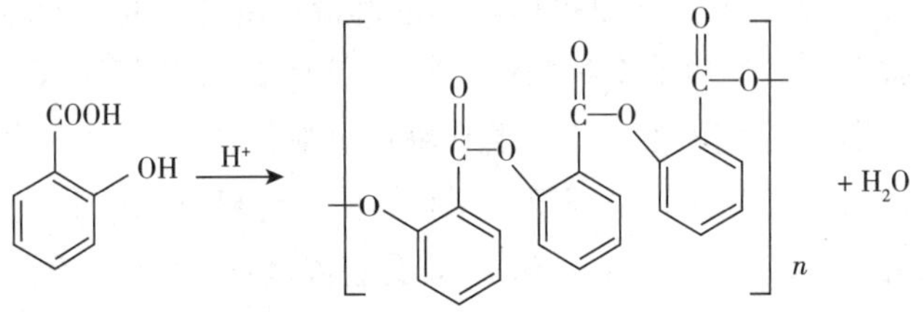

乙酰水杨酸能与碳酸氢钠反应生成水溶性钠盐，而副产物聚合后不能溶于碳酸氢钠，这种性质上的差别可用于乙酰水杨酸的纯化。

此反应中，可以存在于最终产物中的杂质是水杨酸本身，这是由于乙酰化反应不完全或由于产物在分离步骤中发生水解造成的。它可以在各步纯化过程和产物的重结晶过程中被除去。与大多数酚类化合物一样，水杨酸可与三氯化铁形成深色络合物；乙酰水杨酸因酚羟基已被酰化，不能再与三氯化铁发生颜色反应，因此是否有杂质很容易被检出。

【实验步骤】

1. 方法一 在干燥的 125ml 锥形瓶中，加入 2g（0.0145mol）水杨酸，5ml 乙酸酐[1]和 0.5ml 浓硫酸，旋摇锥形瓶，在 $85 \sim 90℃$ 水浴上加热[2]，使水杨酸全部溶解，并时加振摇，继续在水浴上加热 $5 \sim 10$ 分钟。冷至室温（一定要缓慢自然冷却）[3]，即有乙酰水杨酸结晶析出（如不结晶，可用玻璃棒摩擦瓶壁并将反应物置于冰水中冷却使结晶产生）。当反应物呈糊状时，在不断搅拌下加入 50ml 冷的蒸馏水分解过量的乙酸酐，将混合物继续在冰水浴中冷却，使结晶析出完全。减压过滤，用滤液反复淋洗锥形瓶的剩余结晶，直至所有晶体被收集到布氏漏斗。用少量冷水洗涤结晶 3 次，继续抽滤将溶剂尽量抽干。粗产物转移至表面皿上，在空气中风干，称重，粗产物约 1.8g。

2. 方法二 在干燥的 50ml 锥形瓶中，依次加入 2g 水杨酸、0.1g 无水碳酸钠和 1.8ml 乙酸酐。将锥形瓶放入 $85 \sim 90℃$ 的水浴中，不断振摇使水杨酸全部溶解，加热 10 分钟，趁热把反应液在不断搅拌下倾入盛有 30ml 冷蒸馏水和 0.5ml 10% 盐酸的烧杯中，然后置于冰水浴中冷却 15 分钟，使结晶析出完全，减压过滤，用少量冷水洗涤结晶 $2 \sim 3$ 次，得粗产物约 2.0g。

将二法制备的粗产物转移至 150ml 烧杯中，在搅拌下加入 25ml 饱和碳酸氢钠溶液，加完后继续搅拌几分钟，直至无二氧化碳气泡产生。抽滤除去不溶物，副产物聚合物应被滤出，用 $5 \sim 10$ml 水冲洗漏斗，合并滤液，将滤液倾入盛有 $4 \sim 5$ml 浓盐酸和 10ml 水配成溶液的烧杯中[4]，搅拌均匀，即有乙酰水杨酸沉淀析出。将烧杯置于冰浴中冷却，使结晶完全。减压过滤，用洁净的玻塞挤压滤纸，尽量抽去滤液，再用少量冷水洗涤 $2 \sim 3$ 次，抽干水分。将结晶移至表面皿上，干燥后约 1.5g。取几粒结晶加入盛有 5ml 水的试管中，加入 $1 \sim 2$ 滴 1% 三氯化铁溶液，观察有无颜色反应。

为了得到更纯的产品，可将上述结晶的一半溶于最少量的乙酸乙酯中（需 2 ~ 3ml），溶解时应在水浴上小心地加热。如有不溶物出现，可用预热过的玻璃漏斗趁热过滤。将滤液冷至室温，乙酰水杨酸晶体析出。如不析出结晶，可在水浴上稍加浓缩，并将溶液置于冰水中冷却，或用玻璃棒摩擦瓶壁，抽滤收集产物，干燥后测其熔点[5]。

乙酰水杨酸为白色针状晶体，熔点 135 ~ 136℃。

本实验约需 4 小时。

【注释】

［1］乙酸酐应是新蒸的，收集 139 ~ 140℃馏分。

［2］反应温度不宜过高，否则副产物增多。反应过程中不应将锥形瓶移出水浴，这样会导致反应生成的乙酰水杨酸析出，从而无法判断水杨酸是否完全溶解。如果加热 0.5 小时依然有固体无法溶解，可认为反应完全。因水杨酸溶解后可在溶液中析出。

［3］冷却速度过快，容易出现油状物而不是晶体。

［4］酸化的目的是使乙酰水杨酸游离，游离的乙酰水杨酸水溶性小，可析出。

［5］乙酰水杨酸易受热分解，因此熔点不很明显，它的分解温度为 128 ~ 135℃。测定熔点时，应先将热载体加热至 120℃左右，然后放入样品测定。

【思考题】

（1）制备乙酰水杨酸时，加入浓硫酸的目的是什么？

（2）反应中有哪些副产物？如何除去？

（3）乙酰水杨酸在沸水中受热时，分解得到一种溶液，后者对三氯化铁呈阴性试验，请试着解释，并写出化学反应方程式。

（4）反应仪器为什么要干燥无水？水的存在对反应有什么影响？

实验十七　乙酰苯胺的制备

【实验目的】

（1）掌握简单分馏在合成中的原理和应用。

（2）熟悉乙酰苯胺制备的方法及相关反应机理。

【实验原理】

芳胺的酰化产物在有机合成中有着重要的作用。作为一种保护措施，一级和二级芳胺在合成中通常被转化为它们的乙酰基衍生物，以降低芳胺对氧化剂的敏感性，使其不被反应试剂破坏；同时，氨基经酰化后，降低了氨基在亲电取代反应（特别是卤化）中的活化能力，使其由活性很强的第 I 类定位基，变为中等活性的第 I 类定位基，使反应由多元取代变为一元取代；由于乙酰基的空间效应，亲电试剂往往选择性地与之反应，生成的是对位取代产物。

氨基是一个活泼基团，在某些情况下，酰化可以避免氨基与其他功能基或试剂（如—SO_2Cl，$RCOCl$，HNO_2 等）之间发生不必要的反应。一般需通过酰化反应将它保护起来才可以进行其他反应，酰化后的产物通过酸或碱催化，很容易恢复氨基。常用的酰化试剂有乙酸、乙酸酐、乙酰氯等。乙酸价廉，但反应活性较低；而乙酐、乙酰氯反应活性较高，产物较纯，但较贵。

反应式如下。

用乙酸为酰化试剂：

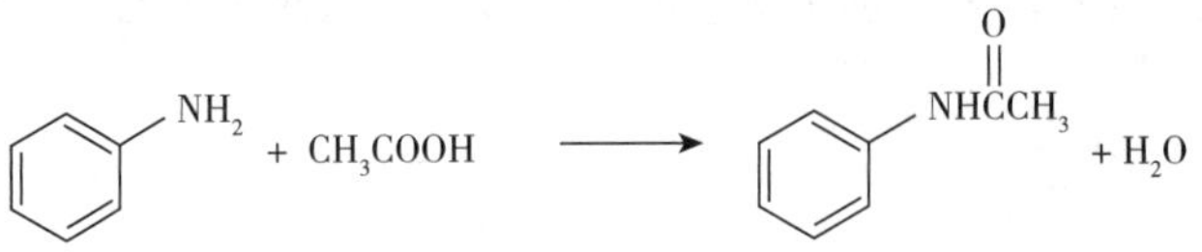

用乙酸酐为酰化试剂：

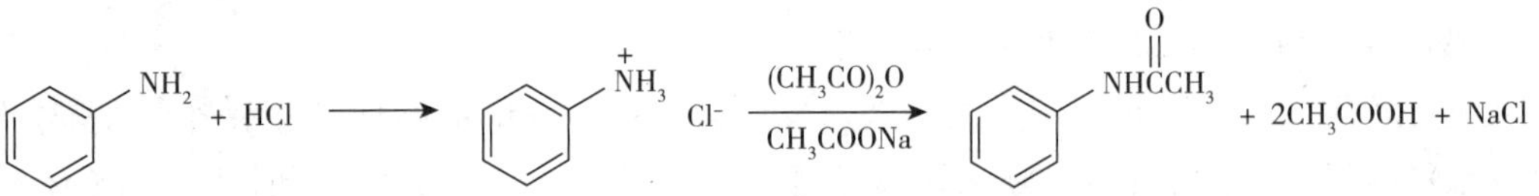

【实验步骤】

1. 方法一：用乙酸酰化　在 50ml 圆底烧瓶中，加入 10ml 新蒸苯胺[1]、15ml 冰醋酸及少许锌粉（约 0.1g）[2]，装上一短的刺形分馏柱[3]（图 3-5），其上端装一温度计，支管通过接引管与接收瓶相连，接收瓶外部用冷水浴冷却。将圆底烧瓶在石棉网上用小火加热，使反应物保持微沸约 15 分钟。然后逐渐升高温度，当温度计读数达到 100℃ 左右时，支管即有液体流出。维持温度在 100~110℃ 之间反应约 1.5 小时，生成的水及大部分乙酸已被蒸出[4]，此时温度计读数下降，表示反应已经完成。在搅拌下趁热将反应物倒入 200ml 冰水中[5]，冷却后抽滤析出的固体，用冷水洗涤。粗产物用水重结晶，产量 9~10g。

图 3-5　刺形分馏柱回流反应装置

2. 方法二：用乙酸酐酰化　在 500ml 烧杯中，溶解 5ml 浓盐酸于 120ml 水中，在搅拌下加入 5.6ml 苯胺，待苯胺溶解后[6]，再加入少量活性炭（约 1g），将溶液煮沸 5 分钟，趁热滤去活性炭及其他不溶性杂质。将滤液转移到 500ml 锥形瓶中，冷却至 50℃，加入 7.3ml 乙酸酐，振摇使其溶解后，立即加入事先配制好的 9g 结晶醋酸钠溶于 20ml 水的溶液，充分振摇混合。然后将混合物置于冰浴中冷却，使其析出结晶。减压过滤，用少量冷水洗涤，干燥后称重，产量 5~6g。用此法制备的乙酰苯胺已足够纯净，可直接用于所需的合成试验。如需进一步提纯，可用水进行重结晶。

乙酰苯胺纯品为无色有闪光的小叶片状晶体，熔点为 114.3℃。

本实验需 2~3 小时。

【注释】

[1] 苯胺易氧化，久置的苯胺色深有杂质，会影响乙酰苯胺的质量，故最好用新蒸的苯胺。

[2] 反应中可加入少许锌粉防止苯胺被氧化，一般加 0.1g 即可。如加入过多，在后处理时会生成不溶于水的氢氧化锌。

[3] 因属小量制备，最好用微量分馏管代替刺形分馏柱。分馏管支管用一段橡皮管与一玻璃弯管相连，玻璃弯管下端伸入试管中，试管外部用冷水冷却。

[4] 收集乙酸及水的总体积约为 4.5ml。

[5] 反应物冷却后，固体产物立即析出，沾在瓶壁不易处理。故必须趁热在搅动下倒入冷水中，以除去过量的乙酸及未作用的苯胺（它可成为苯胺醋酸盐而溶于水）。

[6] 学生自制的苯胺中有少量硝基苯，用盐酸使苯胺成盐后，此时苯胺溶解，可用分液漏斗分出

硝基苯油珠。

【思考题】

（1）用乙酸酰化实验中，反应时为什么要控制分馏柱上端的温度在 100～110℃？温度过高有什么不好？

（2）用乙酸酰化实验中，根据理论计算，反应完成时应产生几毫升水？为什么实际收集的液体远多于理论量？

（3）用乙酸酐酰化实验中，加入盐酸和醋酸钠的目的是什么？

（4）用乙酸直接酰化和用乙酸酐进行酰化各有什么优缺点？除此之外，还有哪些乙酰化试剂？

实验十八　脯氨酸催化的不对称羟醛缩合反应

【实验目的】

（1）熟悉脯氨酸催化的不对称羟醛缩合反应原理和方法。

（2）复习 TLC 和柱层析的操作。

【实验原理】

具有 α-氢的醛或酮在酸碱的催化下，缩合形成羟基醛或羟基酮的反应称为羟醛缩合反应，是一类非常重要的碳碳键形成反应，反应过程中会新生成一个或者两个手性中心。不对称羟醛缩合反应方法学有很多，其中利斯特等有机化学家研究的有机小分子化的不对称羟醛缩合反应是条件温和的方法学。天然氨基酸类化合物是常用的催化剂，其中脯氨酸应用最广泛。二甲亚砜（DMSO）中脯氨酸催化的不对称羟醛缩合反应是利斯特发现的经典的有机小分子不对称催化反应（2021 年诺贝尔化学奖），采用非质子偶极溶剂 DMSO 能够有效地促进反应的进行。反应以中等产率 68% 得到产物，e. e. 值为 76%。

反应式：

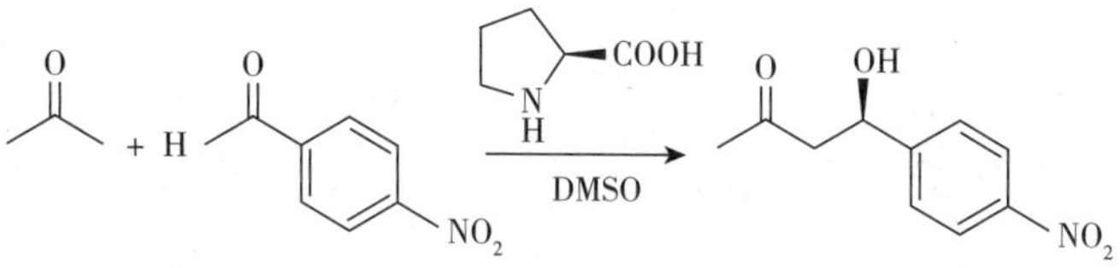

e. e. 值：样品的对映体组成可用"对映体过量"或"ee"来描述，它表示一个对映体对另一个对映体的过量值，通常用百分数表示。

$$ee\% = \frac{|[S]-[R]|}{|[S]+[R]|} \times 100\%$$

【实验步骤】

在 100ml 三角烧瓶中，加入 0.17g（1.5mmol）脯氨酸、30ml DMSO/丙酮（4∶1，V/V），搅拌 15 分钟。将 0.75g（5.0mmol）对硝基苯甲醛加入上述溶液中，室温搅拌至反应完全（TLC 监测[1]，2～4 小时）。在冰水浴冷却下加入 20ml 饱和氯化铵溶液淬灭反应，水相分别用 20ml 乙酸乙酯萃取两次，合并有机相，饱和食盐水洗涤，有机相用无水硫酸钠干燥。过滤，旋转蒸发浓缩，残余物以硅胶柱层析分离[2]，得白色或淡棕色针状晶体 0.71g，收率 68%。

（4R）-羟基-4-（4′-硝基苯基）-丁-2-酮可培养单晶，或用光谱检测其结构。

【注释】

[1] TLC 可以用于监测化学反应进行的情况，以寻找出该反应的最佳反应时间和反应完成程度。反

应进行一段时间后，将反应混合物和产物的样点分别点在同一块薄层板上，展开[展开剂:己烷/乙酸乙酯(3∶1 体积比)]后观察反应混合物斑点体积不断减小，产物斑点体积逐步增加，若反应原料对应的样点消失证明反应已完成。

[2] 用滴管将浓缩液转移至层析柱顶端[使用湿法装填层析柱,己烷/乙酸乙酯(3∶1 体积比)]洗脱，收集组分。通过薄层层析（TLC）合并相同组分，并且减压浓缩。放置析出固体。

【思考题】

(1) 脯氨酸催化羟醛缩合反应的机理是什么？

(2) 为什么在反应中使用过量的丙酮？

实验十九　　(S)-(+)-3-羟基丁酸乙酯的制备

【实验目的】

(1) 学习酶催化乙酰乙酸乙酯不对称还原反应的原理和方法。

(2) 复习萃取和减压蒸馏操作。

【实验原理】

面包酵母通常用作面包和馒头制作的辅料，内含有多种酶，控制合适的反应条件，可使其中的还原酶活性最高，利用酶作用的不对称性，使乙酰乙酸乙酯的还原产物中 (S)-3-羟基丁酸乙酯占多数，(R)-3-羟基丁酸乙酯占少数，达到不对称还原的目的，用发面酵母使羰基被还原，生成光学活性的醇，还原反应并不是完全对映选择性的：(S)-异构体 95%，(R)-异构体 5%，因为乙酰乙酸乙酯并不是天然的底物。

由于面包酵母已有干燥的颗粒制剂出售，不必自行培养，而且生物反应器皿无须进行灭菌消毒，实际操作十分方便，因此特别适合大多数没有受过微生物学专门训练的化学工作者使用。

反应式：

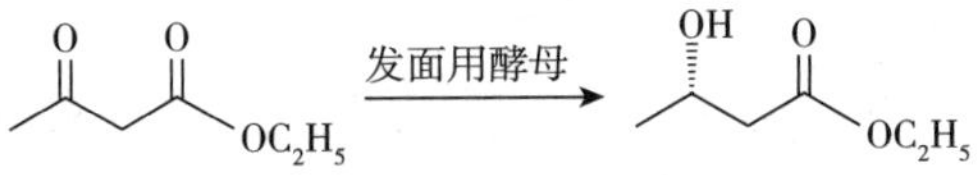

【实验步骤】

在一个 500ml 的三口瓶上安装一个计泡器、温度计和机械搅拌器，向烧瓶中加入 25g 发面用的酵母和温热到 30℃的 38.0g 蔗糖（未经精制的砂糖）溶在 200ml 新鲜自来水的溶液，将此混合物在 25 ~ 30℃慢慢搅拌。1 小时后，把 2.50g 乙酰乙酸乙酯（蒸馏，bp 74℃/1.87kPa，n_D^{20} 1.4194）加到强烈搅拌的悬浮液（每秒放出 2 个气泡）中[1]，剧烈振荡，在室温下慢慢地搅拌 1 天以后，把 25.0g 新的蔗糖溶在 125ml 自来水中的溶液温热到 40℃，加到三口瓶中。放置 1 小时（每秒放出 2 个气泡），加入 2.50g 乙酰乙酸乙酯，再在室温慢慢搅拌 2 天[2]。

向反应混合物中加入 10g 硅藻土，用玻璃砂芯漏斗(G4,12cm)过滤，水层用氯化钠饱和，用乙醚提取 3 次，每次 50ml。如出现乳浊液，可加少量甲醇。分出有机层，用无水硫酸镁干燥。在 40℃减压蒸馏后，用 20cm 长的韦氏 Vigreux 柱减压蒸馏残余物[3]，得无色液体，约 3.00g，产率 60%。bp 73 ~ 74℃/1.87kPa，$[a]_D^{20}$ = +38.6°(c = 1,三氯甲烷)，n_D^{20} 1.4182。

【注意事项】

[1] 1 小时后，使产生的 CO_2 气体以每秒 1 ~ 2 个气泡的速度逸出。另外，全部反应也可以在 2L 锥

瓶形于轨道式振动器中在30℃和220r/min条件下进行。

［2］可用 TLC 监测反应（展开剂：二氯甲烷），起始原料斑点对紫外线显色，用对甲氧基苯甲醛试剂处理后显黄色斑点，若原料点消失，证明反应已完成。

［3］也可通过快速硅胶柱色谱纯化粗产品，用石油醚/乙酸乙酯(4∶1体积比)作洗脱剂得到无色油状物(S)-(+)-3-羟基丁酸乙酯。

【思考题】

（1）生物催化反应一般在室温或者低温下进行，为什么不能在高温下进行？

（2）采用面包酵母不对称还原乙酰乙酸乙酯生产（S)-羟基丁酸乙酯，具有哪些优势？

书网融合……

思政导航

第四章　设计性实验流程与有机化合物性质实验

一、设计性实验流程

（一）概述

创新、设计性实验是以学生为主体，充分调动学生的主动性、积极性和创造性，激发学生的创新思维和创新意识，让学生逐渐掌握思考问题、分析解决问题的方法，提升其创新实践能力，培养探索式能力的新型实践教育。

创新、设计性实验不是基础实验的重复，又有别于毕业论文和科学研究，它是在学生掌握了相关的理论知识、原理、基本实验方法与技巧，完成了一些综合性实验并能分析解决一定实际问题的基础上，利用所学的理论知识和方法原理，针对特定的问题，进行实验方案的设计、优化和创新，其核心是设计和选择实验方案，并检验方案的正确性、合理性。

设计性实验一般没有现成的实验指导书，学生需要带着设计性实验课题，查阅大量相关的文献资料，然后对文献资料进行综合分析，提出实验设计和实施方案。它有利于培养学生创新意识和创新能力，也可使学生得到科学研究与发明创造的基础训练。对推动形成创新教育氛围、建设创新教育文化，进一步提高实践教学质量，培养高素质、能力全面的中医药人才有积极意义。

创新、设计性实验的实施特点：①实验技能的综合性；②实验操作的独立性；③实验过程的研究性。

（二）创新、设计性实验的基本思路

根据有机化学知识结构体系和学科特点，常见的创新、设计性实验类型包括有机合成、混合物的分离纯化及基本操作等。其中，有机合成实验是最能体现学生对有机化合物基础知识综合应用的设计性实验。所选取的实验项目要求学生熟练掌握相关有机化合物的物理和化学性质，并理解其合成反应机理的内涵。

1. 有机合成的基本思路　有机合成设计实验可以加深学生对有机化学基本理论与概念的理解，进一步熟悉各类有机化合物的性质，掌握有机化学实验的基本操作与单元操作的技能。能让学生感受到一个个反应式在真实合成中的差异，体会到有机化合物基础知识的熟练掌握对从实验设计到实验成功实现的重要性。

有机合成是利用简单、易得的原料，通过有机反应，合成具有特定结构的有机化合物的过程，也是实现目标化合物骨架构建和官能团的转化过程。

合成过程可简单描述为：

基础原料+辅助原料 ⟶ 中间体1（副产物+辅助原料）⟶ 中间体2（副产物+辅助原料）
↓
目标化合物

对于合成分子结构较复杂的化合物，还必须有一个正确的构思和合理可行的方法，目前一般采用切断法与反向合成法来制订合成路线。在有机合成中，将需要合成的化合物称作目标或靶分子（target molecule，TM）。切断法（用切断符号"┊"穿过被切断的键表示）是通过切断 TM 而产生的一种概念性分子碎片，这些碎片称为合成子，通常是一些正、负离子（也可能是相应反应中的一个中间体），然后分析这些碎片的等价物，即实际使用的代表合成子的化合物，得到结构简单并且易得的等价物，否则将继续逆向切割。逆向合成分析（retrosynthetic analysis）也称反合成分析，是有机合成的逆向思维法，为有机合成提供简捷合理的合成路线。

在 TM 逆向切割成碎片时，方式可能有几种，由此产生的合成路线可能有多种，选择正确合理的路线是极为重要的。主要遵循的原则：合成途径简单有效、实验方便安全、原料便宜易得、产率高、提纯容易等。

尤其需要强调的是，合成反应步骤的多少和反应产率是密切相关的。如一个具有 10 步反应的合成，如果每步产率为 80%，最后总产率只有 10.7%；如果每步产率为 70%，最后总产率只有 2.8%；如果这个合成只有 3 步，每步的产率为 70%，最后总产率有 34.3%，每步的产率为 60%，最后总产率为 21.6%。因此，选择最短的、高产率的反应路线是非常必要的。

合成步骤一般可归纳如下：①剖析目标化合物的结构；②设计由目标分子逆推的合成路线，选择合适的起始原料，合成反应由哪些基本反应完成；③优选不同的合成路线，要考虑具体反应进行的条件难易，要考虑是否引入导向基、保护基等，制订切实可行的合成路线；④书写合成路线，写出合成方法的反应式，所选用的试剂、催化剂、反应条件（常温、常压除外）、无机物及常用有机物，对于中间体有副产物应写出分离的方案及步骤；⑤合成目标化合物；⑥对目标化合物进行结构鉴定或验证其理化性质。

有机合成是一件非常有意义的工作，它需要有正确的合成路线和娴熟的实验技巧。在合成有机化合物时，一般都是利用一些基础反应，但有的化学反应在实验室收率很高，实际生产却并不一定理想，它与工业生产在工艺上一般还是有很大的差别，因此在药物分子的工业合成中，实验室合成的结果还需通过小试和中试等放大实验，优化实验条件，确定最佳合成工艺。

化学合成药的发展已有一百多年历史。19 世纪 40 年代，乙醚、三氯甲烷等麻醉剂在外科和牙科手术中的成功应用，标志着化学合成药在医疗史上的出现。随着有机化学、药理学和化学工业的发展，化学合成药发展迅速，在制药工业中占重要地位。

当今的医药产业中，通过化学合成的手段合成单一化合物的化学合成药的案例有很多，化学合成药早已成为医药工业的"骨干产品"，这些药物都是具有明确化学结构的纯物质，都可以两种方式进行合成：①化学全合成，指的是以简单的化工产品为起始原料，经若干化学合成反应转化，得到目标药物分子，如磺胺药、各种解热镇痛药；②以结构较简单的化合物或具有一定活性的先导化合物为原料，经过一系列结构修饰反应制得的对人体具有预防、治疗及诊断作用的药物分子，如甾体激素类、半合成抗生素、维生素 A、维生素 E 等。

2. 实例分析

例 1　反向合成法推拟 $\begin{matrix} R' \\ R'' \end{matrix} C = CHCOOC_2H_5$ 的合成路线。

$$\begin{matrix} R' \\ R'' \end{matrix} C \vdots CHCOOC_2H_5 \implies \begin{matrix} R' \\ R'' \end{matrix} \overset{+}{\ } - OH + H_5C_2OOC\overset{-}{C}HCOOC_2H_5$$

合成子　　　　　合成子

（等价试剂为 $\begin{matrix} R' \\ R'' \end{matrix} = O$）（等价试剂为 $H_5C_2OOCCH_2COOC_2H_5$）

合成路线：

$$\underset{R''}{\overset{R'}{>}}C=O \ + \ H_5C_2OOCCH_2COOC_2H_5 \longrightarrow TM$$

例 2 反向合成法推拟 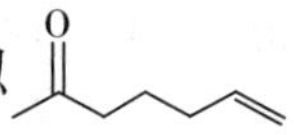 的合成路线。

（等价试剂为 ） （等价试剂为 BrMg ）

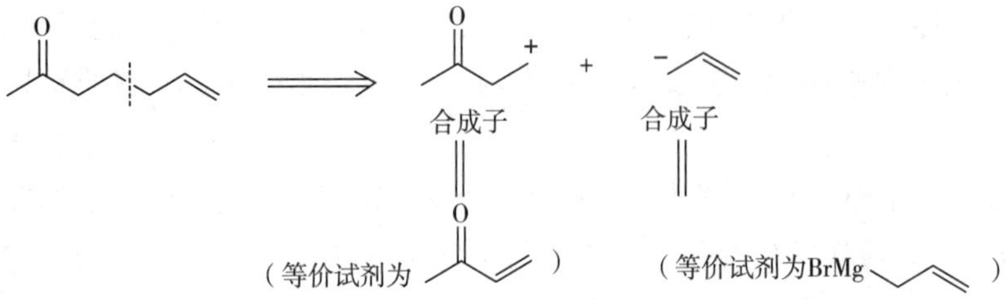

合成路线：

$$CH_3CH=CH_2 \xrightarrow{NBS} BrCH_2CH=CH_2$$

$$BrCH_2CH=CH_2 \xrightarrow{Mg} BrMgCH_2CH=CH_2$$

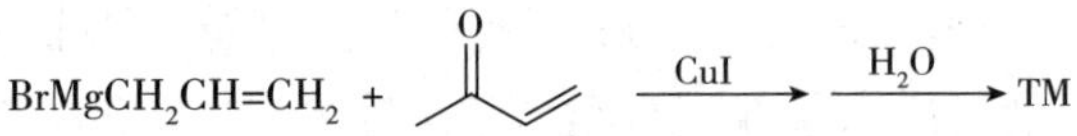

$$BrMgCH_2CH=CH_2 \ + \ \overset{O}{\underset{}{\parallel}} \xrightarrow{CuI} \xrightarrow{H_2O} TM$$

例 3 反向合成法推拟哌替啶 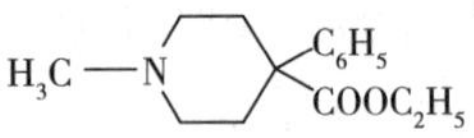 的合成路线。

（等价试剂为 $H_3C-N<^{Cl}_{Cl}$ ） （等价试剂为 $H_2C<^{C_6H_5}_{COOC_2H_5}$ ）

$$H_2C<^{C_6H_5}_{COOC_2H_5} \Longrightarrow H_2C<^{C_6H_5}_{\overset{+}{C}O} \ + \ \bar{O}C_2H_5$$

（等价试剂为 HOC_2H_5 ）

$$H_2C<^{C_6H_5}_{COOH}$$

（等价试剂为 $H_2C<^{C_6H_5}_{CN}$ ）

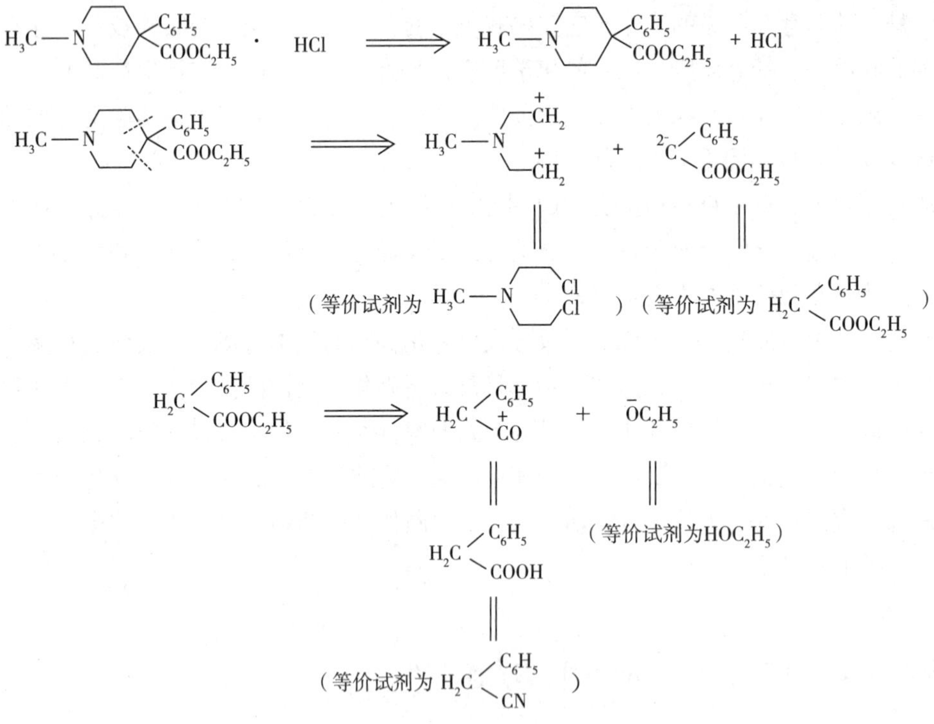

$$H_3C-N\underset{Cl}{\overset{Cl}{\bigcirc}} \Longrightarrow H_3C-N^{2-} + 2H_2\overset{+}{C}-Cl$$

（等价试剂为CH_3NH_2）

$$\overset{Cl}{\underset{\parallel}{\diagdown}}\overset{Cl}{\diagup}$$

$$\overset{+}{C}H_2-\overset{+}{C}H_2$$

（等价试剂为$CH_2\!=\!CH_2$）

合成路线：

$$CH_2\!=\!CH_2 \xrightarrow{Cl_2} ClCH_2CH_2Cl$$

$$2ClCH_2CH_2Cl + CH_3NH_2 \longrightarrow CH_3N(CH_2CH_2Cl)_2$$

$$H_2C\overset{C_6H_5}{\underset{CN}{\diagdown}} + CH_3N(CH_2CH_2Cl)_2 \xrightarrow[\triangle]{NaNH_2} H_3C-N\overset{C_6H_5}{\underset{CN}{\bigcirc}} \xrightarrow{H_2SO_4/H_2O}$$

$$H_3C-N\overset{C_6H_5}{\underset{COOH}{\bigcirc}} \xrightarrow{C_2H_5OH/H_2SO_4} H_3C-N\overset{C_6H_5}{\underset{COOC_2H_5}{\bigcirc}} \xrightarrow{HCl} TM$$

以上所举的例子仍是比较简单的合成，实际上许多有机合成是相当复杂的，需要考虑的因素很多，如副反应产物中同分异构体的分离与纯化，药物分子中的构型异构体（手性碳化合物）现象。因此必须对有机化合物的基本性质及应用熟练掌握，设计的实验才有科学性和可实施性。

（三）创新、设计性实验的流程

完整的创新、设计性实验的流程及模式实施，大致分为七个阶段（以有机合成为例）。

1. 选题　一般由教师选取，确定待合成的目标分子。

2. 查阅大量的文献资料，总结文献资料

（1）查阅文献的目的　了解前人工作及研究进展状况。

（2）文献类型　实验教材、各种制备手册、国内外期刊。查阅方法：看目录期刊，查近 15 年文献，查目录、关键词、篇目等。

（3）查询途径　图书馆文献、电子期刊（CNKI、万方、维普等）以及相关英文资料等。

（4）阅读整理文献　总结研究进展状况，初步设计实验方案。

3. 设计方案　查阅大量的相关文献资料，根据所学的有机化学理论基础知识和文献资料、目标化合物的要求，充分考虑实验条件，原料的来源、价格，化学反应机理的科学性、实验的安全性，并设计出多种可能的合成路线。

4. 确定合成路线　根据实验室条件、指导教师意见，对合成路线进行分析，尽量选择原材料易得、反应条件要求低、价格成本低廉、副产物少、产率高、实验操作毒性低的方案。选择符合实际、具有可操作性的最佳合成路线，并写出合理可行的合成机理和路线。

5. 学生制订实施方案　根据确定的合成路线、合成反应的特点和各步产物的后处理等，制订实施方案。

（1）列出实验所需药品试剂及仪器（包括玻璃仪器）。

（2）列出相关的化学药品及其规格和浓度、试剂用量，讨论合成装置的合理性、如何抑制副反应的发生、产品纯化的手段以及在整个实验中所涉及的有关基本操作。

（3）制订实验方案操作细则，如加样顺序、加热方式的选择、温度控制、反应的监测及后处理方法；初产物的纯化方案。

（4）根据实验条件选择目标化合物分析鉴定方法。

（5）画出简易的实施实验装置图和流程图，并报指导教师审阅和修改，准备实施实验。

6. 实施实验方案 根据选择的实验方案实施合成。

7. 总结、撰写实验报告 根据实验要求撰写实验报告。实验报告内容应该包括：实验设计思路、方案选择、仪器试剂、实验操作步骤、操作流程图、结果记录、分析讨论、操作注意事项、参考文献。

创新、设计性实验简易流程如图 4 - 1 所示。

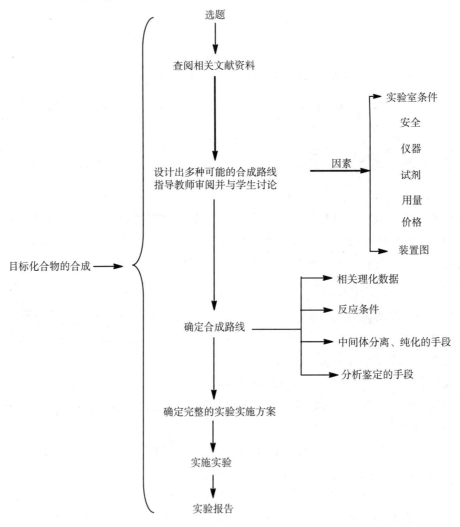

图 4 - 1　创新、设计性实验简易流程

（四）创新、设计性实验实例

【创新性实验】

以芹菜素黄酮衍生物的设计合成为例。

1. 实验目的 对芹菜素黄酮进行结构修饰改造。

2. 文献资料查阅

（1）了解芹菜素黄酮的背景资料　芹菜素（apigenin），又称芹黄素、洋芹素，是一种黄酮类化合物。在自然界广泛分布。主要存在于瑞香科、马鞭草科、卷柏科植物中，广泛分布于温热带的蔬菜和水果中，尤以芹菜中含量为高。

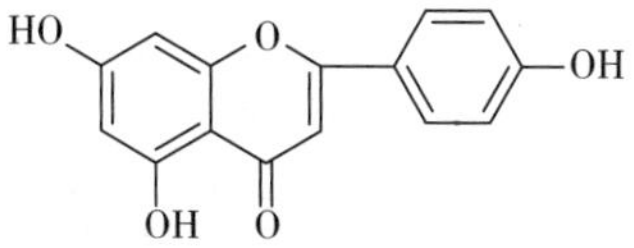

国内外大量研究发现，芹菜素具有抗肿瘤、心脑血管保护、抗病毒、抗菌等多种生物活性。芹菜素的作用：具有抑制致癌物质的致癌活性；作为治疗 HIV 和其他病毒感染的抗病毒药物；MAP 激酶的抑制剂；治疗各种炎症；抗氧化剂；镇静、安神；降压。与其他黄酮类物质（槲皮素、山柰黄酮）相比具有低毒、无诱变性等特点。

（2）检索化合物合成方面的文献　常用的有 SciFinder、Web of Science（SCI \ SSCI \ A&HCI \ CPCI）、CNKI、维普等数据库。查阅最近 15 年的文献。

（3）整理文献　综述关于芹菜素黄酮的研究进展，尤其是衍生物的合成及其活性方面的研究成果。

3. 合成方案设计　分析芹菜素黄酮的分子结构，结合理论教学中所学的知识，分析预测该分子哪些活性官能团可能会发生反应。在这个分子中共有三个羟基和一个羰基，很明显，能发生反应的主要部位就集中在羟基上。由于这些羟基都是酚羟基，所以要从酚羟基所具有的化学性质着手，设计反应合成衍生物。根据对化合物结构的分析，首先将酚羟基衍生化，常用的方法是羟基的烷基化，然后再用不同的有机胺类化合物开环合成氨基醇类化合物。

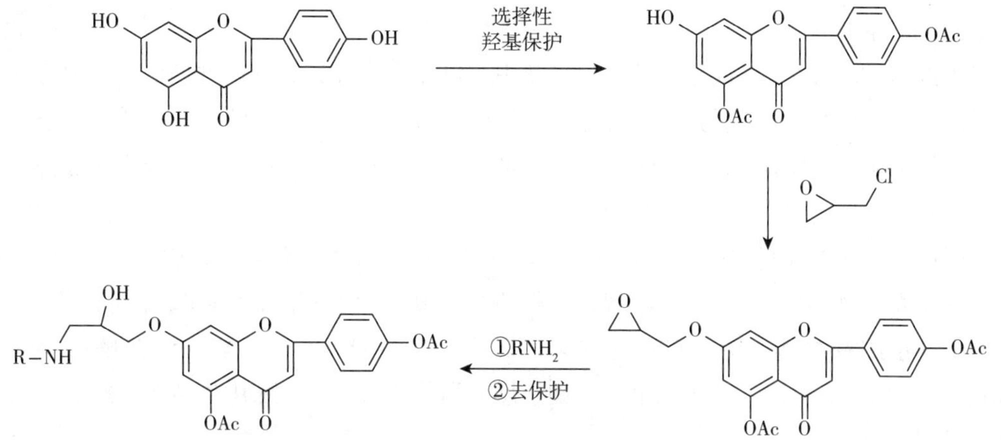

4. 合成路线确定　经过上述分析，确定选用市售芹菜素为起始原料，经过羟基保护、烷基化，开环反应、脱保护等步骤得到芹菜素氨基醇衍生物。具体工艺路线如图 4-2 所示。

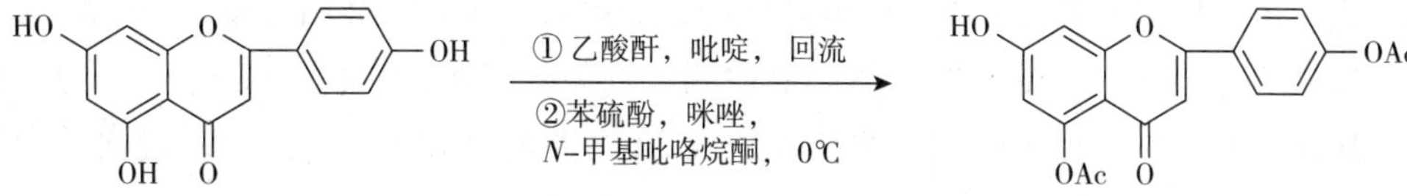

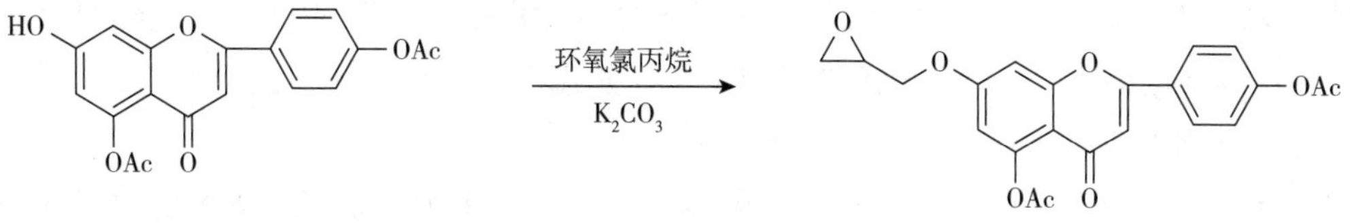

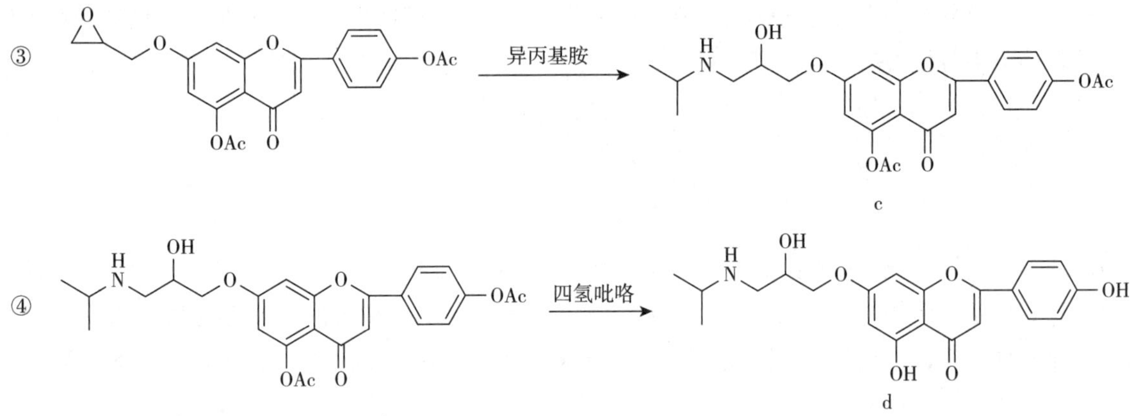

图 4 – 2　芹菜素氨基醇衍生物合成路线图

5. 合成实施方案　根据确定的合成路线、合成反应的特点，查阅相关反应和各步产物的后处理等文献，制定实施过程。

（1）实验所需药品、试剂及仪器（包括玻璃仪器）

1）药品及试剂：芹菜素、乙酸酐、吡啶、苯硫酚、咪唑、N–甲基吡咯烷酮、甲苯、环氧氯丙烷、碳酸钾、丙酮、异丙胺、浓盐酸、氢氧化钠、三氯甲烷（分析纯）。

2）仪器：250ml、500ml 三口烧瓶，机械搅拌，电热套，旋转蒸发仪，抽滤瓶，低温反应器，分液漏斗。

（2）实验方案操作

第一步：羟基保护反应

称取芹菜素 27.0g 加入 500ml 干燥的三口烧瓶中，再加入乙酸酐 200ml、吡啶 20ml，安装回流装置，开动机械搅拌（四氟搅拌杆）搅匀，加热，保持回流状态 2 小时后，开始薄层跟踪检测，直至芹菜素原料完全消失。停止加热、搅拌，将反应液倒入 2L 冰水中，析出白色固体。进一步采用乙醇重结晶，得芹菜素三乙酸酯。

注意事项：反应终点判断方法：取芹菜素三乙酸酯 28.3g 加入 500ml 三口烧瓶中，以 N–甲基吡咯烷酮 – 四氢呋喃混合液（1：3）300ml 溶解后，冷却至 –10℃，再分批加入 1.8g 咪唑。完毕，缓慢升温至室温，并用薄层跟踪检测。待原料反应完毕，回收反应溶剂后，以乙酸乙酯溶解所得固体，并用 1mol/LHCl 洗涤。回收有机层，并用无水硫酸钠干燥，即得 5,4′–二乙酰基芹菜素。薄层检测（展开剂三氯甲烷：甲醇 = 10：1）。

第二步：烷基化反应

将 15.0g 羟基保护的芹菜素黏稠物加入 500ml 的三口瓶中，加入 50ml 环氧氯丙烷，搅拌时黏稠物均匀分散到其中，然后加入预先烘干过的碳酸钾约 2g，搅拌均匀。安装回流装置，升温加热。回流时开始计时，当体系颜色变深时开始薄层色谱跟踪检测，直至羟基保护产物消失为止。停止加热，自然降温，过滤，滤液浓缩回收环氧氯丙烷。浓缩物加入 20ml 丙酮分散均匀，然后缓慢向其中滴加石油醚，析出大量浅黄色固体，过滤，40℃下真空干燥，应得到黄色粉末。

注意事项：①反应终点判断：薄层检测（展开剂三氯甲烷：甲醇 = 10：1）。②过量环氧氯丙烷一定要回收干净，否则会增加下一步的副产物。③产物干燥温度不宜超过 50℃。

第三步：开环反应

将上一步所得烷基化产物，用约 120ml 丙酮溶解，然后在搅拌下滴加异丙基胺约 11.0ml，控制低温反应体系温度不高于 30℃，加完后继续保温搅拌 2 小时，开始薄层检测（展开剂二氯甲烷：甲醇 = 8：1），若未反应完继续搅拌。反应完毕，低温浓缩回收异丙胺。

浓缩物，用95%乙醇重结晶得到类白色固体，50℃真空干燥。

注意事项：①反应终点判断：薄层检测（展开剂二氯甲烷：甲醇＝8：1）。②该步反应要求严格控温，否则反应不完全，副产物会增多。③回收异丙胺温度要低。

第四步：脱保护反应

将开环产物（约10.0g）溶于200ml四氢呋喃中，搅拌条件下缓慢滴加15%吡咯四氢呋喃溶液20ml。完毕，室温下反应至薄层色谱检测显示开环产物消失。

当开环产物消失后，用0.5mol/L的HCl溶液调节反应体系的pH到8~9之间。然后再继续搅拌30分钟，再测定pH，直至稳定在8~9之间。低压条件下除去反应溶剂得粗产物。

以适量乙酸乙酯溶解粗产物后，依次用饱和氯化钠、纯水洗涤，有机相加入无水硫酸钠干燥8小时后过滤、浓缩，浓缩液加入一定量体积的丙酮结晶，得到目标化合物，应为黄色固体。

（3）目标化合物的鉴定　采用高效液相色谱、红外光谱、紫外光谱、核磁共振波谱等确定结构。

（4）实施流程图和实验装置图

1）实验实施流程如图4-3所示。

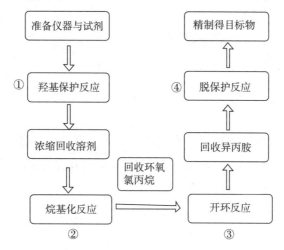

图4-3　实验实施流程图

2）实验装置如图4-4所示。

反应装置

浓缩装置

图4-4　实验实施装置图

6. 总结、撰写实验报告 根据实验要求撰写报告。

【思考题】

（1）目前与本课程相关的可以获得的权威数据库有哪些？

（2）本实验所涉及的反应分别对应理论教材中的哪些内容？

（3）如何计算本合成工艺的总收率？应以哪种原料为基础计算产率？

（4）每步反应中影响反应的关键操作步骤有哪些？

【设计性实验】

以设计鉴别乙醇、苯酚、苄氯、叔丁醇和乙酸为例。

1. 化合物典型特征化学性质整理

（1）乙醇

分子结构特征：$H-\overset{\overset{H}{|}}{\underset{\underset{H}{|}}{C}}-\overset{\overset{H}{|}}{\underset{\underset{OH}{|}}{C}}-H$，能氧化为甲基酮结构的醇。

特征反应：由于 $\underset{CH_3}{}\overset{OH}{\underset{CH}{|}}-H(R)$ 可被次碘酸钠氧化为 $\underset{CH_3}{}\overset{\overset{O}{||}}{\underset{C}{}}-H(R)$，此结构的醇类也可发生碘仿反应。

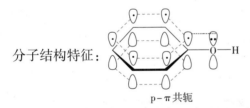

$$\underset{CH_3}{}\overset{OH}{\underset{CH}{|}}-H(R) \xrightarrow{NaOI} \underset{CH_3}{}\overset{\overset{O}{||}}{\underset{C}{}}-H(R) \xrightarrow{NaOI} (R)HCOO^- + CHI_3 \downarrow$$
$$\qquad\qquad\qquad\qquad\qquad\qquad\qquad\qquad\qquad\qquad 淡黄色结晶$$

碘仿是具有特殊臭味的淡黄色结晶，通常用次碘酸钠（碘加氢氧化钠）来鉴别具有甲基酮结构的醛酮或能氧化为甲基酮结构的醇类，此反应为 2020 年版《中华人民共和国药典》鉴别甲醇和乙醇的方法。

（2）苯酚

分子结构特征：

p－π共轭

特征反应：具有酚羟基的有机化合物能与 $FeCl_3$ 发生显色反应；

$$6PhOH + FeCl_3 \longrightarrow H_3[FeO(Ph)_6] + 3HCl$$

此反应可用于酚的定性鉴别，具有烯醇式结构（$-C=C-OH$）的化合物也能与三氯化铁发生类似反应。

（3）苄氯

分子结构特征：$\langle\!\!\!\bigcirc\!\!\!\rangle-CH_2-Cl$，属卤代烯丙型分子，分子中卤原子与双键相隔一个碳原子，X 原子与 $C=C$ 之间不能形成 p－π共轭，C—X 键异裂后生成的碳正离子存在 p－π共轭，内能降低，故非常稳定，容易发生反应。

特征反应：苄氯与硝酸银醇溶液作用能生成氯化银沉淀。

$$\text{C}_6\text{H}_5\text{CH}_2\text{Cl} + \text{AgNO}_3 \xrightarrow{\text{C}_2\text{H}_5\text{OH}} \text{C}_6\text{H}_5\text{CH}_2\text{ONO}_2 + \text{AgCl}\downarrow$$

白色沉淀

（4）叔丁醇

分子结构特征：$\text{H}_3\text{C}-\overset{\overset{\text{CH}_3}{|}}{\underset{\underset{\text{CH}_3}{|}}{\text{C}}}-\text{OH}$，叔醇分子中的 C—O 键在亲核试剂作用下易断裂，发生类似卤代烃的亲核取代反应。

特征反应：叔醇与卢卡斯（Lucas）试剂（浓盐酸与无水 ZnCl_2）作用，可以立即浑浊。

$$\text{H}_3\text{C}-\overset{\overset{\text{CH}_3}{|}}{\underset{\underset{\text{CH}_3}{|}}{\text{C}}}-\text{OH} + \text{HCl} \xrightarrow[20℃]{\text{ZnCl}_2} \text{H}_3\text{C}-\overset{\overset{\text{CH}_3}{|}}{\underset{\underset{\text{CH}_3}{|}}{\text{C}}}-\text{Cl} + \text{H}_2\text{O}$$

立即浑浊

此外，具有 α-H 的醇容易被氧化，不同结构的醇，氧化产物不同。伯醇被氧化为酸，仲醇被氧化为酮，叔醇不被氧化。

（5）乙酸

分子结构特征：$\text{H}_3\text{C}-\text{C}\overset{\text{O}}{\underset{\text{O}-\text{H}}{}}$，羧酸分子中由于羧基中羟基氧上的孤对电子和羰基形成p-π共轭效应，电子向羰基转移，增大了氢氧键极性，氢易以质子形式解离，故显酸性。

特征反应：$\text{RCOOH} \rightleftharpoons \text{RCOO}^- + \text{H}^+$

$$\text{CH}_3\text{COOH} + \text{NaHCO}_3 \longrightarrow \text{CH}_3\text{COONa} + \text{H}_2\text{O} + \text{CO}_2\uparrow$$

2. 化合物物理常数　例如熔点、沸点、密度 d_4^{20}、溶解度、状态，进行查询。

3. 鉴别化合物方案流程图　通过化合物分子结构特征，分析组别化合物化学性质的显著差异，设计鉴别化合物的多种可行性方案，至少设计出两种以上的鉴别流程图。这里给出方案（一）（流程图 4-5），方案（二）流程图同学自己设计。

4. 鉴别化合物相关试剂的浓度及配制　根据方案设计的所涉化学反应，查阅相关文献，拟出实现化学反应主要化合物剂量、浓度及相关试剂的配制。

（1）化合物相关剂量及浓度见性质实验。

（2）相关试剂的配制（略）。

5. 鉴别化合物反应条件、仪器和装置图

（1）反应条件　除碘仿反应 50～60℃水浴加热，一般反应在常温下即可进行。

（2）仪器及相关　洁净试管，25、100、250ml 烧杯，10、100、250ml 量筒，水浴锅，台秤，标签纸等。

（3）装置图　（略）。

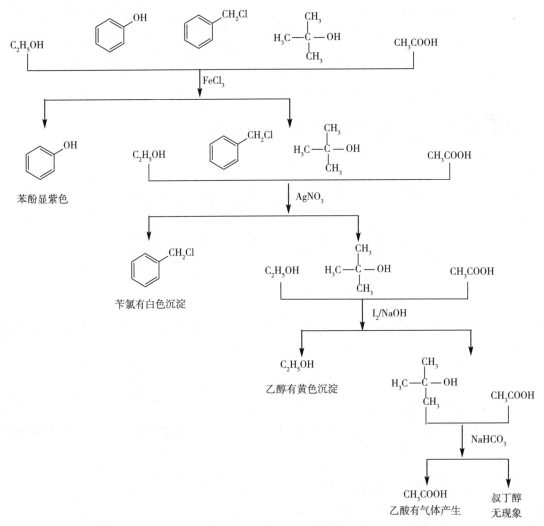

图 4 – 5　方案（一）流程图

6. 鉴别化合物操作方案　假定待鉴别化合物编号：

C$_2$H$_5$OH（A）　苯酚（B）　苄氯（C）　叔丁醇（D）　CH$_3$COOH（E）

第一步：取 5 支干燥的试管加入 0.5ml 待鉴别样品 A、B、C、D、E 液于试管中，分别加入 1% 三氯化铁水溶液 3 滴，观察现象。

预测现象：苯酚与 FeCl$_3$发生显紫色。苯酚（B）。

第二步：取 4 支干燥的试管各加入 1ml 硝酸银乙醇溶液，滴加剩余待鉴别样品（A、C、D、E）2 ~ 3 滴样品，振荡后静置 5 分钟，观察现象。

预测现象：苄氯与硝酸银醇溶液作用能生成白色氯化银沉淀。苄氯（C）。

第三步：取 3 支干燥的试管各加入 5 滴剩余待鉴别样品（A、D、E）溶液，再各加入 1ml 碘 – 碘化钾溶液（或 1% 碘 – 碘化钾试液），然后分别加入 5% 氢氧化钠溶液至反应混合物的颜色褪去为止，并在 50 ~ 60℃ 水浴温热几分钟。观察现象。

预测现象：乙醇被次碘酸钠氧化为具有甲基酮的结构，最后生成碘仿（淡黄色沉淀或结晶）。乙醇（A）。

第四步：取 2 支干燥的试管各加入 1ml 剩余待鉴别样品（D、E）溶液，再加入 0.5ml 碳酸氢钠水溶液，观察现象。

预测现象：乙酸有气泡产生。乙酸（E）。

7. 鉴别实验操作注意事项

（1）苯酚、冰醋酸、氢氧化钠等都会腐蚀皮肤，操作时特别要注意防止溅入眼内。

（2）乙醇易燃、氯化氢气体有毒。氯化苄在通常情况下为无色或微黄色、有强烈刺激性气味的液体，有催泪性。与三氯甲烷、乙醇、乙醚等有机溶剂混溶；不溶于水，但可以与水蒸气一起挥发；有毒；可燃，可与空气形成爆炸性混合物。

（3）碘仿实验操作注意事项

1）样品的纯度是本实验的关键：在进行实验时，往往遇到不析出淡黄色碘仿沉淀或者难于观察到碘仿沉淀的"异常"现象，其原因之一是样品的纯度未达到实验要求。

2）碘溶液的用量：碘仿试验中碘溶液的用量不宜太少，也不宜太多，一般与试样等量即可。

3）碱度的用量：碱度太小时，碘的紫色褪不下去，难于观察沉淀析出；碱度过量时，生成的碘仿被过量的碱所分解。所以试验中碱量切勿加多，而应控制在碘的紫色刚好褪去。

（4）卢卡斯（Lucas）试验操作注意事项　由于卢卡斯试验生成的低级氯代烃的沸点比较低，易挥发，相对密度又低于卢卡斯试剂，所以卢卡斯试验中生成的低级氯代烃容易挥发散失，因此要及时观察。

（5）实验过程中一定要做好记录，贴好标签。

【思考题】

（1）设计鉴别下列各组化合物

1）乙酸、甲醛、丙酮、苯甲醛、乙酸乙酯

2）果糖、葡萄糖、蔗糖、淀粉

3）乙醇、苯酚、甲醛、丙酮

（2）按设计性实验实例设计合成 $CH_3\overset{\overset{\displaystyle O}{\|}}{C}CH_2CH_2CH_2CH_3$

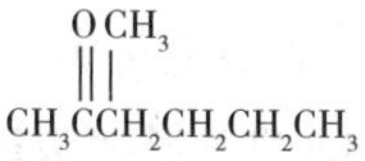

二、有机化合物的性质实验

实验一　烃的性质

【实验目的】

掌握烷、烯、炔、芳烃的化学性质和鉴别方法。

【实验原理】

烃类化合物根据碳骨架可分为脂肪烃和芳香烃，其中脂肪烃包括烷烃、烯烃、炔烃等。不同的烃具有不同的化学性质。

烷烃的化学性质稳定，在一般性情况下不与氧化剂、酸碱及卤素（光照下可反应）作用；烯烃和炔烃分子中具有不饱和键，化学性质比较活泼，其特征为易发生亲电加成、氧化等反应。这两种反应都可用来鉴别烯烃和炔烃；具有—C≡CH 结构的炔烃，其三键碳原子上的氢具有一定的酸性，易被金属及银氨络离子或亚铜氨络离子取代生成炔基金属化合物，此反应由于有特殊颜色的沉淀生成，也常常用于鉴别末端炔烃。

芳烃类化合物具有芳香性，不易氧化，难于加成，易发生亲电取代反应，如苯环上的氢常被卤素、硝基、磺酸基、烷基等取代，若发生二取代，其难易程度和取代的位置都与第一个取代基的定位效应有关。

【实验步骤】

（一）烷烃的性质

1. 氧化反应　取液状石蜡[1] 0.5ml 于试管中，滴加 0.5% 高锰酸钾 4 滴，边滴加边振摇，观察颜色有无变化。

2. 卤代反应　取液状石蜡 0.5ml 于试管中，滴加 3% 溴的四氯化碳溶液 2 滴，边加边振摇，放在阳光下约半小时，观察有无颜色变化。

（二）烯烃的性质

1. 氧化反应　取松节油[2] 0.5ml，滴加 0.5% 高锰酸钾 0.5ml，边滴边摇，观察现象。

2. 亲电加成反应　取松节油 0.5ml，滴加 3% 溴的四氯化碳溶液，边加边摇，观察现象，溶液如在冷时黄色不变，将混合液稍加热，再观察现象。

（三）炔烃的性质

1. 乙炔[3] 的制备　在 50ml 干燥蒸馏瓶中装入 5g 小块碳化钙（电石），上口装上小滴液漏斗，蒸馏瓶支管与玻璃导管相连接，在滴液漏斗中装入饱和食盐水[4] 10～20ml。当需用乙炔时，打开滴液漏斗下活塞，使食盐水慢慢滴入蒸馏烧瓶中，即有乙炔气体产生，将乙炔气体分别通入下列试管中，观察现象。

2. 氧化反应　将乙炔气体通入有 1ml 0.5% 高锰酸钾试管中。

$$R—C≡C—R' + 2KMnO_4 \longrightarrow RCOOK + R'COOK + 2MnO_2\downarrow$$

3. 亲电加成反应　将乙炔气体通入有 1ml 3% 溴的四氯化碳试管中。

4. 炔化银和炔化亚铜　将乙炔气体分别通入 1ml 的银氨溶液试管中和 1ml 氯化亚铜溶液试管中。

（四）芳烃的性质

1. 氧化反应　在 3 支干净的试管中，加 0.5% 高锰酸钾和 3 mol/L 硫酸各 0.5ml，混合均匀后，再分别滴加 0.5ml 苯、甲苯和 0.1g 萘粉末，在 60～80℃ 水浴中加热并经常振荡，观察现象[5]。

2. 溴代反应　取 2 支试管，分别加入 10 滴苯和 5 滴 3% 溴的四氯化碳溶液。在其中 1 支试管内加入少许铁粉，振摇，观察现象，必要时可在沸水浴上加热片刻。此试验在通风橱中进行。

3. 硝化反应　取 3 支试管，分别加入 0.5ml 苯、甲苯和 50mg 的萘，再分别加入 0.5ml 的浓硝酸和 0.5ml 浓硫酸，充分振摇，在 60～80℃ 水浴中加热，15 分钟后，将反应液倾入有 5ml 冷水的小烧杯中，观察现象。

4. 磺化反应　在 3 支试管中，分别加入 0.5ml 苯、甲苯和环己烷，再各加发烟硫酸（浓硫酸亦可）1ml，边加边振摇，在沸水浴中小心加热片刻，待反应液不再分层后，将溶液分成两份，分别倾入有 5ml 冷水的小烧杯中和 5ml 饱和食盐水的烧杯中，观察现象。

5. 傅-克（Friedel-Craft）反应　取 4 支干燥的试管，分别加入 1ml 三氯甲烷，再分别加入 1.5ml 苯、甲苯、甲苯和 50mg 的萘，充分振摇后倾斜试管，使管壁润湿，沿试管壁加入无水三氯化铝粉末 0.3g，观察管壁上粉末和溶液颜色的变化。

【注释】

[1] 液状石蜡为一混合烷烃，沸点在 300℃以上。

[2] 松节油中含有 α-蒎烯，可作为烯烃的代表。

[3] 碳化钙与水反应很剧烈，饱和食盐水可减缓反应速度。工业中炔化钙中含有硫化钙、磷化钙、砷化钙等杂质，当与水作用时，生成硫化氢、磷化氢、砷化氢等有毒气体，如果将生成的乙炔通入重铬酸钾的浓硫酸溶液及碱液中进行洗涤，则可除去这些杂质。

[4] 不直接用水，而用饱和食盐水，是为了使反应能较平稳地进行。

[5] 有时苯的试管里也有变色现象，主要是由于苯中含有少量甲苯，硫酸中含有微量的还原物质，水浴温度过高，加热时间过长导致。

【思考题】

（1）烷烃的卤代反应为什么不用溴水，而用四氯化碳溶液作溶剂？

（2）比较乙烯、乙炔加成和氧化的反应速度，说明什么问题？

（3）甲苯的卤代、硝化等反应为什么比苯容易进行？

实验二　卤代烃的性质

【实验目的】

（1）掌握卤代烃的亲核取代反应的机理。

（2）通过实验学习卤代烃的亲核取代反应的影响因素。

【实验原理】

卤代烃的主要化学性质是亲核取代反应，即：

$$RX + N\bar{u} \longrightarrow RNu + X^-$$

由于卤烃底物的结构不同、反应条件不同和亲核试剂强弱等因素的影响，使其反应机理有单分子亲核取代反应和双分子亲核取代反应之分。各种卤烃，由于卤原子和所连的烃基不同，化学活性也不同。

$$RI > RBr > RCl > 多卤烃$$

$$苄基卤 > 烯丙基卤 > 卤代烷 > 乙烯卤、苯基卤$$

常常利用卤代烃与硝酸银的醇溶液作用生成卤化银沉淀反应来检验卤原子的活泼性。

$$RX + AgNO_3 \longrightarrow AgX \downarrow + RONO_2$$

不是所有的卤烃都有卤化银沉淀产生，这与卤代烃的结构有密切关系。

卤代烃还可以发生消去、还原等多种其他化学反应。

【实验步骤】

1. 卤代烃与碘化钠丙酮溶液反应　分别加 3 滴 1-氯丁烷、2-氯丁烷、2-氯-2-甲基丙烷、氯苯和氯化苄于 5 支干燥的试管中。然后，在每支试管中加 15% 碘化钠溶液 1ml，边加边摇，记下产生沉淀的时间。5 分钟后，在 50℃ 的水浴里加热[1]6 分钟，冷至室温。记录产生沉淀的时间，注意观察现象并解释。

$$RCl + NaI \longrightarrow RI + NaCl$$

$$RBr + NaI \longrightarrow RI + NaBr$$

2. 卤代烃与硝酸银乙醇溶液反应　分别滴加 3 滴 1-氯丁烷、2-氯丁烷、2-氯-2-甲基丙烷、氯苯和氯化苄于 5 支干燥试管中。然后，各加 1ml 硝酸银乙醇溶液。边加边摇，注意观察现象，5 分钟后，可在水浴中加热至微沸，记录现象并解释。

$$RX + AgNO_3 \longrightarrow AgX \downarrow + RONO_2$$

3. 卤代烃的水解[2]　取 2 支干燥试管，分别滴加 3 滴溴乙烷、四氯化碳，各加 10% NaOH 溶液 5ml，同时在热水中加热 10 分钟，稍冷，加 10% 硝酸至弱酸性，再加入几滴 2% 硝酸银乙醇溶液，观察现象。

【注释】

[1]　一般来说，活泼的卤代烃在 3 分钟内有沉淀出现；活性稍差的卤代烃在加热后才出现沉淀；而活性最差的卤代烃，即使加热也不出现沉淀。

[2]　本实验最后要通过检查氯离子是否存在，来判断卤代烃是否水解。因此，实验的整个过程中切忌用含有氯离子的自来水，以免干扰实验结果。

【思考题】

(1)　在与碘化钠丙酮溶液的反应中，你认为哪种卤代烃与试剂反应得更快一些？为什么？

(2)　在卤代烃与硝酸银反应实验中，为什么用硝酸银的醇溶液而不用水溶液？

(3)　卤代烃的水解为什么要在碱性条件下进行？碱在整个过程中起了什么作用？

(4)　在卤代烃的水解实验中，用硝酸银溶液检验氯离子，为什么在加硝酸银之前要先加硝酸？

实验三　醇、酚、醚的性质

【实验目的】

(1)　通过实验进一步认识醇、酚、醚的一般性质。

(2)　比较醇、酚之间化学性质上的差异，认识烃基和羟基之间的相互影响。

【实验原理】

醇、酚、醚都是烃的含氧衍生物，醇和酚是烃的羟基衍生物，由于氧原子所连的基团不同，使得醇、酚、醚各具有不同的化学性质。

醇可以发生取代反应、消除反应和氧化反应。醇中的羟基氢容易被金属钠（或钾）取代生成醇钠，醇钠与水又可分解成醇和氢氧化钠。伯、仲、叔三种醇与卢卡斯(Lucas)试剂（浓盐酸和氯化锌）反应速率差别很大：叔醇立即生成不溶性的氯代烷，使溶液变浑浊；仲醇数分钟后溶液变浑浊；伯醇室温下溶液不变浑浊，此反应常用于区别伯、仲、叔三种醇。醇因结构不同，其被氧化剂氧化的程度和氧化产物也不同，伯醇被氧化成醛后继续被氧化成酸，仲醇被氧化成酮，叔醇在相同条件下不被氧化。

醚能和浓酸作用形成锌盐，其盐又能溶于过量的浓酸中，加水稀释水解为原来的醚和酸，脂肪醚长时间在日光下放置，可被空气中的氧气氧化为过氧化物，容易引起爆炸。

酚的反应比较复杂，除具有酚羟基的特殊性质外，还具有一些芳烃的性质，如亲电取代反应。两者的相互影响，使酚不仅具有弱酸性，而且可以发生氧化反应，与三氯化铁发生特征的显色反应。

【实验步骤】

（一）醇的性质

1. 醇钠的生成和水解　取 2 支干燥的试管，分别加入 1ml 无水乙醇[1]、正丁醇。然后分别向试管中加入 1 粒绿豆大小洁净的金属钠。观察两支试管反应速度的差异；用大拇指按住试管口，待气体平稳放出并增多时，将试管口靠近火焰，放开大拇指，有何现象发生？

反应完毕，将所得的溶液倒入表面皿中，水浴蒸干，将所得固体转移至试管中，加入 1ml 水[2]，摇动试管，加入 1~2 滴酚酞试剂，有何现象出现？观察现象，并说明原因。

2. 硝酸铈铵试验[3] 分别加入 5 滴 95% 乙醇、乙二醇、甘油和饱和甘露醇水溶液于 4 支试管中，然后各滴加 2 滴硝酸铈铵试剂，摇动试管，观察溶液的颜色变化。

3. 卢卡斯（Lucas）试验[4] 取 3 支干燥的试管，分别加入 0.5ml 正丁醇、仲丁醇、叔丁醇，然后各加入 1ml 卢卡斯试剂，塞好管口，振摇试管后静置，观察变化，并记录混合液出现浑浊和分层的时间。若现象不明显，可在热水浴中进行观察。

用 1ml 浓盐酸代替卢卡斯试剂做上述的试验，比较结果。

4. 醇的氧化 在 3 支试管中，各加入 5 滴 0.5% 高锰酸钾溶液和 5 滴 5% 碳酸钠溶液；然后分别滴加 5 滴正丁醇、仲丁醇、叔丁醇。充分振摇试管，观察混合液的颜色变化。

（二）多元醇的反应

1. 氢氧化铜试验 在 4 支试管中，分别加入 3 滴 5% 硫酸铜溶液和 6 滴 5% 氢氧化钠溶液，观察现象；然后分别加入 5 滴 10% 乙二醇、10% 丙-1,3-二醇、10% 甘油、10% 甘露醇水溶液。摇动试管，有何现象？最后，在每支试管里各加入 1 滴浓盐酸，混合液的颜色又有何变化？为什么？

2. 高碘酸试验 分别加入 3 滴 10% 乙二醇、10% 丙-1,3-二醇、10% 甘油、10% 甘露醇水溶液于 4 支试管中，然后分别加入 3 滴 5% 高碘酸溶液。将混合物静置 5 分钟，再各加入 3~4 滴饱和亚硫酸钠溶液以还原过量的高碘酸。最后，再各加入 1 滴希夫试剂，将混合物静置数分钟后，观察混合液颜色变化。

在黑色点滴板上分别滴加 2 滴 10% 乙二醇、10% 丙-1,3-二醇、10% 甘油、10% 甘露醇水溶液，然后再各加入 2 滴高碘酸-硝酸银试剂，注意观察现象。

（三）醚的性质

1. 𨦡盐的形成 在试管中加入 1ml 浓硫酸，在冰水中冷至 0℃ 后，在振摇下逐滴加入冷的乙醚 0.5ml，边加边振摇，观察现象，再把试管中溶液小心倒入盛有 2ml 冰水的另一支试管中，振摇并冷却，观察现象。

2. 乙醚中过氧化物的检查 在一试管中，加入 12% 碘化钾溶液 0.5ml，加 1 滴 1mol/L 硫酸，再加入 10 滴乙醚，用力振摇，若有过氧化物，则乙醚层应显黄色。

（四）酚的性质

1. 酚的酸性

（1）水溶液的石蕊试纸试验 在 6 支试管中，分别加入 0.1g 的苯酚、对苯二酚、间苯二酚、苯-1,2,3-三酚、萘-1-酚、萘-2-酚，再各加 4ml 水。振摇试管，观察酚的溶解情况。若不溶解，将试管加热煮沸，冷却后观察有何变化。分别各取 1 滴所制得的溶液滴在蓝色的石蕊纸上，观察有何现象。

（2）氢氧化钠试验 在 2 支试管中，分别加入 0.3g 苯酚和萘-1-酚，各加 1ml 水，振摇试管。再滴加 5% 氢氧化钠溶液至酚全部溶解，然后用 15% 稀盐酸酸化，观察现象。

2. 酚的取代反应

（1）酚与饱和溴水的反应[5] 分别滴入 5 滴苯酚、对苯二酚、间苯二酚、苯-1,2,3-三酚、萘-1-酚、萘-2-酚的饱和水溶液于 6 支试管中，再各加 5 滴饱和溴水。振摇试管，观察有何现象。

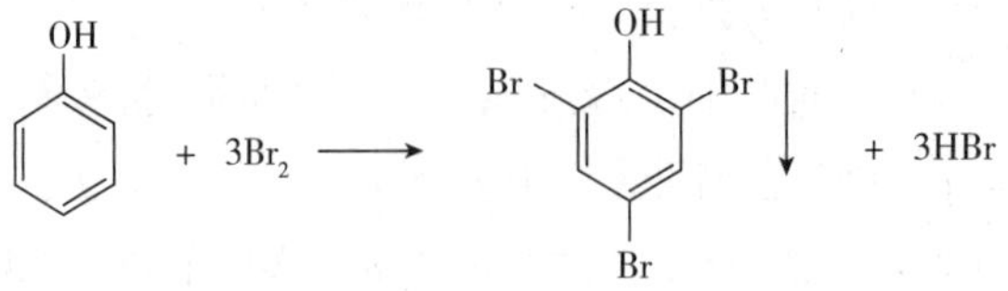

（2）苯酚在非水溶液中的溴代反应　　取干燥的试管，加几粒苯酚晶体再滴加 10 滴 3% 溴的四氯化碳溶液，将湿的蓝色石蕊试纸放在试管口，仔细观察有何现象发生。

3. 酚和三氯化铁的反应[6]　　在 6 支试管中分别加入苯酚、对苯二酚、间苯二酚、苯-1,2,3-三酚、萘-1-酚、萘-2-酚的饱和水溶液各 0.5ml。再各加 3 滴 1% 三氯化铁溶液，观察有何现象。

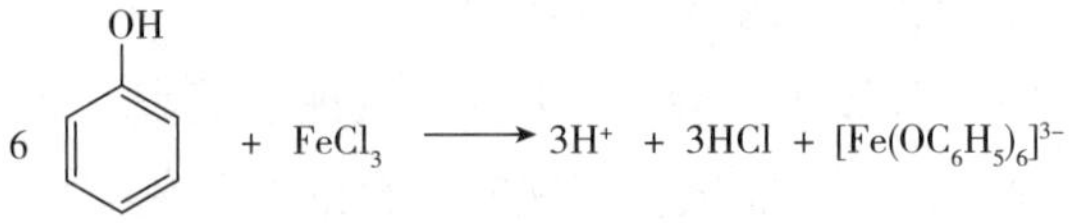

4. 酚的氧化　　在 6 支试管里分别加入苯酚、对苯二酚、间苯二酚、苯-1,2,3-三酚、萘-1-酚、萘-2-酚的饱和水溶液 0.5ml。再各加 5% 碳酸钠溶液 0.5ml 和 2~3 滴 0.5% 高锰酸钾溶液，振摇试管，观察有何变化。

【注释】

[1] 本实验必须在绝对无水条件下进行，但除醇外，某些醛、酮、酯、酰胺、羧酸和含有微量的水等杂质与钠反应也能放出氢气，所以在实际工作中很少利用此性质鉴定醇类。

[2] 含 10 个碳以下的醇、二醇、羟醛、羟酮均有阳性反应，多元醇更容易检出，但溶液会极快地被氧化而褪色。

[3] $(NH_4)_2Ce(NO_3)_6 + ROH \longrightarrow (NH_4)_2Ce(OR)(NO_3)_5 + HNO_3$

　　　　　　橘黄色　　　　　　　　　　　　　红色

[4] 此法只适用于鉴别低级的（含 $C_{3~6}$）伯、仲、叔醇。因为含 $C_{3~6}$ 的各种醇类均溶于卢卡斯（Lucas）试剂，反应后能生成不相溶的氯代烷，使反应液呈浑浊状，放置后有分层现象，反应前后有显著变化便于观察。而 C_6 以上的醇类不溶于卢卡斯（Lucas）试剂，与试剂混合摇荡后即变浑浊，观察不出反应是否发生。而含 $C_{1~2}$ 的醇，因所得产物（卤代烷）易挥发，现象不明显，故此法也不适合。

[5] 间苯二酚与溴水的反应中有白色沉淀，而苯-1,2,3-三酚与溴水的反应中无沉淀生成，因其产物溶于水。对苯二酚的溶液先变红，然后析出绿色的针状晶体。苯酚和萘酚溶液析出白色或黄色沉淀。

[6] 许多酚或分子中含有酚羟基的较复杂的化合物，能与三氯化铁溶液发生各种颜色反应，见下表。

酚类	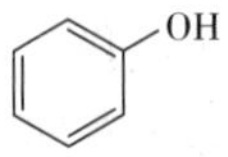	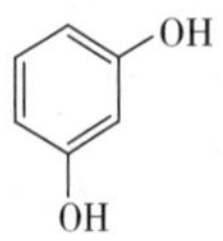	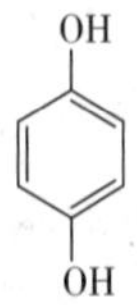	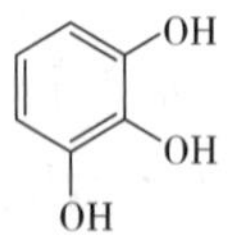	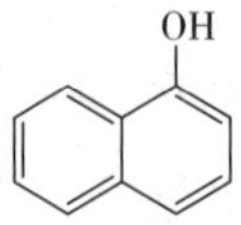	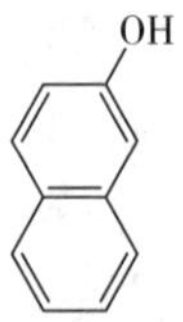
颜色	蓝紫色	蓝紫色	暗绿色结晶	棕红色	紫色沉淀	析出紫色沉淀很慢

【思考题】

（1）在 Lucas 试验中，水过量会导致什么结果？为什么？氯化锌在试验中起什么作用？

（2）如何鉴别乙醇、正丁醇、丁-1,2-二醇、丁-1,3-二醇？

（3）为什么苯酚的溴代反应比苯和甲苯溴代反应速度快得多？

实验四　醛和酮的性质

【实验目的】

（1）进一步学习醛、酮的化学性质。

（2）掌握醛、酮的鉴别方法。

【实验原理】

醛和酮都含有羰基，统称为羰基化合物，其化学共性为亲核加成及活泼氢的反应。例如醛和甲基酮能与亚硫酸氢钠加成，醛和酮都能与氨的衍生物反应生成有颜色的产物，乙醛和甲基酮在碱性溶液中能发生卤仿反应，与碘作用生成的碘仿是黄色固体，可以用来鉴别乙醛和甲基酮及能被氧化成乙醛或甲基酮的醇类。

醛类的羰基分别与烃基及氢相连接，而酮类的羰基则分别与两个烃基相连，结构上的差别就使醛与酮的化学性质有所不同。例如：醛容易被弱氧化剂氧化生成含有同数目碳原子的羧酸。如与托伦（Tollens）试剂作用生成银镜；与斐林（Fehling）或本尼迪克特（Benedict）试剂作用生成氧化亚铜沉淀，斐林试剂能氧化脂肪醛，但不能氧化芳香醛，可用来区别脂肪醛和芳香醛。斐林试剂与脂肪醛共热时，醛被氧化成羧酸，而二价铜离子则被还原为砖红色的氧化亚铜沉淀。本尼迪克特试剂也能把醛氧化成羧酸，它与醛的作用原理和斐林试剂相似，临床上常用它来检查尿液中的葡萄糖。酮类不易被弱氧化剂氧化，因此无上述反应。醛类与希夫试剂（Schiff 试剂：品红 – 亚硫酸）作用，产生红色。只有甲醛在加入硫酸后，颜色不消失。根据醛类的特征反应可以鉴别醛和酮。

【实验步骤】

（一）醛、酮的亲核加成

1. 与 2,4-二硝基苯肼的反应　取 7 支试管，编号，分别滴加甲醛、乙醛、丙酮、戊-3-酮、环己酮、苯甲醇、苯甲醛的饱和乙醇溶液各 10 滴。然后再分别滴加 10 滴 2,4-二硝基苯肼试剂[1]，边滴加边摇动试管，观察现象并解释。

2. 与亚硫酸氢钠的反应　在 5 支干燥的试管中，分别滴加 10 滴苯甲醛、正丁醛、丙酮、戊-3-酮、环己酮，然后再各加 1ml 新配制的饱和亚硫酸氢钠溶液，边加边用力摇动试管，放置 10 分钟后观察现象。

将苯甲醛反应后得到的晶体分别装入另 2 支试管中，各加入 2ml 10% 碳酸钠和 2ml 15% 稀盐酸，用力摇动试管。放在不超过 50℃的水浴里加热，注意观察现象。

3. 与希夫(Schiff's)试剂反应[2]　在 3 支试管中，各加 0.5ml 希夫试剂，再分别滴加丙酮、甲醛、乙醛各 2 滴，摇动试管，然后再各加 4~6 滴浓硫酸，注意观察现象的变化。

（二）醛、酮的 α-H 反应

碘仿反应：在 5 支试管中，分别加入加甲醛、乙醛、丙酮、乙醇、异丙醇各 3 滴，然后，各加 10 滴碘溶液，接着滴加 5% 氢氧化钠溶液，边滴加边摇动试管，一直滴到深红色消失为止。可在 50~60℃水浴温热几分钟，观察现象变化。

（三）醛、酮的氧化反应

1. 铬酸试验[4]　在 3 支试管中，各加 1ml 经过纯化的丙酮，再分别滴加 2 滴丁醛、苯甲醛和环己酮（如用固体试样加 10mg 溶于 1ml 丙酮中）。然后滴加数滴铬酸试剂，边滴边摇动试管。注意观察颜色变化。

2. 银镜反应　取 5 支洁净试管，分别加 5% 硝酸银溶液 1ml，加 5% 氢氧化钠 1 滴，再继续加氨水至沉淀刚刚溶解，然后滴加甲醛、乙醛、丙酮、苯甲醛、柠檬醛各 2 滴，边加边用力摇动试管，可用 50 ~ 60℃ 水浴加热片刻，观察有何现象发生。

注：实验完毕后，应及时倒尽试液并加入硝酸，煮沸洗去银镜，再把试管刷洗干净。

3. 斐林[5]试验　在 4 支试管中分别加斐林试剂 A 和斐林试剂 B 各 0.5ml，混合均匀后，分别滴加甲醛、乙醛、丙酮及苯甲醛各 10 滴，边加边摇动试管，并放在沸水浴中加热 3 ~ 5 分钟。注意观察有何现象并解释。

4. 本尼迪克特[6]试验　在 4 支试管中各加 1ml 本尼迪克特试剂，然后分别加 1ml 甲醛、乙醛、苯甲醛、丙酮。边加边摇动试管，用沸水浴加热 5 分钟。注意观察现象，并解释。

【注释】

[1] 醇本来不与 2,4-二硝基苯肼反应，但由于有些醇，如苄醇、烯丙醇等，在此条件下很易被氧化成相应的醛或酮，因此，这类醇也能与 2,4-二硝基苯肼发生反应。

[2] 碱类或呈碱性反应的样品不宜与希夫试剂作用。否则均将使试剂失去二氧化硫（或亚硫酸）而再出现品红的颜色，引起判断的错误。受热也是如此，因此实验时不能加热。

[3] 除乙醛和甲基酮外，一些醇如乙醇、异丙醇等，能被次碘酸钠氧化成乙醛和甲基酮，所以这类醇也有碘仿反应。

[4] 本实验除对所有醛能产生明显颜色变化外，对伯、仲醇也有颜色变化，一般脂肪醛在 5 秒钟内有颜色变化，芳香醛则在 30 ~ 60 秒钟。

[5] 斐林试剂包括甲、乙两种溶液，甲液是硫酸铜溶液，乙液是酒石钾钠和氢氧化钠溶液。使用时，取等体积的甲、乙两液混合，开始有氢氧化铜沉淀产生，摇匀后氢氧化铜即与酒石酸钾钠形成深蓝色的可溶性配合物。

[6] 本尼迪克特试剂是由硫酸铜、碳酸钠和枸橼酸钠组成的溶液，配制见附录四。

【思考题】

（1）在与亚硫酸氢钠的反应里，为什么要使用新配制的饱和亚硫酸氢钠溶液？

（2）在与希夫试剂的反应中，如果把希夫试剂与试样的用量颠倒一下，将会出现什么样的实验结果？为什么？

（3）为了能尽快产生碘仿而用沸水浴。这样做能很快有碘仿产生吗？为什么？

（4）托伦试验、斐林试验、本尼迪克特试验的反应为什么不能在酸性溶液中进行？

实验五　羧酸及其衍生物的性质

【实验目的】

（1）学习羧酸及其衍生物的化学性质。

（2）掌握乙酰乙酸乙酯的化学性质。

【实验原理】

含有羧基的化合物叫羧酸，酸性和脱羧反应是羧酸的重要特性。根据羧酸的烃基不同，可将羧酸分为脂肪羧酸和芳香羧酸，脂肪羧酸又分为饱和羧酸和不饱和羧酸；根据羧基的数目不同又分为一元羧酸、二元羧酸和多元羧酸。羧酸的性质不仅取决于羧基，还与烃基、其他官能团及其数目、相对位置和空间排列等有关。

羧酸具有酸性，不同羧酸的酸性强弱也不同；羧酸一般不易被氧化，但有些酸由于结构上的特殊性，如甲酸、乙二酸，易被高锰酸钾氧化，所以常利用它们作为还原剂；甲酸、乙二酸在加热到一定程度后容易发生脱羧反应，可用石灰水加以检验；羧酸与醇作用生成酯和水，这个反应称为酯化。羧酸的重要衍生物酰卤、酸酐和酯，能够发生水解、醇解和氨解，生成羧酸、酯和酰胺；乙酰乙酸乙酯除具有羰基性质外，由于能发生酮型和烯醇型互变异构，所以还具有烯醇的性质。

【实验步骤】

（一）羧酸的性质

1. 酸性试验　分别取 5 滴甲酸、5 滴冰醋酸、少许乙二酸于 3 支试管中，各加蒸馏水 2ml，振荡使其溶解。用玻璃棒蘸取少量溶液，在 pH 试纸或在一条刚果红试纸[1]上划线，比较其酸性强弱。

2. 还原反应　取 3 支试管，分别加入 1ml 3mol/L 硫酸和 1ml 0.5% 高锰酸钾，然后分别加入 1ml 甲酸、醋酸、10% 乙二酸溶液，观察现象。必要时加热，再观察现象。

3. 脱羧反应　取醋酸 1ml，放入带有导气管的干燥试管中，导气管的一端伸入另一盛有 2ml 饱和石灰水的试管中，加热试管，观察现象。

用 0.5g 乙二酸重复这个实验。

4. 酯化反应　加 1ml 无水乙醇与 1ml 冰醋酸于干燥试管中，混合后再加入 10 滴浓硫酸，振摇，在 60～70℃ 水浴中加热 5 分钟，用 10% 碳酸钠中和，观察有无酯的香味。重复上述实验，不加浓硫酸，观察是否有酯生成。

（二）羧酸衍生物的性质

1. 酸酐的性质

（1）水解　在试管中加入 1ml 水、5 滴乙酸酐，勿摇，观察后，振摇，微热，嗅其味。

（2）醇解　在干燥试管中，加入 0.5ml 乙酸酐和 1ml 无水乙醇，水浴加热至沸，冷却后，用 10% NaOH 中和使石蕊试纸呈弱碱性，嗅其有无酯的香味。

（3）乙酰化作用　在试管中加入苯胺 5 滴和乙酸酐 10 滴，混合后，加热至沸，冷却后加入 2ml 水，观察现象（若无晶体出现，可用玻璃棒摩擦试管壁）。

2. 酰氯的性质

（1）水解[2]　在试管中加入 1ml 水和 4 滴乙酰氯，观察现象。在水解后的溶液中滴入 5% 硝酸银 2 滴，有何现象发生？

（2）醇解　在干燥的试管中加入 1ml 无水乙醇，沿管壁慢慢滴入 10 滴乙酰氯不断振摇并用冷水冷却试管。加水 2ml，用 20% 碳酸钠溶液中和反应液至红色石蕊试纸出现蓝色为止，嗅其味。

（3）乙酰化作用　在干燥试管中滴加 5 滴苯胺，慢慢滴入乙酰氯 5 滴，待剧烈反应后，加水 5ml，观察现象。

3. 乙酰乙酸乙酯的反应

（1）与亚硫酸氢钠[3]的反应　在 1 支干燥的试管中，加入纯净的乙酰乙酸乙酯、新配制的饱和亚硫酸氢钠溶液各 10 滴。摇动试管，放置 10 分钟后观察有何现象。

（2）与饱和溴水作用　在 1 支试管中加入 5 滴乙酰乙酸乙酯和 3～5 滴饱和溴水，摇动试管，观察反应液的颜色有何变化。为什么？

（3）烯醇式酮盐的生成　在 1 支试管中加入 10 滴乙酰乙酸乙酯和 10 滴饱和醋酸铜溶液，摇动试管，静置后观察有何现象？再加入 2 滴三氯甲烷，又有何现象？

（4）酮式与烯醇式的互变异构[4]　　在 1 支试管中加入 5 滴乙酰乙酸乙酯和 1ml 乙醇。混合均匀后滴加 2～3 滴 1% 三氯化铁溶液，反应液呈何种颜色？再加入数滴饱和溴水，变化如何？放置后又怎样？前后颜色的变化说明什么问题？

4. 乙酰水杨酸（阿司匹林）的鉴别反应

（1）在 1 支试管中，加少许阿司匹林，加蒸馏水 1ml 再加 1% 三氯化铁 2 滴，有无变化？加热煮沸后再观察是否出现紫红色？

（2）在 1 支试管中，加入阿司匹林 0.1g 和 5% 氢氧化钠溶液 2ml，煮沸 5～10 分钟后放冷，加过量 3mol/L 硫酸，观察有何现象发生。

【注释】

［1］刚果红适合用作酸性指示剂，其 pH 变色范围从 3～5（蓝色～红色），红色刚果试纸与弱酸作用显蓝黑色，与强酸作用显稳定的蓝色。

［2］加在水中的酰氯，开始不溶解且沉在底部，振摇试管或加热后酰氯迅速水解并溶解在水中。

［3］乙酰乙酸乙酯的酮式具有甲基酮的结构特点，因此它能与亚硫酸氢钠加成。

［4］乙酰乙酸乙酯的烯醇式结构在不同的溶液中有不同的含量，例如用乙醇作溶剂时，约含烯醇式 12%。因有烯醇式存在，加三氯化铁后仍显紫红色。加溴水后，溴与烯醇式加成，最终使烯醇式转变为酮式的溴代衍生物。

【思考题】

（1）在做草酸与浓硫酸和高锰酸钾反应试验时，加入高锰酸钾，稍微摇动试管后，溶液马上褪成无色，静置片刻再加热，释放出来的气体不能使石灰水变浑浊。这是什么原因？如何正确操作？

（2）在乙酰乙酸乙酯与亚硫酸氢钠的反应中，如果乙酰乙酸乙酯含有水，对实验结果有什么影响？

（3）为什么乙酰氯与乙醇反应不必用碱，而苯甲酰氯与苯酚作用必须在碱性溶液中进行？

实验六　胺和酰胺的性质

【实验目的】

（1）掌握脂肪胺、芳香胺和酰胺的化学性质。

（2）熟悉伯胺、仲胺和叔胺的鉴别方法。

【实验原理】

胺类具有碱性，其碱性与氮上所连烃基的电子效应和空间位置有着密切关系。脂肪胺的碱性大于芳香胺，胺与强酸成盐后，水溶性增大。胺有伯、仲、叔之分，它们在酰化反应中表现出不同的特点。兴斯堡（Hinsberg）反应就是利用这一特性来鉴别和分离胺类，另外，与亚硝酸反应，脂肪胺和芳香胺的伯、仲、叔三种胺生成物的颜色各不相同，也常用于鉴别。

芳香胺还可以发生取代反应和氧化反应，氧化的产物比较复杂。芳香伯胺与亚硝酸在低温下作用，生成的重氮盐能与酚或芳胺发生偶联反应生成有颜色的化合物。

叔胺与卤代烃作用生成季铵盐。

酰胺既可看成胺的衍生物，也可以看成羧酸的衍生物。酰基的引入使其碱性变得很弱。酰胺和其他羧酸衍生物一样，可以发生水解等反应。其水解生成相应的酸和胺，加入酸或碱可加速水解进程。

【实验步骤】

（一）碱性试验

在 2 支试管中分别加入二乙胺、苯胺 2 滴，各加水 0.5ml，分别用湿润的试纸测试它们，比较它们的碱性强弱。

在上述的苯胺乳浊液中，滴加浓盐酸 2 滴，振摇后观察结果。

（二）重氮化反应和偶联反应

在 1 支试管中加入苯胺 10 滴，再加水和浓盐酸各 15 滴，将试管放在冰水中冷却至 0~5℃，缓缓加入 10% 亚硝酸钠溶液，搅拌（注意保持温度在 5℃以下），直至反应液使淀粉碘化钾试纸立即呈蓝色为止。放置 5 分钟，即得重氮盐溶液。

取重氮盐溶液 1ml，加 3 滴苯酚碱性溶液，振摇，观察现象。

（三）芳香仲胺、叔胺与亚硝酸[1]的反应

（1）在 1 支试管中加入 0.1g 二苯胺，再加 2ml 乙醇，在冰水中冷却至 0℃，搅拌下滴加 2 滴浓盐酸，再加 10% 亚硝酸钠溶液至反应物呈现浑浊状，即有黄绿色油状物析出，搅拌，冷却，油滴即很快凝成固态。

（2）加 4 滴 *N*,*N*-二甲基苯胺于 1 支试管中，加浓盐酸和水各 0.5ml，混合后用冰水冷却，振摇下慢慢加入已冷却的 10% 亚硝酸钠溶液 1ml，观察现象。

在反应的混合物中滴加 10% NaOH 至碱性，观察颜色变化，煮沸 2~3 分钟，就有特殊恶臭的二甲胺气体产生逸出，用湿润的红色石蕊试纸试之。

（四）季铵盐的生成

在 1 支干燥的试管中，加入 4 滴 *N*,*N*-二甲基苯胺，再加碘甲烷 6 滴，振摇，塞住管口，放置约 20 分钟，观察有无黄色结晶生成。加水有何现象？

（五）苯胺的溴代反应

在 1 支试管中滴加苯胺 1 滴，加水 2ml 振摇使其完全溶解后，滴加饱和溴水[2]，每加 1 滴观察一下溶液的现象。

（六）兴斯堡（Hinsberg）反应[3]

在 3 支大试管中，分别加入 0.2ml 苯胺、*N*-甲基苯胺、*N*,*N*-二甲基苯胺。再分别加入 0.2g 对甲基苯磺酰氯[4]，用力摇动试管。手触试管底，感觉哪个试管发热？说明什么？然后加 5ml 10% NaOH 溶液，边摇动试管边用水浴加热 1 分钟，冷却后用 pH 试纸检验之，直到呈碱性。在生成沉淀后加 5ml 水稀释，并用力振动试管。最后各用 5% 盐酸滴加到刚好为酸性。注意观察每一步所出现的现象，并解释。

（七）酰胺的水解

1. 酸性水解　在 1 支试管中加入 0.2g 乙酰胺，再加入 3mol/L 硫酸 1ml（在冷水冷却下加入，注意试管里的变化），加热至微沸，嗅之是否有醋酸味，用湿润的蓝色石蕊试纸置于试管口，观察现象。

2. 碱性水解　在 1 支试管中加入 0.1g 乙酰胺，再滴加 1ml 10% 氢氧化钠溶液，振摇，加热至沸，用湿润的红色石蕊试纸放在试管口上，观察现象。取尿素 0.2g，加入 2ml 的澄清石灰水溶液，小心将混合液加热，用红色石蕊试纸测试，并观察有无沉淀析出。

【注释】

[1]　此反应也可用来鉴别各种脂肪胺，如脂肪伯胺即使在5℃以下或更低温度下，反应液也能大量冒出气泡（氮气），如果是芳香伯胺，反应液温度低时不冒出气泡，当温度升高后才大量冒出气泡，而且与萘-2-酚碱溶液反应有红色沉淀出现。

[2]　溴水的配制：在水中加过量溴，摇动后分层取其上层液。

[3]　兴斯堡反应能比较好地鉴别和分离伯、仲、叔胺，伯胺与对甲苯磺酰氯反应的产物能溶于氢氧化钠溶液中，仲胺的反应产物则不能，而叔胺不与对甲苯磺酰氯反应。

[4]　对甲苯磺酰氯用量不可过多或过少。

【思考题】

（1）为什么兴斯堡反应中对甲苯磺酰氯用量不能太过量也不能太少？

（2）甲胺、二甲胺、三甲胺的水溶液能不能直接加入对甲苯磺酰氯来鉴别？为什么？

（3）苯甲酰胺在酸性和碱性介质中水解后各是什么产物？哪些可以从实验中得到证实？

（4）苯胺与对甲苯磺酰氯反应的产物应该溶于碱，而事实上加了5ml 10%氢氧化钠溶液后实验现象如何？为什么？

（5）在重氮化反应、偶联反应和芳香仲胺、叔胺与亚硝酸的实验中，盐酸的作用是产生亚硝酸，为什么实验中先把盐酸与胺加在一起，而不是先把盐酸与亚硝酸钠加在一起？

实验七　糖的性质

【实验目的】

（1）进一步认识单糖、双糖以及多糖的特性。

（2）掌握还原糖和非还原糖的区别。

【实验原理】

糖类物质是多羟基醛、酮或它们的缩合物，通常分为单糖、双糖和多糖，单糖又可因结构不同而分为醛糖和酮糖。糖类又分为还原糖和非还原糖，前者因含有半缩醛（酮）的结构能被弱氧化剂如托伦试剂和斐林试剂氧化；非还原糖不含有半缩醛（酮）的结构，不能被弱氧化剂如托伦试剂和斐林试剂氧化，还原糖能与过量的苯肼作用形成脎，借此性质可与非还原糖区别。

双糖是由两个单糖缩合而成的。双糖中有的是还原糖，有的是非还原糖。

多糖是由许多个单糖缩合而成的，它没有单糖和双糖的性质，但经水解后就有单糖的性质。多糖淀粉遇碘呈蓝色，常用作指示剂，很灵敏。支链淀粉（糯米）还可以调控灰浆中碳酸钙方解石的大小与形貌，形成的糯米灰浆具有强度大、韧性好、防渗性优越等良好力学性能，是中国古代建筑史上的一项重要科技发明。

糖的鉴定一般多采用颜色反应，不论单糖或多糖，遇到浓硫酸均生成糠醛或糠醛的衍生物，后者遇萘-1-酚形成紫色物质，此为鉴定糖类化合物的普通方法，醛糖和酮糖都能与盐酸-间苯二酚反应缩合成鲜红色的产物，但酮糖反应速度快，借此可区别醛糖和酮糖。

由于糖类物质分子中含有羟基，所以能酰化、硝化。醋酸纤维素和硝酸纤维素的制备就是利用这个性质。纤维素能溶于铜氨溶液中，是人造纤维再生的基础。

【实验步骤】

（一）氧化反应

1. 与斐林试剂的反应　取 5 支试管，编号后，分别加入斐林试剂 A 和 B[1] 各 10 滴，摇匀，分别加入 10 滴 2% 葡萄糖、2% 果糖、2% 麦芽糖、2% 蔗糖、2% 淀粉溶液，将 5 支试管同时放到水浴中加热，观察哪些糖有氧化亚铜生成。

2. 与托伦试剂[2]的反应　取 1 支洁净试管，加入 5% 硝酸银 3ml，加 10% 氢氧化钠溶液 1 滴，再滴加 2% 氨水，直到沉淀刚刚溶解为止，将此托伦试剂分置于 5 支试管中，分别加入 10 滴 2% 葡萄糖、2% 果糖、2% 麦芽糖、2% 蔗糖和 2% 淀粉溶液，将 5 支试管同时放入热水浴中加热，观察哪些糖有银镜产生。

（二）蔗糖的水解

在 2 支试管中，各加 2% 蔗糖 1ml，然后在其中的 1 支试管内，加 4 滴 3mol/L 硫酸，同时在沸水浴上加热 5 ~ 10 分钟，放冷，加 10% NaOH 调至碱性（红色石蕊试纸变蓝）。在 2 支试管中，各加斐林试剂 1ml（即 A 液和 B 液各 0.5ml 混合），加热，观察两试管中现象有何不同。

（三）糖脎[3]的生成

分别加入 2% 葡萄糖、2% 果糖、2% 麦芽糖、2% 蔗糖和 2% 淀粉各 1ml 于 5 支试管中，再加入新配制的苯肼试剂 0.5ml，摇匀，用少量棉花塞住管口[4]，在沸水浴中加热，记录各试管内形成晶体的时间，如在 20 分钟后尚无结晶析出，则放冷后再观察。在显微镜[5]下观察糖脎的晶型。

（四）与次碘酸钠[6]的反应

分别加 2% 葡萄糖和果糖各 1ml 于 2 支试管中，各加 1 滴碘液，振摇均匀后，再各加 5% 氢氧化钠溶液，边滴加边振荡，直至反应液的颜色刚好褪去为止，静置 10 分钟，再各加入 20% 硫酸溶液 0.5ml，观察各溶液的颜色变化。

（五）淀粉的性质试验

1. 与碘的作用[7]　取 2% 淀粉溶液 2 滴，加水 1ml，加入碘溶液 1 滴，观察有何颜色产生。将液体加热，有何变化？放冷后又有什么现象？

2. 淀粉水解　取 2% 淀粉溶液 5ml，加 10 滴 3mol/L H_2SO_4，水浴煮沸 15 分钟，加热时每隔 2 ~ 5 分钟取出 2 滴反应液放在白瓷板上，加碘试液 1 滴记录颜色变化，待反应液对碘溶液不再显色时，放冷，用 10% NaOH 中和至碱性。取 2 支试管分别加入 1ml 淀粉溶液和淀粉水解液，再加斐林试剂 A 和 B 各 1ml，水浴加热，观察两试管结果有何不同。

（六）糖的颜色反应[8]（Molisch 反应）

取 7 支干净的试管，并编号，分别加入 1ml 的 2% 葡萄糖、2% 果糖、2% 阿拉伯糖、2% 蔗糖、2% 麦芽糖、2% 淀粉溶液和丙酮水溶液。再各滴加 4 滴 5% 萘-1-酚的乙醇溶液，摇匀将试管倾斜，沿管壁加入 1ml 浓硫酸，切勿摇动，然后，小心竖起试管，使硫酸与糖溶液之间清楚分为两层，静置 10 ~ 15 分钟，注意观察两液面之间色环的出现。如无色环出现，可在水浴中温热 3 ~ 5 分钟，再行观察。

（七）酮糖的检验[9]（Seliwanoff 反应）

分别加入 2% 葡萄糖、2% 果糖、2% 阿拉伯糖、2% 蔗糖溶液 1ml 于 4 支试管中，各加新配制的盐酸间苯二酚 1ml，将试管在沸水浴中加热 2 分钟，观察颜色变化，比较各试管出现颜色变化的顺序。

（八）纤维素与铜氨试剂[10]的作用

在一试管中加入 3ml 铜氨试剂，再加一小块棉花或滤纸，用玻璃棒不断搅拌 5 ~ 10 分钟，当棉花或滤纸完全溶解后，取出 1ml 溶液倒入盛有 5ml 水的试管中，再把它倒入盛有 10ml 10% 硫酸的小烧杯中，观察现象。

（九）硝酸纤维酯的制备

将 3ml 浓硝酸置于一小烧杯中，在搅拌下慢慢加入 6ml 浓硫酸制成混酸，再加 0.4g 脱脂棉，水浴加热，轻轻搅动 5～10 分钟，挑出棉花冲洗，挤出水后，放在表面皿上水浴加热干燥，即得硝酸纤维素酯[11]。

【注释】

[1] 斐林试剂的制备见附录"四、常用试剂的配制与用途"。

[2] 单糖和还原糖都能使氧化剂（托伦试剂、斐林试剂等）还原而析出金属银和氧化亚铜，而单糖和双糖被氧化成糖酸钠，糖在碱性条件下，不仅发生烯醇式异构化等作用，也能发生糖分子的分解、氧化、还原或多聚作用等。由于这些作用所形成的复杂混合物具有强烈的还原作用，所以也能使金属离子还原。

[3] 不同的还原糖所生成的糖脎化学结构不同，晶型、熔点和溶解度也各不相同，因此，成脎反应可供鉴别各种还原糖。但也有生成相同糖脎的单糖，如葡萄糖、果糖和甘露糖。下表是糖成脎的时间与结晶的颜色，晶型如图 4-6 所示，供参考。

图 4-6　部分糖脎晶型
1. 葡萄糖脎；2. 麦芽糖脎；
3. 乳糖脎

糖	甘露糖	果糖	葡萄糖	木糖	鼠李糖	乳糖	麦芽糖
结晶的颜色	白色	深黄色	深黄色	橙黄色	深黄色	深黄色	深黄色
时间（分钟）	0.5	2	4～5	7	9	冷却后析出	冷却后析出

[4] 苯肼的蒸气有毒！用棉花塞住试管口以减少苯肼蒸气的逸出。

[5] 显微镜的使用：将载玻片放在显微镜的在载物片上，先调节粗准焦螺旋使镜筒向下移动接近载片，注意目镜，将粗准焦螺旋慢慢向上移动，看到标本时，改用细准焦螺旋调节至见到清晰的物像后，记录图形并注明放大倍数。

[6] 醛糖可被碘酸、次碘酸等氧化剂氧化为糖酸，而酮糖在相同的条件下无此反应，因此该反应可用于区别葡萄糖和果糖。

[7] 淀粉与碘作用是一个复杂的过程。主要是碘分子和淀粉之间借范德华力联系在一起，形成一种复合物，同时淀粉也吸附一部分碘而显蓝色，加热时分子复合物不易形成而使蓝色褪掉，是一个可逆过程，可作为淀粉的一种鉴定方法。

[8] 萘-1-酚反应是鉴别糖类化合物最常使用的颜色反应。单糖、双糖和多糖一般都发生此反应。但氨基糖不发生此反应。此外，丙酮、甲酸、乳酸、草酸、葡萄糖醛酸、各种糠醛的衍生物和甘油醛等均产生近似的颜色反应。因此，发生此反应可能有糖存在，仍需要进一步做其他试验才能确定，而不发生此反应则为无糖类物质存在的确证。

[9] 间苯二酚反应是区别酮糖和醛糖的颜色反应。六碳酮糖变成羟基糠醛的速度比醛糖快 15～20 倍，因此溶液很快变成鲜红色。醛糖慢很多，只稍呈淡红色。

[10] 纤维素不溶于水，只溶于铜氨试剂，因为铜氨试剂中含有络合碱。但是酸能破坏铜的络离子，析出纤维素。其与原来纤维素的成分完全一样，但失去了天然的结构。

[11] 纤维素与硝酸和硫酸的混合酸反应时，纤维素中的羟基与硝酸起酯化反应。

【思考题】

（1）应用萘-1-酚及间苯二酚试剂来分析未知样品时，应注意什么问题？

（2）设计鉴别葡萄糖、果糖、麦芽糖、蔗糖、淀粉的实验方案，并说明理由。

（3）为什么淀粉水解进行的程度可以利用碘液试验？

（4）什么类型的单糖可以形成相同的脎？为什么可利用糖脎反应来鉴别还原糖和非还原糖？

书网融合……

思政导航

第五章　天然有机化合物的提取与综合性实验

实验一　从茶叶中提取咖啡因

【实验目的】

（1）掌握从茶叶中提取和鉴别咖啡因的实验方法。

（2）熟悉升华操作方法和索氏提取器的使用方法。

【实验原理】

茶叶中含有多种生物碱，其中咖啡因占 1% ~ 5%，此外还含有鞣酸、茶多酚、色素以及纤维素、蛋白质等成分；咖啡因常作为中枢神经兴奋剂。

咖啡因又称咖啡碱，是一种嘌呤衍生物，化学名称为 1,3,7-三甲基-3,7-二氢-1H-嘌呤-2,6-二酮。其结构如下：

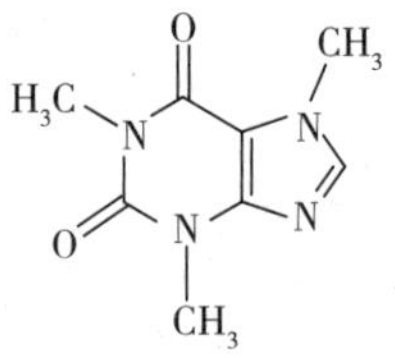

咖啡因

从茶叶中提取咖啡因，可利用适当的溶剂（三氯甲烷、乙醇、苯等）在索氏提取器中连续回流抽提，然后蒸去溶剂，即得粗咖啡因。粗咖啡因中还含有其他一些生物碱和杂质，利用升华可进一步纯化。

【实验步骤】

1. 提取、分离与纯化

（1）升华法

1）提取方法一：称取茶叶末 10g，放入卷好的滤纸筒内[1]，并将滤纸筒放入索氏提取器内。在圆底烧瓶中加入 100ml 95% 的乙醇和 1 ~ 2 粒沸石，置水浴中加热回流提取 1 ~ 2 小时[2]。最后一次冷凝液刚刚虹吸下去后，立即停止加热，改为蒸馏装置，回收提取液中大部分乙醇。将浓缩液（10 ~ 20ml）转入蒸发皿中，置水浴上蒸发至糊状；拌入 3 ~ 4g 生石灰[3]，再次置于蒸气浴上，在玻璃棒不断搅拌下蒸干溶剂。将蒸发皿移至石棉网上用小火焙炒片刻，除去水分。

2）提取方法二：称取茶叶末 10g，放入 250ml 圆底烧瓶中，加入 95% 的乙醇 100ml 和 1 ~ 2 粒沸石，安装回流装置，加热回流 30 分钟。回流结束后，冷至室温，抽滤。滤液倒入 250ml 圆底烧瓶中，安装蒸馏装置，加热蒸馏回收大部分乙醇。将浓缩液（约 10ml）转至蒸发皿中，控制温度继续加热，挥发至无醇味；加入 2 ~ 3g CaO 干燥，利用余热稍焙至粉末状，去除水分。

升华：干燥后的粗咖啡因均匀铺在蒸发皿底部，将一张多孔滤纸盖在蒸发皿上，取一个合适的玻璃漏斗罩在滤纸上。将该蒸发皿置于可控制温度的热源上，小心加热使其升华[4]。当滤纸上出现白色针状结晶时，暂停加热，用刀片将滤纸上的结晶刮下。残渣经搅拌后，再次升华。合并两次收集的咖啡碱。

（2）萃取法　将5g茶叶及150ml水放入500ml烧杯中，加热煮沸约15分钟。在沸腾过程中，若水蒸发过多，可补加热水至原体积，趁热过滤。在滤液中慢慢加入10%醋酸铅溶液约18ml并不断搅拌，使溶液中鞣质等酸性物质沉淀下来。用布氏漏斗抽滤，除去沉淀。将滤液置于蒸发皿中浓缩至约15ml，再次抽滤。将滤液转入分液漏斗中，加入15ml三氯甲烷[5]，振摇，静置分层[6]，分出下层三氯甲烷；水层再用三氯甲烷萃取两次，每次10ml；合并萃取液。用蒸馏装置回收三氯甲烷，约剩5ml时停止加热；将残留液移至50ml小烧杯中，用水浴蒸去溶剂，得咖啡因。

2. 鉴别

（1）与碘化铋钾反应　取1ml咖啡因的乙醇溶液于试管中，加入1~2滴碘化铋钾试剂，观察是否有淡黄色或红棕色沉淀产生。

（2）与硅钨酸试剂反应　取1ml咖啡因的乙醇溶液，加入1~2滴硅钨酸试剂，观察是否有淡黄色或灰白色沉淀产生。

（3）薄层色谱　用硅胶G板点样，用苯：乙酸乙酯（1：1）作展开剂，用20%磷钼酸的醋酸－丙酮溶液（1：1）显色。若只有一个斑点，说明纯度较高，否则相反。

（4）熔点测定　熔点为234~237℃。

（5）咖啡因水杨酸衍生物制备　在试管中加入50mg咖啡因、37mg水杨酸和4ml甲苯。在水浴上加热振摇使其溶解，然后加入1ml石油醚（60~90℃），在冰浴中冷却结晶。若无结晶析出，可用玻璃棒摩擦管壁。用玻璃漏斗过滤，收集产物。测定熔点，纯的衍生物熔点为137℃。

本实验提取与升华操作需要6~7小时，鉴别实验需要6~7小时。

【注释】

［1］滤纸筒大小要合适，既要贴紧器壁，又要放取方便，高度不能超过提取器的虹吸管。纸套上面折成凹形，以保证回流时可均匀浸润被萃取物。

［2］理论上应尽可能提取完全，直到回流液无色或颜色变浅。实际上回流虹吸5~6次即可，因为色素提尽与否，并不代表咖啡因的提取率。

［3］生石灰起吸水和中和作用，分解咖啡因鞣酸盐和咖啡因茶多酚盐，使咖啡因游离而具有挥发性。

［4］本实验成功与否取决于升华操作。样品到冷却面之间的距离应尽可能近。在升华过程中始终用小火间接加热，温度不可过高（最好维持在120~178℃）。否则易使滤纸炭化变黑，并把一些有色物质烘出来，影响收率和纯度。

［5］咖啡因易溶于三氯甲烷，而茶碱和可可碱难溶于三氯甲烷，故可用三氯甲烷作萃取剂，除去后两种物质。

［6］若萃取时出现乳化现象，分层困难，可加入5%HCl使溶液呈中性，有助于分层。

【思考题】

（1）咖啡因的结构中，哪个氮原子的碱性最强？

（2）索氏提取器的萃取原理是什么？试比较索氏提取器与一般浸泡萃取的区别。

实验二　从黄连中提取小檗碱

【实验目的】

（1）掌握从中药中提取生物碱的原理和方法。

（2）了解小檗碱的性质和应用。

（3）巩固减压蒸馏、减压过滤操作。

【实验原理】

小檗碱（俗称黄连素）是中药黄连等的主要成分，是一种常见的异喹啉生物碱，抗菌能力很强，在临床上有广泛应用。含小檗碱的植物有很多，如黄柏、三颗针等均可作为提取小檗碱的原料，其中以黄连和黄柏中的含量为高。

小檗碱为黄色针状晶体，熔点145℃，微溶于水和乙醇，较易溶于热水和热乙醇中，其盐类在水中的溶解度都比较小，几乎不溶于乙醚，可在乙醚中析出黄色针状晶体。小檗碱可离子化，亲水性强，易溶于水，难溶于有机溶剂。其结构如下：

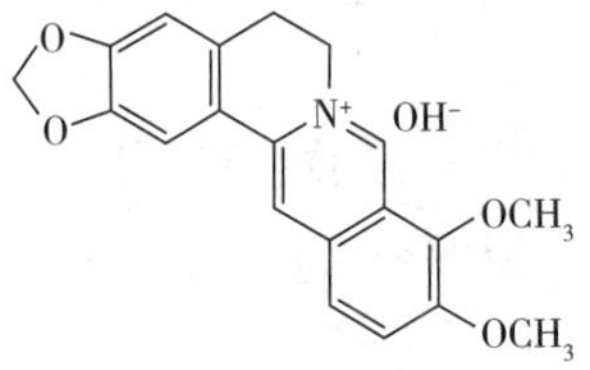

小檗碱

【实验步骤】

1. 小檗碱的提取

（1）方法一　称取2g中药黄连粉末，放入25ml圆底烧瓶中，加入10ml乙醇，装上回流冷凝管，在热水浴中回流0.5小时，冷却并静置浸泡0.5小时，抽滤，滤渣重复上述操作处理一次，合并两次所得液，减压回收乙醇，得棕红色糖浆状物。再加入1%乙醇溶液（6～8ml），加热溶解，趁热抽滤以除去不溶物，然后在滤液中滴加浓盐酸至溶液浑浊为止（约需2ml），放置冷却[1]，即有黄色针状晶体析出[2]。抽滤结晶，并用冰水洗涤两次，再用丙酮洗涤一次，烘干后称重，约0.2g。

（2）方法二　取5g黄连，磨碎，放入250ml烧杯中，加入100ml（体积比1∶49）H_2SO_4溶液。搅拌加热至微沸[3]，并保持0.5小时。不时加水以保持原有的体积。然后稍冷，抽滤，除去不溶残渣。

向滤液中加入NaCl固体使溶液饱和（约17g），再加入6mol/L HCl调节至强酸性（pH 1～2）。静置0.5小时。析出粗盐酸小檗碱，抽滤。将滤饼转入烧杯中加水25ml，加热溶解，然后按计量关系加$Ca(OH)_2$（或CaO）粉末，并用石灰水调节至pH为8.5～9.8。趁热抽滤，将滤液转入50ml小烧杯中，蒸发浓缩至10ml左右，冷却，即有小檗碱晶体析出。抽滤，得小檗碱粗品。于50～60℃下烘干。称重，计算收率。

（3）方法三

1）提取：称取5g研细的黄连，放入250ml烧杯中，加入100ml硫酸溶液（体积比1∶49），搅拌加热至微沸，保持微沸0.5小时，加热过程中，需及时补水，保持原有体积。加热结束后，趁热抽滤，除去不溶解的残渣，得到小檗碱硫酸盐溶液。

2）碱化处理：将滤液转入250ml烧杯中，加入3～3.5g氧化钙，煮沸，充分搅拌5分钟，测溶液pH，使pH达到8～9，继续搅拌2分钟，趁热抽滤，滤液为小檗碱溶液。

3）盐析：将滤液转入250ml烧杯中，使溶液温度维持在40～50℃，加入20～30g氯化钠，制成氯化钠的饱和溶液，充分搅拌后，放在冰水浴中静置30分钟，使小檗碱充分析出，抽滤，干燥，称重，计算提取率。

2. 小檗碱的定性鉴别　制备氧化铝薄层板，取少量小檗碱结晶溶于2ml的乙醇中（必要时，可在水浴上加热片刻）。在离薄层板一端约2cm处用铅笔轻轻划一直线，取管口平整的毛细管插入样品溶液中取样，并在铅笔划线处轻轻点样[4]，将点好样品的薄层板小心放入展开槽内，以三氯甲烷－甲醇（9∶1）为展开剂进行展开[5]。待展开剂前沿距薄层板上端约1cm处，取出薄层板，用铅笔在前沿划一记号，晾干。计算小檗碱的 R_f 值。

本实验需 6~7 小时。

【注释】

[1] 最好用冷水冷却。

[2] 若晶型不好，可用水重结晶一次。

[3] 如果温度过高，溶液剧烈沸腾，则黄连中的果胶等物质也被提取出来，使得后面的过滤难以进行。

[4] 点样时，毛细管液面刚好接触薄层即可，切勿点样过重而破坏薄层。

[5] 展开剂液面一定要在点样线下，不能超过点样线。

【思考题】

（1）小檗碱为何种生物碱？

（2）为何要用石灰乳来调节 pH？使用强碱氢氧化钠（钾）行不行？

实验三　从奶粉中提取乳糖

【实验目的】

（1）学习从奶粉中提取乳糖的操作方法。

（2）掌握乳糖的鉴定方法。

（3）巩固活性炭脱色及重结晶操作。

【实验原理】

牛奶营养丰富，其主要成分是蛋白质、脂肪、糖、矿物质和水，这些是人体发育必需的物质，牛奶中的蛋白质主要是酪蛋白，还有少量的白蛋白、乳球蛋白等。酪蛋白是含磷蛋白质的混合物，以钙盐的形式存在，即酪蛋白钙。利用蛋白质在等电点时溶解度最小的特性，将牛奶液的 pH 调至酪蛋白的等电点4.8时，酪蛋白便析出沉淀，由于酪蛋白不溶于乙醇和乙醚，可以用乙醇或乙醚洗去杂质脂肪，得酪蛋白。牛奶中的糖主要是乳糖，乳糖为一种二糖，由一个 β-D-半乳糖残基和 D-葡萄糖通过 β-1,4 糖苷键构成，为还原性二糖，因为乳糖不溶于乙醇，所以在除去酪蛋白的滤液中加入乙醇达一定浓度，乳糖会析出结晶，乳糖约占奶粉重量的34%。其结构如下：

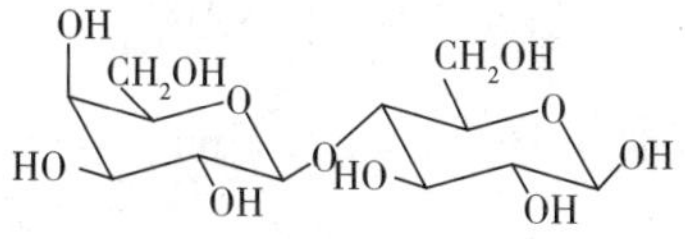

乳糖

从奶粉中分离提纯乳糖，首先将奶粉配成水溶液，再用醋酸处理，使其中酪蛋白以胶状沉淀析出。反应式：

$$[Ca^{2+}][酪朊酸离子^{2-}] + 2CH_3COOH \longrightarrow Ca(OOCCH_3)_2 + 酪蛋白\downarrow$$

分离出酪蛋白的滤液中含有多余的醋酸，加入碳酸钙，煮沸除去。同时碳酸钙可使白蛋白和乳球蛋白变性，通过过滤使其与未作用的碳酸钙一同除去。

浓缩母液、活性炭脱色和乙醇重结晶处理后，可得到纯净的乳糖[1]。

【试剂】

淡奶粉 20g，10% 稀醋酸 10ml，碳酸钙 4g，活性炭 1.5g，硅藻土 8.5g，95% 乙醇，斐林试剂，浓氨水，蒸馏水，丙酮。

【实验步骤】

1. 提取乳糖　在烧杯中加入 20g 奶粉和 100ml 水，充分搅拌溶解，小火加热。维持温度在 40～50℃，在玻璃棒搅拌下，用滴管加入 10% 稀醋酸，调节 pH 至 4.8（用精细试纸检测），析出大块胶状物，继续温热 5 分钟，使乳清清澈透明。将一块湿滤布（20cm×20cm）铺在布氏漏斗上，先将清液倾倒其中过滤，滤液收集在吸滤瓶内，用 10ml 水洗涤滤饼，用玻璃塞挤压滤饼，尽量将乳清挤出。

将乳清转移至烧杯中，加入 4g 碳酸钙，在不断搅拌下煮沸 10 分钟（注意：防止暴沸）。趁热用布氏漏斗抽滤[2]，除去碳酸钙和白蛋白。

把滤液移至烧杯中，加入 1～2 粒沸石，在不断搅拌下，小心加热煮沸（防止暴沸），浓缩至 30ml[3]。浓缩液移至锥形瓶中，加入 175ml 95% 乙醇和 1.5g 活性炭，搅拌均匀后，在水浴上加热至沸腾。取 8.5g 硅藻土和 30ml 95% 乙醇调成糊状，减压抽滤，在布氏漏斗的滤纸上铺上一层硅藻土助滤层，倒出吸滤瓶中的乙醇。把脱色的乳清－乙醇溶液趁热倒入有助滤层的布氏漏斗中进行减压抽滤。将滤液储存在锥形瓶中，放置，使结晶析出[4]。

乳糖呈无色簇状结晶从乙醇中析出，经抽滤用 95% 乙醇洗涤，干燥后称重，计算奶粉中乳糖的百分含量。

2. 乳糖的鉴定

（1）熔点的测定　无水乳糖熔点的文献值是 201.6℃，制备出的乳糖含 1 分子的结晶水，分子式为 $C_{12}H_{22}O_{11} \cdot H_2O$，在 120℃ 失水。

（2）斐林试剂试验[5]　试管中分别加入斐林试剂 A 和斐林试剂 B 各 0.5ml，混合均匀后，加少量乳糖，摇动试管，并放在沸水浴中加热 3～5 分钟，记录观察到的现象。

（3）旋光度的测定　精确称取 1.5～2.0g（准确至 0.001g）分离出的乳糖，在 100ml 烧杯中用蒸馏水溶解，将此溶解液转移至 25ml 容量瓶中，加入 1～2 滴浓氨水[6]。用水冲稀至刻度，放置 20 分钟以上，以备测定旋光度使用。

取一支 2dm 长的旋光测定试管，依次用蒸馏水洗净、少量丙酮刷洗和吹风机吹干。将配制的乳糖溶液小心倒入旋光测定试管中，用旋光仪测定其旋光度[7]。

比旋光度 $[\alpha]_D^t$ 的计算公式为：

$$[\alpha]_D^t = \frac{\alpha}{l \times c} \times 100$$

式中，t 为测定时的温度（℃）；D 为钠光源，$\lambda = 589.3nm$；α 为旋光度的测定值；l 为测定试管长度（dm）；c 为测定液的浓度（g/100ml）。

注意：乳糖含 1 分子结晶水，在溶液浓度计算时应减去结晶水的重量。纯乳糖的比旋光度 $[\alpha]_D^{20} = +52.3°$。

本实验约需 6 小时。

【注释】

[1] 全脂奶粉中含 2.5%～4% 的乳脂，以微小球状（直径 5～10μm）分散在牛奶中形成乳浊液。因乳脂含量较高，用以上分离设计方案可能影响乳糖的分离效果，在经处理后的奶粉中只含 0.5% 以下

的乳脂，采用上述分离步骤，经实验观察证明，其中绝大部分脂肪均被包裹在酪蛋白胶块中而除去，再通过脱色、过滤等多步操作处理，所得乳糖皆可达到合格纯度。

［2］必须趁热抽滤，待冷却后过滤十分困难。

［3］浓缩体积应该尽量准确，否则将影响最后析出产品的效果。

［4］结晶析出速度很慢，需放置数日后才能完全析出。

［5］参考附录"四、常用试剂的配制与用途"。

［6］加入浓氨水的目的是使乳糖在溶液中的变旋迅速达到平衡值。

［7］乳糖测定液必须清澈透明，混浊液不能用作测定。

【思考题】

（1）本实验中是如何将蛋白质和糖分开的？

（2）可以用哪些方法鉴定乳糖是还原糖还是非还原糖二糖？

（3）加入碳酸钙粉末的作用是什么？

实验四　从牡丹皮中提取丹皮酚

【实验目的】

（1）学习中草药中易挥发成分的提取和分离方法。

（2）掌握水蒸气蒸馏的原理、装置和基本操作。

【实验原理】

牡丹皮是植物牡丹的根皮，性微寒，味苦，具有清热凉血、活血散瘀之功效。本品的主要药用成分为丹皮酚、丹皮酚苷等，后者在贮存过程中易分解出丹皮酚。除牡丹皮外，中药徐长卿的根中也含有较多的丹皮酚。丹皮酚为具有芳香气味的白色针状结晶，熔点50℃，具有镇痛、镇静、抗菌作用，临床上用于治疗风湿病、牙痛、胃痛、皮肤病及慢性支气管炎、哮喘等症。

丹皮酚的化学名称为2-羟基-4-甲氧基苯乙酮，其结构如下：

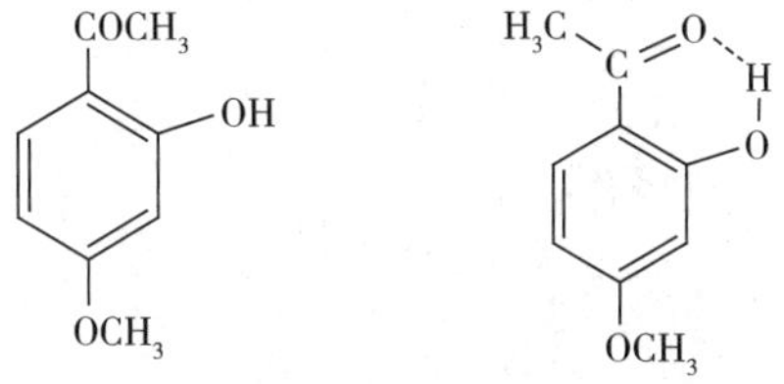

丹皮酚羰基邻位的羟基可与羰基形成分子内氢键，具有挥发性，能随水蒸气蒸馏。丹皮酚难溶于冷水，易溶于乙醇、乙醚、三氯甲烷、苯等有机溶剂。

利用丹皮酚具有挥发性、能随水蒸气蒸出的性质进行提取，再利用其难溶于水易溶于有机溶剂的性质进行纯化。

【实验步骤】

1. 提取、分离与纯化　在500ml烧瓶中，加入已粉碎的牡丹皮或徐长卿根30g[1]、食盐1g及适量热水（以能使药材粉末湿润为度），安装水蒸气蒸馏装置，用250ml烧杯作接收容器，烧杯内加入食盐5g，烧杯外用冰水浴冷却。向烧瓶中通入水蒸气进行蒸馏。当馏出液比较清亮、无乳浊现象时，停止蒸馏[2]。将馏出液继续置冰水浴中冷却使固化完全。

馏出液充分放置后，抽滤得到丹皮酚粗品。用少量95%乙醇（不超过5ml）将结晶溶解，再加入大量蒸馏水（乙醇∶水约1∶9），溶液先呈乳白色，静置后有大量白色针状结晶析出，抽滤出结晶，自然干燥，得丹皮酚纯品。

2. 鉴别

（1）碘仿实验　制备丹皮酚甲醇溶液，碘仿实验应有米黄色沉淀出现。

（2）三氯化铁实验　制备丹皮酚乙醇或甲醇溶液，加三氯化铁检验应显紫红色。

（3）熔点测定　熔点为50℃。

本实验水蒸气蒸馏操作与重结晶部分需4~5小时，鉴别部分约需2小时。

【注释】

[1] 本实验原料只要选用较优质的牡丹皮或徐长卿根，一般都能得到可观的丹皮酚结晶。若在提取过程中得不到白色结晶，只有油珠状物质沉于馏出液下，此时可在馏出液中加入少量丹皮酚结晶，或摩擦瓶壁，即会有大量的白色针状结晶析出。也可用乙醚振摇萃取三次（30ml、20ml、15ml），合并乙醚提取液，用无水硫酸钠脱水，回收乙醚至少量。放置一夜，即有白色结晶析出。

[2] 在进行水蒸气蒸馏时，理论上需蒸至馏出液用三氯化铁检验无色，即无丹皮酚阳性反应。但如此做，可能要花费较长的时间，效率太低。故常蒸馏至以馏出液透亮无色为宜。

【思考题】

（1）进行水蒸气蒸馏时，蒸气导管的末端为什么要尽可能接近容器的底部？

（2）什么样情况下可选择水蒸气蒸馏？水蒸气蒸馏必须满足什么条件？

（3）结合化学结构，回答丹皮酚为什么具有挥发性。

（4）在进行化学鉴别（碘仿实验）时，丹皮酚可用乙醇作溶剂吗？为什么？

（5）水杨酸也可用水蒸气蒸馏法提取分离吗？为什么？

（6）根据所学知识，举出你所熟悉的可采用水蒸气蒸馏法提取或分离的实例。

实验五　从橙皮中提取柠檬烯

【实验目的】

（1）掌握水蒸气蒸馏的仪器安装及操作。

（2）了解橙皮中提取柠檬烯的原理及方法。

【实验原理】

工业上常用水蒸气蒸馏的方法从植物组织中获取挥发性成分，这些挥发性成分的混合物统称为精油，大都具有令人愉快的香味，从柠檬、橙子和柑橘等水果的果皮中提取的香精油称为柠檬油，它是一种黄色液体，有浓郁的柠檬香气，用于配制饮料、香皂、化妆品及香精等。柠檬油的主要成分是柠檬烯，柠檬烯含量高达80%~90%。其结构如下：

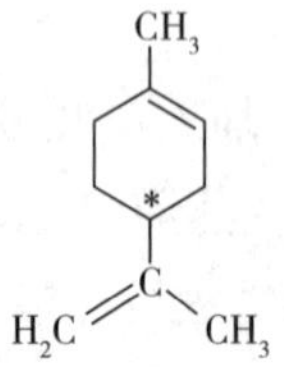

柠檬烯

柠檬烯是一种单环单萜，分子中有一个手性中心，其(S)-(−)-异构体存在于松针油、薄荷油中；(R)-(+)-异构体存在于柠檬油、橙皮油中；外消旋体存在于香茅油中。本实验先用水蒸气蒸馏法把柠檬烯从橙皮中提取出来，再用二氯甲烷萃取，蒸去二氯甲烷以获得精油，然后测定其折光率和比旋光度。

【实验步骤】

将 2~3 个（约 60g）橙子皮[1]剪成细碎的碎片，投入 250ml 长颈圆底烧瓶中，加入约 30ml 水，按照图 2–46 安装水蒸气蒸馏装置。打开螺旋夹，加热水蒸气发生器至水沸腾，T 形管的支管口有大量水蒸气冒出时夹紧螺旋夹[2]，水蒸气蒸馏即开始进行[3]，可观察到在馏出液的水面上有一层很薄的油层。当馏出液收集 60~70ml 时，打开螺旋夹，停止加热。

将馏出液加入分液漏斗中，每次用 10ml 二氯甲烷萃取 3 次，合并萃取液，置于干燥的 50ml 锥形瓶中，加入适量无水硫酸钠干燥半小时以上。

将干燥好的溶液滤入 50ml 蒸馏瓶中，用水浴加热蒸馏。当二氯甲烷基本蒸完后改用水泵减压蒸馏以除去残留的二氯甲烷。最后瓶中留下少量橙黄色液体即为橙油，主要成分为柠檬烯。测定橙油的折光率和比旋光度[4]。

柠檬烯沸点为 176℃，折光率 n_D^{20} 为 1.4727，比旋光度 $[\alpha]_D^{20}$ 为 +125.6。

【注释】

[1] 橙子皮最好是新鲜的，如果没有，干的亦可，但效果较差。

[2] 蒸馏过程中如发现水从安全管顶端喷出或出现倒吸现象，说明系统内压力过大，应立即打开 T 形管的螺旋夹，停止加热，待排除故障后，方可继续蒸馏。

[3] 调节加热速度，使馏出液的速度为每秒 2~3 滴。

[4] 测定比旋光度可将几个人所得柠檬烯合并起来，用 95% 乙醇配成 5% 溶液进行测定。

【思考题】

为什么橙皮中的柠檬烯可用水蒸气蒸馏方法分离出来？还有哪些物质的有效成分可用此法分离？

实验六　从八角中提取八角挥发油

【实验目的】

（1）学习中药挥发油的提取原理和方法；实验设计的思路和方法。

（2）掌握水蒸气蒸馏的操作和挥发油测定器的使用。

【实验原理】

挥发油（volatile oil）又称精油（essential oil），是一类在常温下能挥发的、可随水蒸气蒸馏并与水不相混溶的油状液体的总称。挥发油为多种类型成分的混合物。大多数挥发油比水轻，仅少数比水重（如丁香油、桂皮油等）；挥发油在水中的溶解度很小，易溶于醚、三氯甲烷、石油醚、二硫化碳和脂肪油等有机溶剂，能完全溶于无水乙醇，在其他浓度的醇中只能溶解一定的量。因此，《中华人民共和国药典》规定用挥发油在醇中的溶解度检查挥发油的纯度。

大茴香醚

常用于提取挥发油的方法有蒸馏法、溶剂提取法和超临界萃取法，其中水蒸气蒸馏法最为常用。水蒸气蒸馏法装置较多，其中挥发油提取器[1]提取挥发油《中华人民共和国药典》中有要求[2]。

本实验方案由学生自己设计方案从八角果实中提取八角挥发油[3,4]。八角性温，具有温经散寒、行气止痛的功效，所含的挥发油，具有止痛、消炎、抗菌作用。八角挥发油为无色或淡黄色液体，具有茴香味和挥发性，相对密度为 0.980~0.994（15℃），折光率为 1.5530~1.5600（20℃）。其主要成分为大茴香醚（占 85% 以上）、胡椒酚甲醚、黄樟醚、茴香醛、茴香酸等，这些成分均易溶于二氯甲烷、三氯甲烷、乙醇、乙醚等有机溶剂，难溶于水。因此，可采用水蒸气蒸馏法提取。

【实验步骤】

（1）查阅有关文献。

（2）设计实验方案（包括实验原理、所需实验材料、实验内容、计算方法等），经教师审阅同意后，进行实验。

【注释】

[1] 采用挥发油测定器提取挥发油，需要初步了解该药材中挥发油的含量，但所用的药材应能蒸出的挥发油不少于 0.5ml 为宜。

[2] 挥发油含量测定装置一般分为两种：一种适用于相对密度小于 1.0 的挥发油测定；另一种适用于测定相对密度大于 1.0 的挥发油。《中华人民共和国药典》规定，测定相对密度大于 1.0 的挥发油，也在相对密度小于 1.0 的测定器中进行，其方法是在加热前，预先加入 1ml 二甲苯于测定器内，然后进行水蒸气蒸馏，使蒸出的相对密度大于 1.0 的挥发油溶于二甲苯中。由于二甲苯的相对密度为 0.8969，一般能使挥发油与二甲苯的混合溶液浮于水面。由测定器刻度部分读取油层的量时，扣除加入二甲苯的体积即挥发油的量。

[3]《中华人民共和国药典》中规定了一些生药挥发油的含量要求。如八角茴香中挥发油含量不得少于 4.0%（ml/g）。

[4] 用挥发油提取器提取挥发油，以测定器刻度管中的油量不再增加作为判断是否提取完全的标准。

【思考题】

（1）为什么八角挥发油可用水蒸气蒸馏法提取？

（2）在进行水蒸气蒸馏时，用什么简便的方法可以证明八角油已被完全蒸出？

实验七　安息香的合成

【实验目的】

（1）学习安息香缩合的原理。

（2）掌握应用维生素 B_1 为催化剂进行安息香缩合反应的实验操作方法。

（3）进一步熟悉回流、重结晶等基本操作。

【实验原理】

安息香为乳白色或淡黄色结晶，溶于丙酮、热乙醇、微溶于水。安息香可由两分子苯甲醛在 NaCN 或 KCN 存在下，发生分子间缩合，生成安息香（2-羟基-2-苯基苯乙酮），这一反应称为安息香缩合反应。催化剂除氰化物外，也可以使用噻唑盐，而且使用噻唑盐做催化剂时，有 α-H 的醛也能够缩合。

由于氰化物是剧毒物质，在实验室操作极不安全，故改用维生素 B_1 作催化剂，维生素 B_1 是一种生物辅酶，在碱性条件下催化安息香的形成。

本法用维生素 B_1（Thiamine）盐酸盐代替氰化物催化安息香缩合反应，优点是无毒、反应条件温和且产率较高。

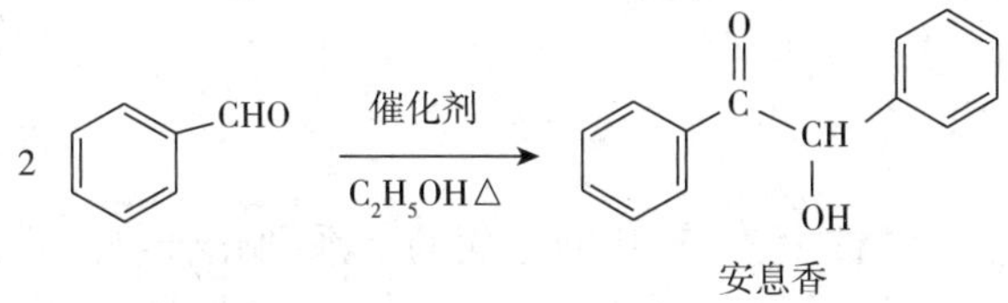

$$2 \quad \underset{\text{苯甲醛}}{\text{PhCHO}} \quad \xrightarrow[\text{C}_2\text{H}_5\text{OH}\triangle]{\text{催化剂}} \quad \underset{\text{安息香}}{\text{Ph-C(=O)-CH(OH)-Ph}}$$

【试剂】

5.2g（5ml，0.05mol）苯甲醛（新蒸)[1]，0.9g 维生素 B_1（维生素 B_1 盐酸硫胺素），95% 乙醇，10% 氢氧化钠溶液。

【实验步骤】

在 50ml 圆底烧瓶中，加入 0.9g 维生素 B_1、2.5ml 蒸馏水和 7.5ml 乙醇，将烧瓶置于冰浴中冷却。同时取 2.5ml 10% 氢氧化钠溶液于一支试管中也置于冰浴中冷却[2]。然后在冰浴冷却下，将氢氧化钠溶液在 10 分钟内滴加至硫胺素溶液中，并不断振荡，调节溶液 pH 至 9~10，此时溶液呈黄色。去掉冰水浴，加入 5ml 新蒸的苯甲醛，装上回流冷凝管，加几粒沸石，将混合物置于水浴上温热 1.5 小时。水浴温度保持在 60~75℃，切勿将混合物加热至剧烈沸腾，此时反应混合物呈橘黄或橘红色均相溶液。将反应混合物冷却至室温，析出浅黄色结晶。将烧瓶置于冰浴中冷却使结晶完全。若产物呈油状物析出，应重新加热使成均相，再慢慢冷却重新结晶。必要时可用玻璃棒摩擦瓶壁或投入晶种。抽滤，用 25ml 冷水分两次洗涤结晶。粗产物用 95% 乙醇重结晶[3]。若产物呈黄色，可加入少量活性炭脱色。纯安息香为白色针状结晶，产量约 2g，熔点 134~136℃。

纯安息香的熔点为 137℃。

本实验约需 4 小时。

【注释】

[1] 苯甲醛中不能含有苯甲酸，用前最好经 5% 碳酸氢钠溶液洗涤，而后减压蒸馏，并避光保存。

[2] 维生素 B_1 在酸性条件下是稳定的。但易吸水，在水溶液中易氧化失效，光及铜、铁及锰等金属离子均可加速氧化，在氢氧化钠溶液中噻唑环易开环失效。因此，反应前维生素 B_1 溶液及氢氧化钠溶液必须用冰水冷透。

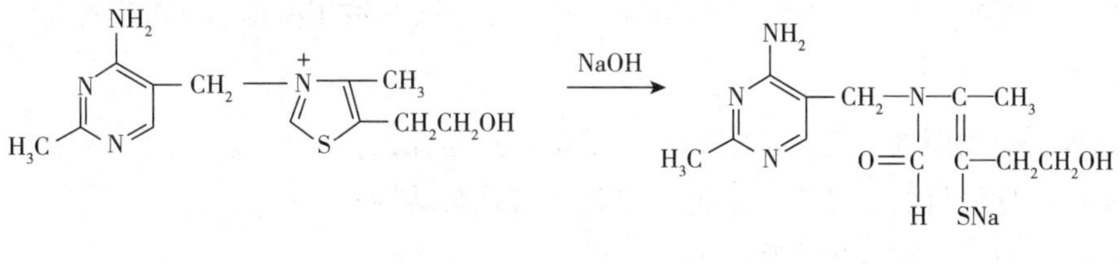

[3] 安息香在沸腾 95% 乙醇中的溶解度为 12~14g/100ml。

【思考题】

为什么加入苯甲醛前，反应混合物的 pH 要保持 9~10？溶液 pH 过低有什么不好？

实验八 2-羟基查尔酮的合成

【实验目的】

(1) 理解 2-羟基查尔酮合成的实验原理。

（2）熟悉羟醛缩合反应在合成上的应用。

（3）进一步熟练重结晶的操作方法。

【实验原理】

黄酮类化合物主要是指基本母核为 2-苯基色原酮的一系列化合物。现泛指两个苯环（A 与 B 环）通过三个碳原子相互联结而成的一系列化合物。查尔酮衍生物属于黄酮类化合物，具有抗菌、抗氧化、抗炎、抗肿瘤等活性。

交叉羟醛缩合：一分子含 α-H 的醛、酮和另一分子不含 α-H 的醛、酮在酸或碱催化下发生缩合，形成 β-羟基醛、酮的反应。本实验利用水杨醛和苯乙酮在碱性、室温条件下发生交叉缩合反应合成 2-羟基查尔酮。

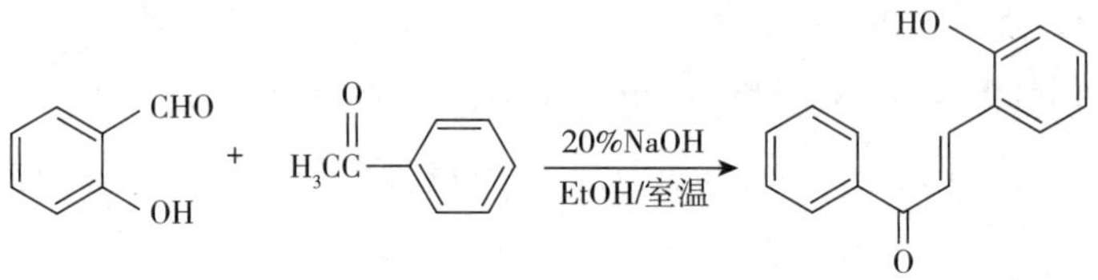

【实验步骤】

1. 2-羟基查尔酮的合成　量取 2ml 水杨醛在 50ml 干燥锥形瓶中，加入 2ml 苯乙酮摇匀，再加入 10ml 20% NaOH 溶液[1]和 5ml 95% 乙醇，放入搅拌子并塞上塞子，室温下在磁力搅拌器上反应 2 小时[2]。反应结束后加入 20ml 蒸馏水分散，加入盐酸酸化至刚果红试纸变蓝，冷却至室温后抽滤，用水洗涤 2~3 次，即得黄色粗品，称重。

2. 2-羟基查尔酮的纯化　取 2g 粗产物，加入 30ml 95% 乙醇，安装回流装置，加热回流溶解后，稍冷加入 0.1g 活性炭进行脱色，加热沸腾（微沸）3 分钟后趁热抽滤（注：抽滤前，整套抽滤装置需用热水预热）。滤液自然冷却至室温，析出黄色结晶。抽滤，用水洗涤 2~3 次，干燥，称重。

【注释】

[1] 在查尔酮的合成中最常用的是稀碱，适当的碱浓度可以提高反应收率。也可以使用 KOH 来催化此反应。

[2] 反应时间对此反应的影响较显著，时间短，则转化率不够高，产品收率低；时间过长，反应周期长，能耗增大，成本升高，收率升高不明显，同时会引起其他副反应。

【思考题】

（1）羟醛缩合反应的原理及交叉羟醛缩合的结构特点是什么？

（2）本实验中酸化的目的是什么？如何检测是否酸化至酸性？

（3）重结晶的过程及注意事项有哪些？

实验九　肥皂的制备及其性质

【实验目的】

（1）学习肥皂制备的原理和方法。

（2）了解油脂的一般性质。

【实验原理】

油脂受酶的作用或在酸、碱存在下，易被水解成甘油和高级脂肪酸，高级脂肪酸的钠盐即通常所用的肥皂。

$$
\begin{array}{l}
CH_2O{-}COR \\
| \\
CH_2O{-}COR' \quad + 3NaOH \xrightarrow{\ \triangle\ } \\
| \\
CH_2O{-}COR''
\end{array}
\quad
\begin{array}{l}
CH_2OH \\
| \\
CHOH \\
| \\
CH_2OH
\end{array}
\quad + \quad
\begin{array}{l}
RCOONa \\
R'COONa \\
R''COONa
\end{array}
$$

当加入饱和食盐水后，由于肥皂不溶于盐水而被盐析，甘油则溶于盐水，据此可将甘油和肥皂分开。

生成的甘油可用硫酸铜的氢氧化钠溶液检验，得蓝色溶液，肥皂与无机酸作用则游离出难溶于水的高级脂肪酸。

$$RCOONa + HCl \longrightarrow RCOOH + NaCl$$

由于高级脂肪酸的钙盐、镁盐不溶于水，故常用的肥皂溶液遇钙、镁离子后就生成钙盐、镁盐沉淀而失效。因此，用硬度高的水洗衣服时，肥皂消耗多且不易洗净。

【实验步骤】

1. 肥皂的制备——油脂的皂化

（1）皂化　取 15ml 菜油[1]于 100ml 圆底烧瓶中，再加 18ml 95% 乙醇[2]和 30ml 30% NaOH 溶液，投入几粒沸石，装上球形冷凝管，加热回流 60 分钟（最后检查皂化反应是否进行完全[3]），即得菜油皂化后的肥皂乙醇溶液，留作以下实验用。

（2）盐析　皂化完全后，将肥皂液倒入一盛有 90ml 饱和食盐水的烧杯中，边倒边搅拌，这时会有一层肥皂浮于溶液表面，冷却后，进行减压过滤，将滤渣转移至指定容器放置干燥即为肥皂。滤液留作检验甘油试验。

2. 油脂中甘油的检查　取两支试管，一支加入 1ml 上述滤液，另一支加入 1ml 蒸馏水做空白试验。然后在两支试管中各加入 5 滴 5% NaOH 溶液及 3 滴 5% CuSO₄ 溶液，比较两者颜色有何区别并说明原因。

3. 肥皂的性质　取少量所制肥皂于小烧杯中，加入 20ml 蒸馏水，稍加热，并不断搅拌，使其溶解为均匀的肥皂水溶液。

（1）取一支试管，加入 1~3ml 肥皂水溶液，在不断搅拌下徐徐滴加 5~10 滴 10% HCl 溶液，观察现象，并说明原因。

（2）取两支试管，各加入 1~3ml 肥皂水溶液，再分别加入 5~10 滴 10% CaCl₂溶液和 10% MgSO₄溶液，观察有何现象产生并说明原因。

【注释】

［1］也可用其他动植物油制备肥皂。

［2］由于油脂不溶于碱水溶液，故皂化反应进行得很慢，加入乙醇可增加油脂的溶解度，使油脂与碱形成均匀的溶液，从而加速皂化反应的进行。

［3］检查皂化反应是否完全的方法：取出几滴皂化液置于试管中，加入 5~6ml 蒸馏水，加热振荡，如无油滴分出，表示已皂化完全。

【思考题】

（1）肥皂的制备原理是什么？写出反应式。

（2）皂化过程为什么加乙醇？乙醇的作用是什么？

（3）如何检验油脂的皂化作用是否完全？

（4）检测甘油的原理是什么？写出化学反应方程式。

实验十　甲基橙的合成

【实验目的】

（1）掌握由重氮化反应和偶合反应制备甲基橙的原理和方法。

（2）熟练重结晶操作。

【实验原理】

重氮盐常用来制备芳香卤代物、酚、芳腈及偶氮染料等，如指示剂甲基橙，它是由对氨基苯磺酸重氮盐与 N,N-二甲基苯胺的醋酸盐，在弱酸介质中偶合得到的。偶合首先得到的是嫩红色的取代甲基橙，称为酸性黄；在碱性介质中黄转变为橙黄色的钠盐，即甲基橙。

甲基橙常用作染料和酸碱指示剂，其变色范围是 3.1 ~ 4.4 时呈橙色，pH < 3.1 时变红，pH > 4.4 时变黄。

甲基橙合成途径可以从苯胺开始，经过磺化，进一步重氮化，再与 N,N-二甲基苯胺发生偶联反应制得。

反应式：

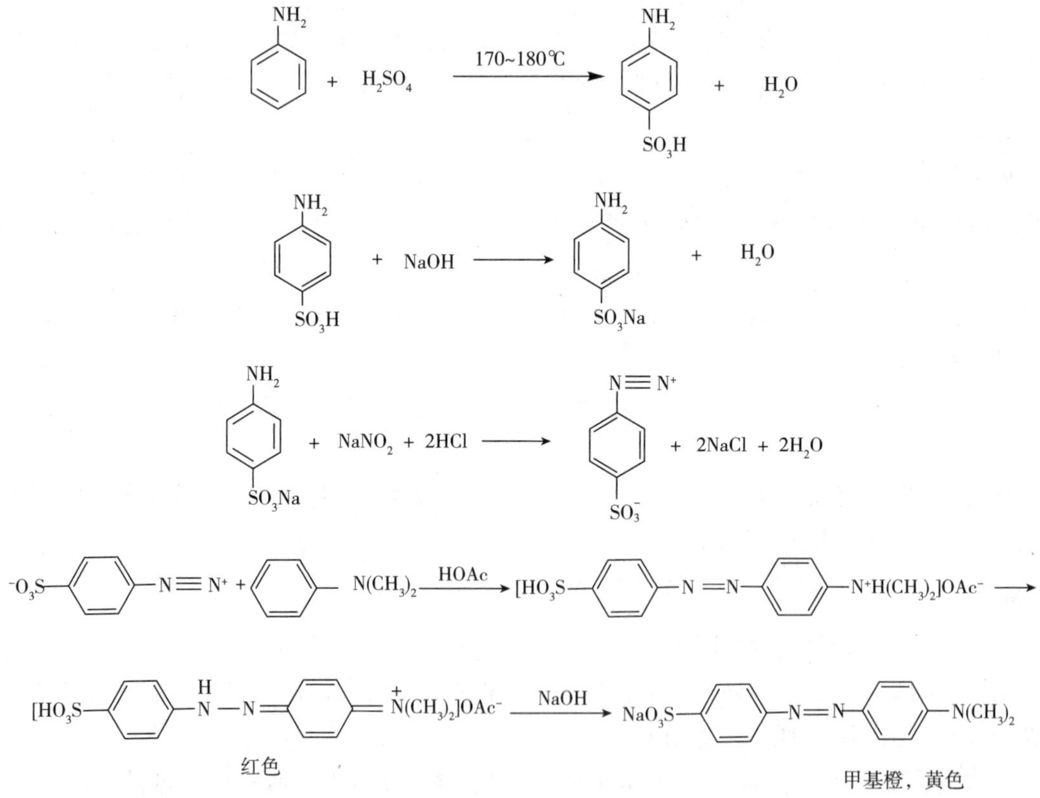

【试剂】

苯胺 1.2g（1.18ml，0.013mol），浓硫酸 2.2ml（d ≈ 1.84，0.045mol），对氨基苯磺酸（自制）1g（0.0052mol），亚硝酸钠 0.4g（0.0058mol），浓盐酸 1.5ml，N,N-二甲基苯胺 0.6g（0.0049mol），冰醋酸 0.5ml，5% 氢氧化钠 21ml，乙醇，乙醚，淀粉-碘化钾试纸。

【实验步骤】

1. 对氨基苯磺酸[1]的制备　在50ml三口梨形瓶中加入1.2g苯胺，在冷水中冷却，不断摇动下，小心加入2.2ml浓硫酸，装上冷凝管和温度计（温度计水银球浸在反应液中）；另一瓶口用塞子塞住。用油浴加热，维持温度170～180℃[2]，反应1.5小时，停止加热。稍冷[3]，将反应物倒入12ml冰水中，在激烈搅拌下，对氨基苯磺酸呈灰白色固体析出。用布氏漏斗抽滤，少量水洗后得对氨基苯磺酸粗产品。用沸水重结晶[4]，活性炭脱色，抽滤收集产品，晾干，得灰白色粗针状结晶，称重，计算产率。

2. 甲基橙的制备

（1）**对氨基苯磺酸重氮化**　在50ml烧杯中，加入1.0g对氨基苯磺酸晶体及5ml 5%的氢氧化钠溶液，温热使结晶溶解，用冰盐浴冷却至0℃以下。在一试管中将0.4g亚硝酸钠加于3ml水中，将此溶液加入上述烧杯中。控制温度0～5℃，在不断搅拌下，将1.5ml浓盐酸与5ml水配成的溶液缓缓滴加到上述混合液中。快滴加完时，用淀粉-碘化钾试纸检验呈现蓝色为止，若试纸不显蓝色，则补加少量亚硝酸钠溶液，直至能使淀粉-碘化钾试纸显蓝色为止。将反应液在此温度放置15分钟，以使反应完全[5]。

（2）**偶合反应**　将量取的0.6g(5.1mmol)N,N-二甲基苯胺和0.5ml冰醋酸在试管中小心混合。在不断搅拌下，将此溶液慢慢加到上述冷却的重氮盐溶液中。加完后，继续搅拌10分钟，然后慢慢加入15.5ml 5%氢氧化钠溶液，直至反应物呈碱性变成橙色为止。粗制的甲基橙呈细粒状晶体析出。将反应物在沸水浴上加热5分钟，冷却至室温后，再在冰水浴中冷却，使甲基橙晶体完全析出。抽滤，收集晶体，依次用少量水、乙醇、乙醚洗涤，压干。晾干后，得甲基橙粗产品。产品用沸水（每100ml水中含0.1～0.2g氢氧化钠）重结晶，待结晶析出完全后，抽滤，依次用少量乙醇和乙醚[6]洗涤，晾干，得橙色片状结晶。

将少量甲基橙溶于水中，加几滴稀盐酸，然后再用稀碱中和，观察甲基橙在酸和碱中的颜色变化。

本实验约需8小时。

【注释】

[1] 对氨基苯磺酸是制备偶氮染料的重要中间体，是两性化合物，分子结构中同时存在着一个强酸性的磺酸基和一个弱碱性的氨基。本实验得到的对氨基苯磺酸实际以内盐形式存在：

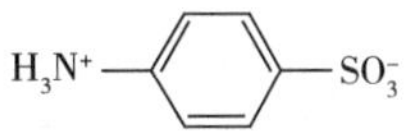

$$H_3N^+ \text{—⬡—} SO_3^-$$

[2] 如果反应温度过高，容易生成黑色黏稠状物质。

[3] 当温度低于50℃，反应物可能变黏稠甚至凝固，不易倒出。

[4] 对氨基苯磺酸在水中的溶解度如下：

温度（℃）	100ml水中溶解克数
100	6.67
20	1.08

说明对氨基苯磺酸常温下在水中的溶解度也很大，用水重结晶时，若将母液回收，浓缩还可收集部分产品。水重结晶后，产品含一分子结晶水，在100℃失水。

[5] 此时有橙色沉淀析出，沉淀是重氮盐在水中电离形成的中性内盐在较低温度下水溶解度降低，析出固体结晶。

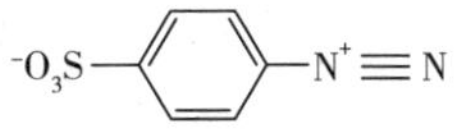

$$^-O_3S \text{—⬡—} N^+ \equiv N$$

［6］用乙醇和乙醚洗涤是为洗去残存在产品中的水分，使其迅速干燥，重结晶操作应迅速，否则由于产物呈碱性，在温度高时易使产物变质，颜色变深。

【思考题】

（1）重氮化反应为什么需要用淀粉－碘化钾试纸检验？

（2）制备重氮盐为什么要维持 0～5℃ 的低温？

（3）试解释甲基橙在酸碱介质中变色的原因，并用反应式表示。

实验十一　香豆素-3-羧酸的合成

【实验目的】

（1）掌握利用 Knoevenagel 反应制备香豆素的方法。

（2）熟悉酯水解法制备羧酸。

（3）巩固回流、无水操作及重结晶操作。

【实验原理】

香豆素，又名 1,2-苯并吡喃酮，白色斜方晶体或结晶粉末，存在于许多天然植物中。1820 年首先从香豆的种子中发现，薰衣草、桂皮的精油中也含有。香豆素具有甜味且有香茅草的香气，是重要香料，常用作定香剂，可用于配制香水、花露水、香精等，也可用于一些橡胶制品和塑料制品，其衍生物还可用作农药、杀鼠剂、医药等。天然植物中香豆素含量很少，1868 年，Perkin（柏琴）用邻羟基苯甲醛（水杨醛）与醋酸酐、醋酸钾一起加热合成制得，所以称为 Perkin 合成法。

在碱性条件下水杨醛和醋酸酐首先发生缩合反应，经酸化后生成邻羟基肉桂酸，进一步在酸性条件下闭环成香豆素。Perkin 反应存在着反应时间长、反应温度高、产率有时不理想等缺点。

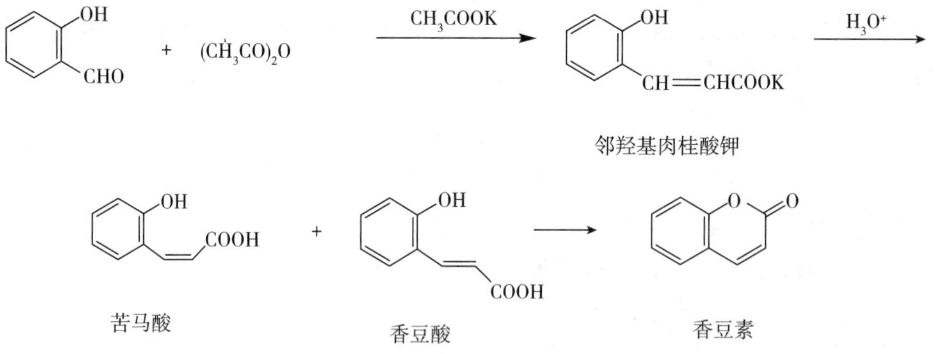

邻羟基肉桂酸钾

苦马酸　　香豆酸　　香豆素

本实验采用改进的方法进行合成，用水杨醛和丙二酸酯在有机碱的催化下，可在较低的温度合成香豆素的衍生物。这种合成方法称为 Knoevenagel（克脑文格尔）合成法。

水杨醛与丙二酸酯在六氢吡啶的催化下缩合成香豆素-3-甲酸乙酯，后者加碱水解，此时酯基和内酯均被水解，然后经酸化再次闭环形成内酯，即香豆素-3-羧酸。

反应式：

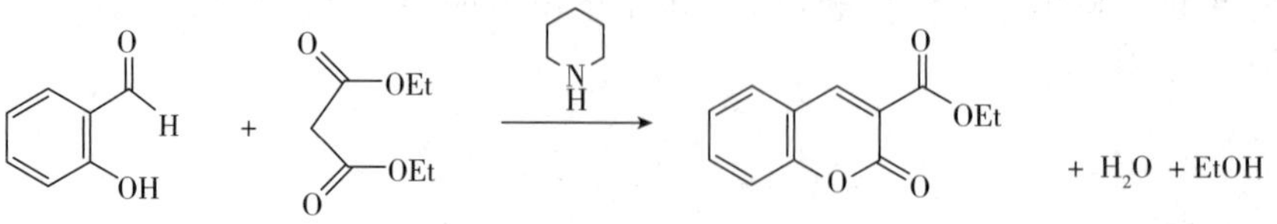

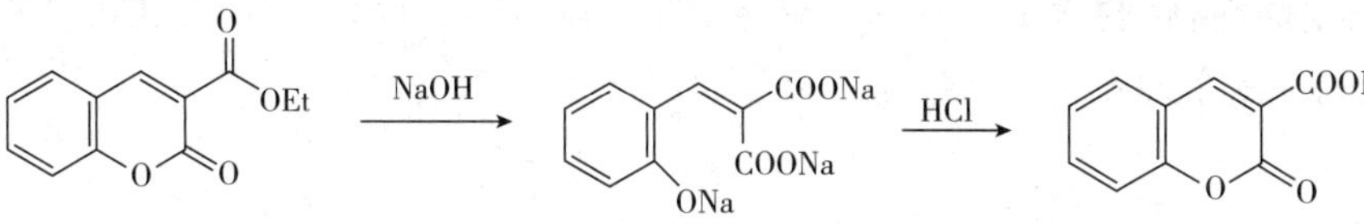

【试剂】

水杨醛 5.0g（4.2ml，0.014mol），丙二酸二乙酯 7.2g（6.8ml，0.045mol），无水乙醇，六氢吡啶，冰醋酸，95% 乙醇，氢氧化钠，浓盐酸，无水氯化钙。

【实验步骤】

1. 香豆素-3-甲酸乙酯的制备　在干燥的 100ml 圆底烧瓶中依次加入 4.2ml 水杨醛、6.8ml 丙二酸二乙酯、25ml 无水乙醇、0.5ml 六氢吡啶、2 滴冰醋酸和几粒沸石，装上配有无水氯化钙干燥管的球形冷凝管后，加热回流 2 小时。

反应结束稍冷后将反应物转移到锥形瓶中，加入 30ml 水，用冰水浴冷却，有结晶析出。待晶体析出完全后，抽滤，并每次用 2~3ml 冰水浴冷却过的 50% 乙醇洗涤晶体 2~3 次[1]，得到的白色晶体为香豆素-3-甲酸乙酯的粗产物，可用 25% 乙醇水溶液重结晶。

香豆素-3-甲酸乙酯熔点是 92~94℃。

2. 香豆素-3-羧酸的合成　在 100ml 圆底烧瓶中加入上述自制的 4g 香豆素-3-甲酸乙酯、3g NaOH、20ml 95% 乙醇和 10ml 水，加入几粒沸石，装上冷凝管，加热使酯溶解，然后继续加热回流 15 分钟。停止加热，稍冷后，在搅拌下将反应混合物加到盛有 10ml 浓盐酸和 50ml 水的烧杯中，立即有大量白色结晶析出，在冰浴中冷却使结晶完全。抽滤，用少量冰水洗涤、压紧、抽干。干燥后得产物约 3g，熔点 188.5℃。粗品可用水重结晶。

纯香豆素-3-羧酸熔点为 190℃（分解）。

本实验需 7~8 小时。

【注释】

［1］加入 50% 乙醇溶液的作用是洗去粗产物中的黄色杂质。

【思考题】

（1）试写出利用 Knoevenagel 反应制备纯香豆素-3-羧酸的反应机理。

（2）如何利用香豆素-3-羧酸制备香豆素？

实验十二　喹啉-8-酚的合成

【实验目的】

（1）掌握环合的 Skraup 反应原理；喹啉-8-酚的合成方法。

（2）巩固回流及水蒸气蒸馏等基本操作。

【实验原理】

喹啉和喹啉衍生物在医药和染料工业领域有着重要的应用。喹啉-8-酚是重要喹啉类化合物之一，可以用来制备氯碘喹、喹碘方、氯喹那多等多种药物。其二价金属盐或与无机酸生产的盐类是皮革、纺织品、塑料、造纸、涂料等所用的防霉杀菌剂和杀藻剂。

Skraup（斯克劳普）反应是制备喹啉及其衍生物的重要方法，甘油在浓硫酸作用下脱水生成丙烯醛，再与邻氨基苯酚加成后脱水成环；邻硝基苯酚作为弱氧化剂将1,2-二氢喹啉-8-酚氧化成喹啉-8-酚，本身还原成邻氨基酚。

反应式：

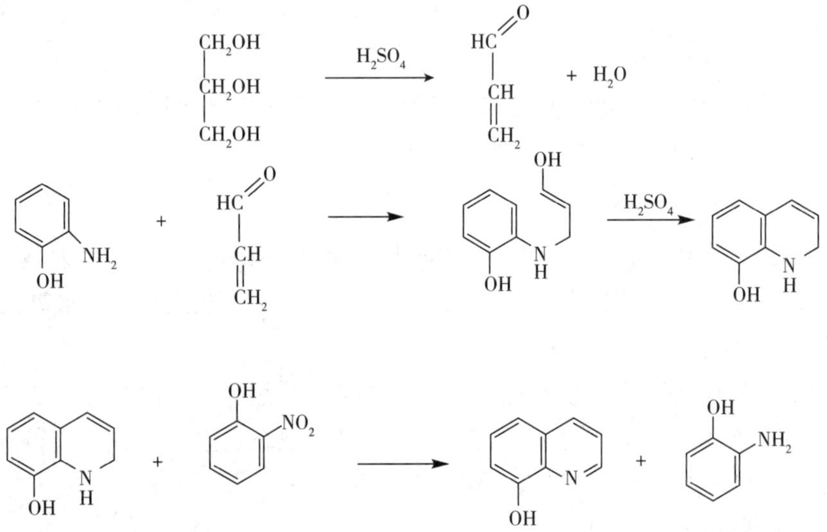

【试剂】

邻氨基苯酚2.8g（0.025mol），邻硝基苯酚1.8g（0.013mol），无水甘油[1]9.5g（7.5ml，0.1mol），浓硫酸4.5ml，氢氧化钠，乙醇。

【实验操作】

在100ml圆底烧瓶中加入9.5g无水甘油，并加入1.8g邻硝基苯酚和2.8g邻氨基苯酚，混合均匀后缓慢加入9ml浓硫酸[2]，装上回流装置，小火加热，微沸，撤去热源[3]，待作用缓和后，再继续加热，保持回流1.5~2小时。稍冷后，进行水蒸气蒸馏，除去未反应的邻硝基苯酚。将6g氢氧化钠溶于6ml水中，待烧瓶内液体冷却后加入，再用饱和碳酸钠溶液调至中性[4]，再进行第二次水蒸气蒸馏，蒸出喹啉-8-酚（收集馏液200~250ml[5]）。馏出液充分冷却后，抽滤收集析出物，即得粗产品。粗产品用4：1（体积比）的乙醇-水混合溶剂重结晶，得喹啉-8-酚2~2.5g。取0.5g产品进行升华操作，可得美丽的针状结晶。

喹啉-8-酚的熔点为75~76℃。

本实验需6~8小时。

【注释】

[1] 无水甘油的制备：将甘油在通风橱内置于蒸发皿中加热至180℃，冷至100℃左右，放入盛有硫酸的干燥器中备用。

[2] 试剂严格按所述的次序加入。如果浓硫酸先加入，则反应往往很激烈，不易控制。

[3] 此反应为放热反应，溶液微沸即表示反应已开始，为了避免反应过于激烈，需要控制反应温度。

[4] 喹啉-8-酚既溶于酸又溶于碱而成盐，成盐后不被水蒸气蒸馏蒸出，溶液pH控制在7~8之间，瓶内析出沉淀最多。

[5] 为确保产物蒸出，在水蒸气蒸馏后，对残液pH再进行一次检查，必要时再进行水蒸气蒸馏。

【思考题】

（1）为什么第一次水蒸气蒸馏要在酸性条件下进行，第二次却要在中性条件下进行？

（2）可以用水蒸气蒸馏提取的物质需要具备什么条件？

实验十三　外消旋 α-苯乙胺的拆分

【实验目的】

（1）学习外消旋 α-苯乙胺拆分的基本原理；旋光度的测定方法。

（2）熟悉外消旋体的拆分方法。

【实验原理】

在非手性条件下，由一般合成反应所得的手性化合物为等量的对映体组成的外消旋体，故无旋光性。利用拆分的方法，把外消旋体的一对对映体分成纯净的左旋体和右旋体，即所谓外消旋体的拆分。早在 1848 年，Louis Pasteur（路易·巴斯德）就首次利用物理的方法，拆开了一对光学活性酒石酸盐的晶体，对映异构现象从而被发现。但这种方法不适用于大多数外消旋体化合物的拆分。

拆分外消旋体最常用的方法是利用化学反应把对映体变为非对映体。如果手性化合物的分子中含有一个易于反应的拆分基团，如羧基或氨基等，就可以使它与一个纯的旋光化合物（拆解剂）反应，从而把一对对映体变成两种非对映体。由于非对映体具有不同的物理性质，如溶解性、结晶性等，利用结晶等方法将它们分离、精制，然后再去掉拆解剂，就可以得到纯的旋光化合物，达到拆分的目的。

实际工作中，要得到单个旋光纯的对映体，并不是件容易的事情，往往需要冗长的拆分操作和反复的重结晶才能完成。常用的拆解剂有马钱子碱、奎宁和麻黄碱等旋光纯的生物碱（拆分外消旋的有机酸）及酒石酸、樟脑磺酸等旋光纯的有机酸（拆分外消旋的有机碱）。外消旋的醇通常先与丁二酸酐或邻苯二甲酸酐形成单酯，用旋光纯的碱把酸拆分，再经碱性水解得到单个旋光性的醇。

此外，还可利用酶对其底物有非常严格的空间专一性的反应性能，即生化的方法或利用具有光学活性的吸附剂即直接层析法等，把一对光学异构体分开。

对映体的完全分离当然是最理想的，但在实际工作中很难做到达一点，常用光学纯度表示被拆分后对映体的纯净程度，它等于样品的比旋光度除以纯对映体的比旋光度。

$$光学纯度 = \frac{测得样品的比旋光度}{纯对映体的比旋光度} \times 100\%$$

本实验以(+)-酒石酸为拆分剂，它与外消旋 α-苯乙胺形成非对映异构体的盐。

反应式：

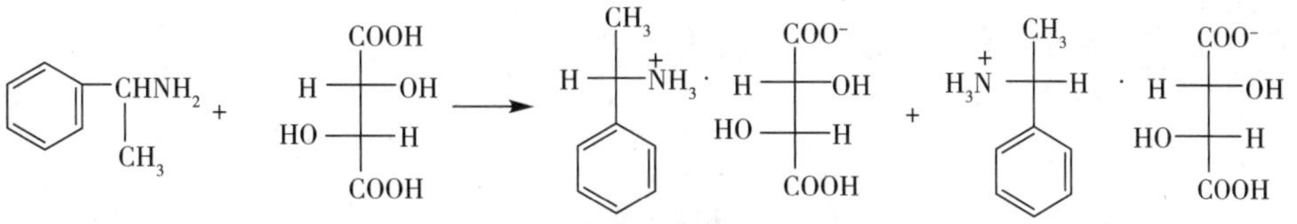

（±）-α-苯乙胺　　　　（+）-酒石酸　　　（+）-胺·（+）-酒石酸盐　　　（−）-胺·（+）-酒石酸盐

由于在甲醇中(−)-胺·(+)-酒石酸盐比另一种非对映体的盐溶解度小，故从溶液中结晶析出，经稀碱处理使(−)-α-苯乙胺游离出来。

【试剂】

(+)-酒石酸 12.6g(0.084mol)，α-苯乙胺 10g（0.074mol），甲醇，乙醚，50% 氢氧化钠。

【实验步骤】

1. **(S)-(-)-α-苯乙胺的分离**　在500ml锥形瓶中，加入12.6g (+)-酒石酸和180ml甲醇。在水浴上加热至接近沸腾（约60℃），搅拌使酒石酸溶解。在不断搅拌下加入10g α-苯乙胺。小心操作，以免混合物沸腾或起泡溢出。冷至室温后，将烧瓶塞住，放置24小时以上，应析出白色棱状晶体，若析出针状结晶，应重新加热溶解并冷却至完全析出棱状结晶[1]。抽气过滤，并用少量冷甲醇洗涤。干燥后得(-)-胺·(+)-酒石酸盐约8g。

将8g (-)-胺·(+)-酒石酸盐置于250ml锥形瓶中，加入30ml水，搅拌使部分结晶溶解．加入5ml 50%氢氧化钠溶液，搅拌使混合物完全溶解。将溶液转入分液漏斗中，每次用15ml乙醚萃取两次。合并萃取液，用无水硫酸钠干燥，水层倒入指定容器中回收(+)-酒石酸。

将干燥后的乙醚溶液转移到25ml圆底烧瓶中，在水浴上蒸去乙醚后，然后蒸馏收集180~190℃馏分[2]于一已称重的锥形瓶中，产量2~2.5g，用塞子塞住锥形瓶准备测定比旋光度。

2. **比旋光度的测定**　因制备的纯胺量不足以充满旋光管，故必须用甲醇稀释。用移液管移取10ml甲醇于盛胺的锥形瓶中，振摇使胺溶解。溶液的总体积接近10ml加上胺的体积，或者是后者的质量除以其相对密度（0.9395），两个体积的加和值在本步骤中引起的误差可忽略不计。根据胺的质量和总体积，计算出胺的浓度（g/ml）。将溶液置于2dm的样品管中，测定旋光度及比旋光度，并计算拆分后胺的光学纯度（按第二章"有机化合物物理常数的测定"中的公式计算）。纯(S)-(-)-α-苯乙胺的 $[\alpha]_D^{25}$ = -39.5°。

本实验需4~6小时。

【注释】

[1] 必须得到棱状结晶，这是实验成功的关键。若溶液中析出针状晶体，可采取如下步骤：①由于针状晶体易溶解，可缓慢加热混合物到恰好针状晶体完全溶解而棱状晶体尚未开始溶解为止，重新放置过夜；②分出少量棱状晶体，加热混合物至其余晶体全部溶解，稍冷后，加入棱状晶体作晶种，放置过夜。

[2] 蒸馏α-苯乙胺时，容易起泡，可加入1~2滴消泡剂（聚二甲基硅烷10%~30%的己烷溶液）。作为一种简化处理，可将干燥后的醚溶液直接过滤到一事先称重的圆底瓶中，先在水浴上尽可能蒸去乙醚，再用水泵抽去残留的乙醚。称量烧瓶即可计算出(-)-α-苯乙胺的质量。省去了进一步的蒸馏操作。

【思考题】

（1）本实验中，旋光性物质拆分的原理是什么？关键是什么？

（2）旋光性物质的拆分还有哪些方法可以采用？

书网融合……

思政导航

附　录

一、常用元素相对原子质量

元素	符号	相对原子质量	元素	符号	相对原子质量
银	Ag	107.87	镁	Mg	24.305
铝	Al	26.98	锰	Mn	54.938
砷	As	74.92	钼	Mo	95.94
硼	B	10.81	氮	N	14.007
钡	Ba	137.33	钠	Na	22.989
铋	Bi	208.98	镍	Ni	58.71
溴	Br	79.904	氧	O	15.999
碳	C	12.00	磷	P	30.97
钙	Ca	40.08	铅	Pb	207.19
氯	Cl	35.45	钯	Pd	106.42
铬	Cr	51.996	铂	Pt	195.09
铜	Cu	63.543	硫	S	32.064
氟	F	18.98	锑	Sb	121.75
铁	Fe	55.847	硅	Si	28.086
氢	H	1.008	锡	Sn	118.710
汞	Hg	200.59	钛	Ti	47.88
碘	I	126.905	铊	Tl	204.383
钾	K	39.098	钨	W	183.85
锂	Li	6.941	锌	Zn	65.38

二、水的蒸汽压力（0~100℃）

温度 （℃）	蒸汽压力 （mmHg）	温度 （℃）	蒸汽压力 （mmHg）	温度 （℃）	蒸汽压力 （mmHg）	温度 （℃）	蒸汽压力 （mmHg）
0	4.579	12	10.518	24	22.377	40	55.324
1	4.926	13	11.231	25	23.756	45	71.88
2	5.294	14	11.987	26	25.209	50	92.61
3	5.685	15	12.788	27	26.739	55	118.04
4	6.101	16	13.634	28	28.349	60	149.38
5	6.543	17	14.530	29	30.043	65	187.54
6	7.013	18	15.477	30	31.62	70	233.7
7	7.513	19	16.477	31	33.695	75	289.1
8	8.045	20	17.535	32	35.52	80	355.1
9	8.609	21	18.650	33	37.729	85	433.6
10	9.209	22	19.827	34	39.898	90	525.76
11	9.844	23	21.068	35	42.175	91	546.05

温度 (℃)	蒸汽压力 (mmHg)	温度 (℃)	蒸汽压力 (mmHg)	温度 (℃)	蒸汽压力 (mmHg)	温度 (℃)	蒸汽压力 (mmHg)
92	566.99	95	633.90	98	707.27		
93	588.60	96	657.62	99	733.24		
94	610.90	97	682.07	100	760.00		

三、常用有机溶剂的理化常数与纯化方法

常用有机溶剂的理化常数是学生成功进行实验的重要参数，对实验溶剂的性状及基本知识的了解，有助于提高学生对实验过程的理解。

市售有机溶剂通常有分析纯试剂（AR）、化学纯试剂（CP）、工业试剂等不同规格，可根据实验对溶剂的具体要求来进行选用，一般不需做纯化处理。下列情况需对溶剂进行纯化：实验对溶剂的纯度要求特别高，市售溶剂不能满足要求；溶剂放置时间过长，由于氧化、吸潮、光照等原因可能增加了杂质而不能满足实验要求；溶剂用量过大，为降低成本以较低规格溶剂替代高规格溶剂；溶剂回收再利用。

1. 甲醇(CH_3OH,32.04)

bp 64.96℃，d_4^{20}0.7914，n_D^{15}1.3288，闪点 12℃，爆炸极限 6.0% ~ 36.5‰(V/V)，介电常数（ε）32.7。

能与水以任意比例互溶，但不形成恒沸混合物；溶于醇类、乙醚、苯及其他有机溶剂；易挥发、易燃烧，有毒，特别是损害视力。

可能存在的杂质是水、丙酮、甲醛、乙醇及甲基甲酰胺等。

含水量低于0.5%的甲醇，经重蒸馏即可除去水。含水量低于0.01%的甲醇，用分馏法或用4Å分子筛干燥。

绝对无水甲醇的制备：无水甲醇3L，分3次加入清洁镁片25g和碘4g；油浴加热至沸，待反应缓慢后，再回流2小时，然后蒸馏即得。

杂质的去除：用高锰酸钾法大致测定醛、酮含量后，加入过量的盐酸羟胺，回流4小时，再重蒸。或将碘的碱性溶液与甲醇共热，使醛、酮氧化成碘仿，然后再用分馏柱精制。

甲醇不能用生石灰干燥，因甲醇能与石灰、水形成处于平衡状态的复合物，水分不但无法除尽，石灰还要吸附20%左右的甲醇。

2. 乙醇(C_2H_5OH,46.07)

bp 78.85℃，d_4^{25}0.7893，n_D^{20}1.3616，闪点 9℃，爆炸极限 3.5% ~ 18.0‰(V/V)，介电常数(ε)24.6。

能与水任意比例互溶，溶于醇类、乙醚、苯、石油醚等有机溶剂；与水能形成恒沸混合物，恒沸点78.17℃，含水4.47%(W/W)；易挥发、易燃烧。

常见的杂质为水、丙酮、甲醛等，市售无水乙醇常含有苯、甲苯等。

无水乙醇的制备：取95%乙醇1L，加生石灰250g，回流6小时后，重蒸即得无水乙醇，其乙醇含量约为99.5%。

绝对无水乙醇的制备：取无水乙醇3L，加清洁镁片15g，分3次加入碘3g，回流2~4小时，待镁片全呈粉状后，蒸馏即得99.95%以上的乙醇。由于乙醇具有强烈的吸水性，操作中必须注意防止吸收空气中的水分。所用仪器应事先于烘箱内干燥，临用时取出。反应机理如下，碘的加入能促进醇镁的生成：

$$Mg + 2C_2H_5OH \longrightarrow H_2 + Mg(OC_2H_5)_2$$

$$Mg(OC_2H_5)_2 + H_2O \longrightarrow C_2H_5OH + Mg(OH)_2$$

市售的乙醇常含有醛、酮，无水乙醇因采用苯共沸蒸馏所得，故常含有苯、甲苯，二者均不宜用于光谱分析。可用下法精制：95%乙醇1L，加25ml浓硫酸，水浴回流数小时后，蒸馏，初馏分50ml及残馏分100ml弃去。主馏分除去苯及甲苯等杂质，操作方法如下：在主馏分中加8g硝酸银，热溶后再加固体氢氧化钾15g，回流1小时，此时溶液中混有黏土色的氢氧化银悬浊液被醛、酮等物质还原，沉降出黑色的还原银，此反应需20～30分钟，若较早出现黑色沉淀，说明乙醇中含较多的还原性物质，则将乙醇蒸出后，再加硝酸银、氢氧化钾（1∶2，*W/W*），重复操作至无黑色沉淀析出为止。继续加热30分钟，蒸出乙醇，弃去初馏分50ml及残馏分100ml，收集的主馏分再重蒸一次，以去除微量的碱和银离子。此法制得的乙醇含水为3%～6%，在206nm处透明，200nm处有末端吸收，可用于紫外光谱分析。

3. 丙醇($CH_3CH_2CH_2OH$, 60.09)

bp 97.2℃，$d_4^{20}0.804$，$n_{20}^{20}1.385$，闪点22℃，爆炸极限2.5%～8.7%（*V/V*），介电常数（ε）20.3。

能与水以任意比例互溶，与醇、醚等有机溶剂互溶；能与水形成恒沸混合物，恒沸点88℃，含水28%；易燃。

主要杂质为水和丙烯醇。除水方法可参见无水乙醇的制备。加2.5%琥珀酸乙酯回流2小时，重蒸即可除去丙烯醇。

4. 异丙醇($CH_3CHOHCH_3$, 60.09)

bp 82.5℃，$d_4^{20}0.785$，$n_D^{20}1.3772$，闪点12℃，爆炸极限3.8%～10.2%（*V/V*），介电常数（ε）19.9。

能与水以任意比例互溶；能形成含水12%、沸点为80℃的恒沸混合物；与醇、醚等有机溶剂互溶；易燃。

一般重蒸即可精制，过多的水分可用3Å或4Å分子筛或生石灰（参见无水乙醇的制备）除去；重蒸后的异丙醇用5Å分子筛或无水硫酸铜干燥数天，含水量可少于0.01%，五碳以下的脂肪醇类多可采用此法干燥。

除去过氧化物的方法：每1L异丙醇加入10～15g氯化亚锡，回流半小时后，再按上法脱水。

5. 正丁醇[$CH_3(CH_2)_2CH_2OH$, 74.12]

bp 117℃，$d_4^{20}0.8098$，$n_D^{20}1.3993$，闪点28.8℃，爆炸极限3.7%～10.2%（*V/V*），介电常数（ε）17.5。

在20℃时，100g水可溶7.9g；能溶于醇、醚及其他有机溶剂；能形成含水43%、沸点93℃的共沸混合物；易燃，有毒。

所含水分可用无水硫酸镁、生石灰、固体氢氧化钠或分子筛等干燥，然后重蒸即可除去。

6. 正戊醇[$CH_3(CH_2)_3CH_2OH$, 88.13]

bp 138.1℃，$d_4^{20}0.8168$，$n_D^{20}1.4100$，闪点52.8℃，能与空气形成爆炸性混合物。

在20℃时，100g水可溶2.7g；易燃，有刺激性恶臭，有毒。所含水分可用无水硫酸钙或碳酸钾干燥，经过滤后，分馏除去。所含水分和氯化物可用1%～2%的金属钠经回流15小时后，再蒸馏除去。

7. 乙醚($C_2H_5OC_2H_5$, 74.12)

bp 34.5℃，$d_4^{20}0.7138$，$n_D^{20}1.3526$，闪点-41℃，爆炸极限1.85%～36.5%（*V/V*），介电常数（ε）4.3。

在20℃时，100g水可溶7.5g；与水能形成沸点为34℃、含水1%的共沸混合物；可溶于乙醇、三氯甲烷、苯等有机溶剂；15℃时，乙醚中能溶1.2%的水；极易燃烧、挥发、爆炸，蒸馏时不可蒸干，附近严禁有明火；有麻醉性。

杂质多为水、乙醇、过氧化物、醛等，可用下述方法除去：①每 1L 加硫酸亚铁溶液（硫酸亚铁 6g 与浓硫酸 6ml、水 10ml 配制）5~10ml 或 10% 亚硫酸氢钠溶液，振摇以除去过氧化物及醛。再用水洗，无水氯化钙干燥 24 小时，过滤，进一步用钠丝干燥，用前重蒸即可。乙醚中过氧化物是否存在，可以用碘化钾溶液与少量乙醚振摇，如存在过氧化物，则生成游离碘。②干燥乙醚可通过活化的氧化铝（80g/700ml）。③欲除去少量醇时，可加入少量高锰酸钾粉末及固体氢氧化钠（约 10g），放置数小时后，在氢氧化钠表面如有棕色树脂状物质生成，可重复此操作至不生成棕色物为止，然后过滤，加无水氯化钙干燥，过滤，重蒸即可。

无水乙醚的制备：乙醚 3L 加入 4Å 分子筛（200℃烘 4 小时）125g，密闭干燥 24 小时，再过粉末分子筛柱即得。

8. 丙酮(CH_3COCH_3,58.08)

bp 56.5℃，$d_4^{25}0.7899$，$n_D^{20}1.359$，闪点 -18℃，爆炸极限 2.55%~12.8%（V/V），介电常数（ε）20.7。

能与水以任意比例互溶，形成恒沸混合物；溶于乙醚、乙醇、三氯甲烷等有机溶剂；极易燃烧、挥发，有毒。

所含水分可用无水硫酸钙、氯化钙脱水干燥，过滤后，重蒸即可除去。

醇、醛、有机酸等杂质，可以加入少量固体高锰酸钾，回流至紫色不褪，冷却后过滤，干燥，重蒸即可除去。

注意丙酮不宜用金属钠或五氧化二磷脱水。用碱性干燥剂干燥时会生成缩合产物。

9. 丁酮(甲基乙酮)($CH_3CH_2COCH_3$,72.10)

bp 79.6℃，$d_4^{20}0.805$，$n_D^{20}1.3790$，闪点 -1℃，爆炸极限 2.0%~12.0%（V/V），介电常数（ε）18.5。

在 20℃时，100g 水可溶 24g，能形成含水 11%、沸点为 73℃的共沸混合物；溶于醇、醚等有机溶剂。

精制方法可参照丙酮。

10. 乙酸乙酯($CH_3COOC_2H_5$,88.10)

bp 77℃，$d_4^{25}0.89$，$n_D^{20}1.3719$，闪点 -4℃，爆炸极限 2.2%~11.2%（V/V），介电常数（ε）6.0。

在 20℃时，100g 水中可溶 8.6g；能形成含水 8%、沸点为 71℃的共沸混合物；溶于乙醇、乙醚、三氯甲烷、苯等有机溶剂；易燃，有麻醉性。

常见杂质为水、乙醇、醋酸。用 5% 碳酸钠溶液洗 1~2 次可洗去酸。用饱和氯化钙溶液可洗去醇，再用无水氯化钙干燥，重蒸即达到精制目的。

11. 甲酸(HCOOH,46.02)

mp 8.6℃，bp 100.5℃，$d_4^{20}1.22$，$n_D^{20}1.3714$，闪点 63.5℃，介电常数（ε）58.5。

能与水以任意比例互溶，并能形成含水 26%、沸点为 107℃的恒沸混合物；与醇、醚、甘油等互溶；为无色强酸性液体，有辛辣臭，并有腐蚀性，强还原剂，可燃。

直接减压分馏，收集液用冰水冷却，可得无水甲酸，或加入新制无水硫酸铜，放置数日，除去甲酸中所含的 1/2 的水，再蒸馏，于 100.5℃/760mmHg 或 25℃/40mmHg，收集无水甲酸。

12. 冰醋酸(CH_3COOH,60.05)

mp 16.7℃，bp 118℃，$d_4^{25}1.049$，$n_D^{25}1.3698$，闪点 40℃，爆炸极限大于 4%（V/V），介电常数（ε）6.2。

能与水以任意比例互溶，但不形成恒沸混合物；溶于醇、醚和四氯化碳，但不溶于二硫化碳；为有醋酸气味的无色液体，有腐蚀性，其蒸气有毒、易燃。

常含微量水及其他还原性物质，加入适量醋酸酐能除去所含的水，也可用冷冻法除水，将冰醋酸冷至 $0 \sim 10\text{℃}$，滤出凝固的冰醋酸，溶化后再冷冻一次，即可去除水分，微量水可用五氧化二磷除去。与 2% 三氧化铬共热 1 小时或与 2% ~5% 高锰酸钾回流 2~6 小时，再分馏，可除去还原性物质。

13. 四氢呋喃(C_4H_8O, 72.10)

bp 66℃，$d_4^{21}0.888$，$n_D^{20}1.4070$，闪点 – 14℃，介电常数（ε）7.6，在空气中能形成爆炸性过氧化物。

溶于水并能形成含水 5%、沸点为 64℃ 的恒沸混合物；溶于多数有机溶剂；为有乙醚气味的无色液体，易燃。

四氢呋喃易氧化成爆炸性过氧化物，处理前应先取少量与碘化钾酸性水溶液混合，如有过氧化物存在，即出现游离碘的颜色。此时可加 0.3% 的氯化亚铜，回流 30 分钟后，蒸馏，再用分子筛或金属钠等干燥，精制后的四氢呋喃应立即使用，保存时应加入稳定剂（0.025% 的 2,6 - 二叔丁基-4-甲基苯酚），置换氮气后置于冷暗处保存。

14. 吡啶(C_6H_5N, 79.10)

bp 115℃，$d_4^{24}0.9819$，$n_D^{20}1.5195$，闪点 23℃，爆炸极限 1.8% ~ 12.5%（V/V），介电常数（ε）12.4。

能与水以任意比例互溶，并能形成含水 42%、沸点为 93℃ 的恒沸混合物；溶于醇、醚、苯等有机溶剂；为无色或微黄色液体，易燃，显弱碱性，有恶臭；对皮肤有刺激性，吸入蒸气可出现头晕、恶心及肝脏损坏，大量吸入能麻痹中枢神经。

可用固体氢氧化钠干燥，分离析出的水层后，再加固体氢氧化钠至无水层析出，然后蒸馏即得无水吡啶。

15. 二乙胺[$(C_2H_5)_2NH$, 73.14]

bp 55.5℃，$d_4^{18}0.711$，$n_D^{18}1.3873$，闪点 15℃。

溶于水、醇、乙醚中；为无色、有尿臭的挥发性可燃液体，有碱性，能蚀刻玻璃。

可与固体氢氧化钾回流，然后重蒸即得精制品。

16. 乙二胺（$H_2NCH_2CH_2NH_2$, 60.10）

mp 8.5℃，bp 117.1℃，$d_4^{25}0.898$，$n_D^{26}1.4540$，闪点 43.5℃。

溶于水和乙醇，不溶于苯和乙醚，能与水蒸气一同挥发，为无色的强碱性黏稠液体，有氨味，易燃。

精制方法参见二乙胺。

17. 甲酰胺($HCONH_2$, 45.04)

mp 2.55℃，bp 210.5℃（分解），$d_4^{20}1.1334$，$n_D^{20}1.447$，闪点 154℃，介电常数（ε）111。

溶于水、甲醇、乙醇和二元醇，不溶于烃类和乙醚，不与水形成恒沸物；有吸湿性，与醇共热能生成甲酸酯，有毒。

常含甲酸铵与酸类，以溴麝香草酚蓝为指示剂，用氢氧化钠中和，加热至 80~90℃ 减压蒸去氨和水，再中和至甲酰胺在加热时保持中性，加入甲酸钠，在 80~90℃ 减压蒸去氨和水，馏液再中和，再蒸馏，然后在没有二氧化碳、水的情况下分步结晶（溶点为 2.55℃）。

18. N,N-二甲基甲酰胺[$HCON(CH_3)_2$, DMF, 73.10]

bp 152.8℃，$d_4^{25}0.9445$，$n_D^{25}1.4269$，闪点 57.6℃，爆炸极限 2.2% ~ 15.2%（V/V, 100℃），介电常

数（ε）36.7。

能与水互溶，与多数有机溶剂混溶；为无色液体，呈中性，有毒，对皮肤黏膜有轻微刺激。

用硫酸钙或硫酸镁、碳酸钾干燥后，减压蒸馏（沸点：76℃/39mmHg，153℃/760mmHg）；或将250g二甲基甲酰胺、30g苯和12g水的混合物进行分馏。首先蒸去苯、水、胺及氨，然后真空蒸馏，蒸出较纯的DMF。

19. 三氯甲烷($CHCl_3$，119.39)

bp 61.2℃，d_4^{20} 1.484，n_D^{20} 1.4476，介电常数（ε）4.8。

在15℃时，100g水可溶1.0g三氯甲烷，溶于乙醇、乙醚、苯等有机溶剂；能与水、乙醇形成三元恒沸混合物，沸点为55℃，含水3%，含乙醇4%；为无色液体，有毒，有麻醉性，长期接触可引起肝脏损伤；在空气中遇光能氧化，产生有毒的光气；不燃烧。

一般三氯甲烷中均加入0.5%~1%乙醇作为安定剂。如要去除，可用水洗数次，再用无水氯化钙干燥，重蒸即可精制；也可用浓硫酸洗涤后，用水洗，再用无水氯化钙或无水碳酸钾干燥，然后重蒸即得精制品。但去掉乙醇的三氯甲烷不宜长久存放。

注意三氯甲烷应以棕色瓶避光贮存，不得用金属钠干燥，否则可能爆炸。

20. 四氯化碳(CCl_4，153.84)

bp 76.8℃，d_4^{25} 1.5842，n_D^{20} 1.4603，介电常数（ε）2.2，不燃烧。

在25℃时，100g水可溶0.8g，能形成含水4%、沸点为66℃的共沸混合物；溶于其他有机溶剂；有轻微麻醉性，有毒，对肝和肾能引起严重的损害，吸入或接触均可导致中毒，慢性中毒症状为头晕、眩晕、倦怠无力等。

常含有二硫化碳等杂质。可在1000ml中加50%氢氧化钾乙醇液100ml，60℃加热30分钟，冷后水洗数次，再用少量浓硫酸振摇多次，至酸层不再变色，再用水洗数次，最后用无水氯化钙或固体氢氧化钠脱水，蒸馏即得精制品（注意：不可用金属钠脱水）。

21. 1,2-二氯乙烷($ClCH_2CH_2Cl$，98.96)

bp 83.4℃，d_4^{20} 1.2569，n_D^{20} 1.4443，闪点21℃，爆炸极限5.8%~15.9%（V/V）。

20℃时，100g水可溶0.87g，能形成含水18%、沸点为72℃的共沸混合物；溶于其他有机溶剂；易挥发、易燃烧，有麻醉性，有毒，能引起皮肤湿疹，其蒸气影响视力。

用浓硫酸洗涤可除去防氧化的醇，水洗，然后用稀氢氧化钾或硫酸钠振摇，再用水洗，以无水氯化钙或硫酸镁干燥，分馏即可得精制品。

22. 二硫化碳(CS_2，76.14)

bp 46.25℃，d_4^{25} 1.260，n_D^{20} 1.6315，闪点 -30℃，爆炸极限1%~50%（V/V），介电常数（ε）2.6。

20℃时，100g水仅溶0.29g，能形成含水2%、沸点为44℃的共沸混合物；溶于其他有机溶剂；极易挥发、燃烧，燃点为100℃，沸水即可引燃，燃烧时产生有毒气体，吸入或接触都能导致中毒，大量吸入可致耳聋。纯品为有香味的无色液体，久置后变黄。市售工业品含有硫化氢。

23. 1,4-二氧六环($C_4H_8O_2$，88.10)

mp 11.8℃，bp 101.3℃，d_4^{20} 1.0337，n_D^{20} 1.4224，闪点18℃，爆炸极限1.97%~25%（V/V），介电常数（ε）2.2。

能与水以任意比例互溶，能形成含水18%、沸点88℃的恒沸混合物；溶于多数有机溶剂；易燃，有毒。

一般杂质为乙醛、乙烯缩醛、醋酸、水和过氧化物。本品2L加入浓盐酸27ml、水200ml回流12小时，徐徐通入氨气，可除去乙醛。冷后慢慢加入固体氢氧化钾振摇至不再溶解，分层倾出二氧六环，再加固体氢氧化钾除去剩余的水，移入干净烧瓶内，与金属钠共回流6~12小时，然后蒸馏，即可得精制品。

24. 二氯甲烷(CH₂Cl₂ ,84.94)

bp 40℃，$d_4^{15}1.335$，$n_D^{20}1.4244$，介电常数（ε）8.9。

在25℃小，100g 水可溶 1.3g，能形成含水 2%、沸点为 39℃的恒沸混合物；溶于醇、醚；蒸气无燃烧性、爆炸性，但有麻醉作用，并损害神经系统，易挥发。

依次用酸、碱和水洗涤，加入无水碳酸钾干燥，然后蒸馏，即得精制品。

注意：不能用金属钠干燥，否则有爆炸的危险。

四、常用试剂的配制与用途

1. 2,4-二硝基苯肼溶液

（1）在 15ml 浓硫酸中，溶解 3g 2,4-二硝基苯肼。另在 70ml 95% 乙醇里加 20ml 水。然后把硫酸苯肼倒入稀乙醇溶液中，搅动混合均匀即成橙红色溶液（若有沉淀应过滤）。此法配制的试剂，2,4-二硝基苯肼浓度较大，反应时沉淀多便于观察。

（2）将 1.2g 2,4-二硝基苯肼溶于 50ml 30% 高氯酸中。配好后储于棕色瓶中，不易变质。此法配制的试剂，由于高氯酸盐在水中溶解度很大，因此便于检验水溶液中的醛且较稳定，长期贮存不易变质。

应用：用于羰基化合物的检识，一般与羰基化合物生成有颜色的沉淀，加酸得原羰基化合物（糖除外），可用于分离纯化羰基化合物。

2. 饱和亚硫酸氢钠溶液

先配制 40% 亚硫酸氢钠水溶液。然后在每 100ml 的 40% 亚硫酸氢钠水溶液加不含醛的无水乙醇 25ml，溶液呈透明清亮状。

由于亚硫酸氢钠久置后易失二氧化硫而变质，所以上述溶液也可按下法配制：将研细的碳酸钠晶体（$Na_2CO_3 \cdot 10H_2O$）与水混合，水的用量以使粉末上只覆盖一薄层水为宜。然后在混合物中通入二氧化硫气体，至碳酸钠近乎完全溶解，或将二氧化硫通入 1 份碳酸钠与 3 份水的混合物中，至碳酸钠全部溶解为止。配制好后密封放置，但不可放置太久，最好是用时新配。

应用：饱和亚硫酸氢钠水溶液能与醛、脂肪族甲基酮及八元以下环酮的羰基化合物生成无色结晶。

3. 希夫（Schiff's）试剂

在 100ml 热水里溶解 0.2g 品红盐酸盐（也有叫碱性品红或盐基品红）。放置冷却后，加入 2g 亚硫酸氢钠和 2ml 浓盐酸，再用蒸馏水稀释至 200ml。

或先配制 10ml 二氧化硫的饱和水溶液，冷却后加入 0.2g 品红盐酸盐，溶解后放置数小时使溶液变成无色或淡黄色，用蒸馏水稀释至 200ml。

此外，也可将 0.5g 品红的盐酸盐溶于 100ml 热水中，冷却后用二氧化硫气体饱和至粉红色消失，加入 0.5g 活性炭，振荡过滤，再用蒸馏水稀释至 500ml。

本试剂所用的品红是 Para - Rosaniline（或称 Para - Fuchsin，假洋红）。此物与另一类似物 Rosanilinc（或称 Fuchsin，洋红）不同，但它们都是三苯甲烷类的碱性染料，两者均可使用。商品"碱性品红"实际上是带有结晶水的这两者的混合物。

品红溶液原是桃红色，被二氧化硫饱和后变成无色的 Schiff's 试剂，化学变化过程如下：

品红（桃红色）　　　　　　　　　　　　　Schiff's试剂（无色）

Schiff′s 试剂应密封贮存于暗冷处，倘若受热见光或露置空气中过久，试剂中的二氧化硫易失，结果又显桃红色，遇此情况，应再通入二氧化硫，颜色消失后再使用。但应指出，试剂中过量的二氧化硫愈少，反应就愈灵敏。

应用：醛与 Schiff′s 试剂反应呈紫红色，甲醛与 Schiff′s 试剂所呈现的颜色加入硫酸后不消失，而其他醛所显示的颜色则褪色，因此 Schiff′s 试剂还可以用于鉴别甲醛与其他醛。

Schiff′s 试剂与醛反应：

Schiff′s试剂（无色）   Schiff′s试剂与醛的加成物（紫红色）

4. 碘溶液

（1）将 20g 碘化钾溶于 100ml 蒸馏水中，然后加入 10g 研细的碘粉，搅动使其全溶呈深红色溶液。

（2）将 1g 碘化钾溶于 100ml 蒸馏水中，然后加入 0.5g 碘，加热溶解即得红色清亮溶液。

（3）将 2.6g 碘溶于 50ml 95% 乙醇中，另把 3g 氯化汞溶于 50ml 95% 乙醇中。两者混合，滤后澄清。

应用：区别淀粉与其他糖类。

5. 斐林（Fehling）试剂

斐林试剂由斐林 A 和斐林 B 组成，使用时将两者等体积混合，其配制方法如下。

（1）斐林 A　将 3.5g 含有五结晶水的硫酸铜溶于 100ml 的水中，即得淡蓝色的斐林 A 试剂。

（2）斐林 B　将 17g 五结晶水的酒石酸钾钠溶于 20ml 热水中，然后加入含有 5g 氢氧化钠的水溶液 20ml，稀释至 100ml 即得无色清亮的斐林 B 试剂。

应用：与醛（苯甲醛除外）反应生成砖红色沉淀，甲醛有铜镜生成，酮（酮糖除外）不发生此反应。

6. 本尼迪克特（Benedict）试剂

把 4.3g 研细的硫酸铜溶于 25ml 热水中，待冷却后用水稀释至 40ml。另把 43g 枸橼酸钠及 25g 无水碳酸钠（若用有结晶水碳酸钠，则取量应按比例计算）溶于 150ml 水中，加热溶解，待溶液冷却后，再加入上面所配的硫酸铜溶液。加水稀释至 250ml。将试剂贮于试剂瓶中，瓶口用橡皮塞塞紧。

应用：Benedict 试剂是斐林溶液的改良试剂，它与醛或醛（酮）糖反应也生成 Cu_2O 砖红色沉淀。它是由硫酸铜、枸橼酸钠和无水碳酸钠配制成的蓝色溶液，可以存放备用，弥补了斐林溶液必须现配现用的缺点，所以可以把 Benedict 试剂看成斐林试剂，却不能把斐林试剂看成本尼迪克特试剂。

7. 酚酞试剂

把 0.1g 酚酞溶于 100ml 95% 乙醇中得无色的酚酞乙醇溶液，本试剂在室温时变色范围在 pH 8.2~10。

应用：酚酞溶液是一种酸碱指示剂。酚酞是一种弱有机酸，在 pH<8.2 的溶液里为无色的内酯式结构，当 pH 8.2 时为醌式结构。酚酞的变色范围是 pH 8.2~10.0，所以酚酞只能检验碱而不能检验酸。

8. 碘化汞钾溶液

把 5% 碘化钾水溶液慢慢地加到 2% 氯化汞（或硝酸汞）水溶液中，至红色沉淀恰好完全溶解为止。

应用：检验铵根离子。

9. 二苯胺试剂

将 250mg 氯化铵加到 90ml 水中，再在此溶液中加入含有 250mg 二苯胺的 100ml 浓硫酸溶液。冷却后加浓硫酸至 250ml。

应用：DNA 遇二苯胺（沸水浴）会变成蓝色，DNA 中嘌呤核苷酸上的脱氧核糖遇酸生成 ω – 羟基 – γ 酮基戊醛，它再和二苯胺作用而呈现蓝色。因此，二苯胺可以作为鉴定 DNA 的试剂。

10. 锆 – 茜素溶液

取 10ml 1% 茜素乙醇溶液，10ml 2% 硝酸锆溶于 5% 盐酸的溶液中，加以混合，然后将混合液稀释至 30ml（也可用氯氧化锆 $ZrOCl_2 \cdot 8H_2O$ 来代替硝酸锆）。

应用：含氟有机化合物的检识。

11. 钼酸铵试剂

（1）将 5g 钼酸铵 $[(NH_4)_6Mo_7O_{24} \cdot 4H_2O]$ 溶于 100ml 冷水中，加入 35ml 浓硝酸（相对密度 1.4）。

（2）将 6g 钼酸铵溶于 15ml 蒸馏水中加 5ml 浓氨水，另把 24ml 浓硝酸溶于 46ml 水中，两者混合静置一天后再用。

应用：用来检测磷的存在。

12. 甲醛 – 硫酸试剂

取 1 滴福尔马林（37% ~ 40% 甲醛水溶液）到 1ml 浓硫酸中，轻微摇动即成。此试剂在临用时配制。

应用：为生物碱的特属显色反应。

13. 卢卡斯（Lucas）试剂

将 34g 无水氯化锌在蒸发皿中强热熔融，稍冷后放在干燥器中冷至室温，取出捣碎。溶于 23ml 浓盐酸中（相对密度 1.187）。配制时必须加以搅动，并把容器放在冰水浴中冷却，以防氯化氢逸出。此试剂一般是临用时配制。

应用：区别伯、仲、叔醇；叔醇立即反应，苯甲型醇、烯丙型醇由于存在 p-π 共轭，也很容易形成碳正离子而与 Lucas 试剂迅速反应。

14. 硝酸铈铵试剂

取 90g 硝酸铈铵溶于 225ml 2mol/L 温热的硝酸中即成。

应用：用作烯烃聚合催化剂和分析试剂。

15. 铅酸钠溶液

取 1g 醋酸铅溶于 10ml 水中，将此溶液加到 60ml 氢氧化钠溶液中，搅拌至沉淀溶解为止。

16. 刚果红试纸

用 2g 刚果红与 1L 蒸馏水制成的溶液浸渍滤纸晾干而得。

应用：刚果红是酸性指示剂，变色范围为 3.5 ~ 5.2，碱液为红色，酸液为蓝紫色。

17. 饱和溴水

溶解 15g 溴化钾于 100ml 水中，加入 10g 溴，振荡即成。

18. 特制药棉

取 1g 醋酸铅溶于 10ml 水中。将所得溶液加到 60ml 1mol/L 的氢氧化钠溶液中，不停地加以搅拌，直到沉淀完全溶解为止。再取 5g 五水硫酸钠溶于 10ml 水中，将所得溶液加到上述的醋酸铅溶液中，再加 1ml 甘油，用水稀释到 100ml。用这个溶液浸泡棉花，再将棉花取出拧干后即可应用。

19. 醋酸铜 – 联苯胺试剂

本试剂由 A 和 B 组成，使用前临时将两者等体积地混合。其配制方法如下。

A 液：取 150mg 联苯胺溶于 100ml 水及 1ml 醋酸中。贮存在棕色瓶内。

B 液：取 286mg 醋酸铜溶于 100ml 水中，贮存于棕色瓶内。

应用：主要用于氮元素的检识；待测试液用醋酸酸化后，加入醋酸铜 – 联苯胺试剂，若有蓝色环在两界面交界处或蓝色沉淀生成，则为阳性反应。

20. 硝酸银氨溶液

取 0.5ml 10% 硝酸银溶液于试管里，滴加氨水。开始出现黑色沉淀。再继续滴加氨水，边滴边摇动试管，滴到沉淀刚好溶解，得澄清的硝酸银氨水溶液。

应用：试剂与醛、单糖、还原性聚糖反应均有银镜生成。

21. 氯化亚铜氨水溶液

取 1g 氯化亚铜放入一大试管中，往试管里加 1~2ml 浓氨水和 10ml 水，用力摇动试管后静置片刻，再倾出溶液并投入 1 块铜片（或一根铜丝）贮存备用。

应用：主要与有端基氢的炔反应。

22. 次溴酸钠水溶液

在 2 滴溴中，滴加 5% 氢氧化钠溶液，直到溴全溶且溶液红色褪掉呈淡蓝色为止。

23. 1% 淀粉溶液

将 1g 可溶性淀粉溶于 5ml 冷蒸馏水中，用力搅成稀浆状，然后倒入 94ml 沸水中。即得近于透明的胶体溶液，放冷使用。

24. 萘–1–酚试剂

将 2g 萘–1–酚溶于 10ml 95% 乙醇中，用 95% 乙醇稀释至 100ml，贮于棕色瓶中。一般也是用前配制。

应用：主要用于糖的检识。

25. 间苯二酚盐酸试剂

将 0.05g 间苯二酚溶于 50ml 浓盐酸中，再用蒸馏水稀释至 100ml。

应用：区别酮糖与醛糖，酮糖与之反应溶液很快呈红色，而醛糖要加热较长时间。

26. 苯肼试剂

（1）将 5ml 苯肼溶于 50ml 10% 醋酸溶液中加 0.5g 活性炭。搅拌后过滤，把滤液保存于棕色试剂瓶中，苯肼试剂放置时间过久会失效。苯肼有毒，使用时切勿让它与皮肤接触。如不慎触及，应用 5% 醋酸溶液冲洗，再用肥皂洗涤。

（2）称取 2g 苯肼盐酸盐和 3g 醋酸钠混合均匀，于研钵内研磨成粉末即得盐酸苯肼 – 醋酸钠混合物，取 0.5g 盐酸苯肼 – 醋酸钠混合物与糖液作用。苯肼在空气中不稳定。因此。通常用较稳定的苯肼盐酸盐。因为，成脎反应必须在弱酸性溶液中进行，使用时必须加入适量的醋酸钠，以缓冲盐酸的酸度，所用醋酸钠不能过多。

（3）取 0.5ml 10% 盐酸苯肼溶液和 0.5ml 15% 醋酸钠溶液于 2ml 的糖液中。

应用：主要用于羰基化合物的检识。

27. 铜氨试剂

将碳酸铜（多以碱性碳酸铜存在）粉末溶于浓氨水中，使其成饱和溶液，即得深蓝色的铜氨试剂。用其澄清溶液。

应用：用于纤维素试验。

28. 0.1% 茚三酮乙醇溶液

将 0.1g 茚三酮溶于 124.9ml 95% 乙醇中，用时新配。

应用：含氨基酸溶液显色。

29. 铬酐试剂

将 10g 三氧化铬(CrO_3)加到 10ml 浓硫酸中，搅拌成均匀糊状。然后用 30ml 蒸馏水小心稀释此糊状物，搅拌得澄清橘红色溶液。

应用：对烯炔的氧化作用。

30. 高碘酸-硝酸银试剂

将 25ml 2% 高碘酸钾溶液与 2ml 浓硝酸和 2ml 10% 硝酸银溶液混合，摇动。如有沉淀析出，应过滤取透明溶液。

应用：常用于对糖体（或邻二羟基）氧化，根据消耗高碘酸的摩尔数，判断分子中邻二羟基的个数。

五、常见部分共沸混合物

附表 5-1 二元共沸混合物（101.08kPa）

共沸组分		共沸物质量组成		共沸点（℃）
A（沸点,℃）	B（沸点,℃）	A（%）	B（%）	
水（100℃）	苯（80.6）	9	91	69.3
	甲苯（110.6）	19.6	80.4	84.1
	乙酸乙酯（77.1）	8.2	91.8	70.4
	苯甲酸乙酯（212.4）	84.0	16.0	99.4
	2-戊酮（102.25）	13.5	86.5	82.9
	乙醇（78.3）	4.5	95.5	78.32
	正丁醇（117.8）	38	62	92.4
	异丁醇（108）	33.2	66.8	90.0
	仲丁醇（99.5）	32.1	67.9	88.5
	叔丁醇（82.8）	11.7	88.3	79.9
	苄醇（205.2）	91	9	99.9
	烯丙醇（97.0）	27.1	72.9	88.2
	乙醚（34.6）	79.76	20.24	110（最高）
	二氧六环（101.3）	20	80	87
	甲酸（100.8）	22.5	77.5	107.3（最高）
	三聚乙醛（115）	30	70	91.4
	四氯化碳（76.8）	4.1	95.9	66
	三氯甲烷（61）	2.8	97.2	56.1
乙醇（78.3）	苯（80.6）	32	68	68.2
	三氯甲烷（61）	7	93	59.4
	四氯化碳（76.8）	16	84	64.9
	乙酸乙酯（77.1）	30	70	72
甲醇（64.7）	苯（80.6）	39	61	58.3
	四氯化碳（76.8）	21	79	55.7

共沸组分		共沸物质量组成		共沸点（℃）
A（沸点,℃）	B（沸点,℃）	A（%）	B（%）	
乙酸乙酯（77.1）	二硫化碳（46.3）	7.3	92.7	46.1
	四氯化碳（76.8）	43	57	74.8
丙酮（56.5）	二硫化碳（46.3）	34	66	39.2
	三氯甲烷（61）	20	80	65.5
	异丙醚（69）	61	39	54.2
己烷（56.5）	苯（80.6）	95	5	68.8
	三氯甲烷（61）	28	72	60.0
环己烷（80.8）	苯（80.6）	45	55	77.8

附表 5－2　三元共沸混合物

组分（沸点,℃）			共沸物质量组成			共沸点（℃）
A（沸点,℃）	B（沸点,℃）	C（沸点,℃）	A（%）	B（%）	C（%）	
水（100）	乙醇（78.3）	环己烷（80.8）	7	17	76	62.1
		苯（80.6）	7.4	18.5	74.1	64.9
		乙酸乙酯（77.1）	7.8	9.0	83.2	70.3
		三氯甲烷（61）	3.5	4.0	92.5	55.6
		四氯化碳（76.8）	4.3	9.7	86	61.8
	正丁醇（117.8）	乙酸乙酯（77.1）	29	8	63	90.7
	异丁醇（108）	苯（80.6）	7.5	18.7	73.8	66.5
	二硫化碳（46.3）	丙酮（56.4）	0.81	75.21	23.98	38.04

六、常用酸碱溶液相对密度与百分组成

附表 6－1　盐酸溶液

HCl（%）	相对密度（d_4^{20}）	100ml 水溶液中含 HCl 克数	HCl（%）	相对密度（d_4^{20}）	100ml 水溶液中含 HCl 克数
1	1.0032	1.003	22	1.1083	24.38
2	1.0082	2.016	24	1.1187	26.85
4	1.0181	4.007	26	1.1290	29.35
6	1.0279	6.167	28	1.1392	31.90
8	1.0376	8.301	30	1.1492	34.48
10	1.0474	10.47	32	1.1593	37.10
12	1.0574	12.69	34	1.1691	39.75
14	1.0675	14.95	36	1.1789	42.44
16	1.0776	17.24	38	1.1885	45.16
18	1.0878	19.58	40	1.1980	47.92
20	1.0980	21.96			

附表 6 - 2　硫酸溶液

H₂SO₄（%）	相对密度（d_4^{20}）	100ml 水溶液中含 H₂SO₄ 克数	H₂SO₄（%）	相对密度（d_4^{20}）	100ml 水溶液中含 H₂SO₄ 克数
1	1.0051	1.005	65	1.5533	101.0
2	1.0118	2.024	70	1.6105	112.7
3	1.0184	3.055	75	1.6692	125.2
4	1.0250	4.100	80	1.7272	138.2
5	1.0317	5.159	85	1.7786	151.2
10	1.0661	10.66	90	1.8144	163.3
15	1.1020	16.53	91	1.8195	165.6
20	1.1394	22.79	92	1.8240	167.8
25	1.1783	29.46	93	1.8279	170.2
30	1.2185	36.56	94	1.8312	172.1
35	1.2599	44.10	95	1.8337	174.2
40	1.3028	52.11	96	1.8355	176.2
45	1.3476	60.64	97	1.8364	178.1
50	1.3951	69.76	98	1.8361	179.9
55	1.4453	79.49	99	1.8342	181.6
60	1.4983	89.90	100	1.8305	183.1

附表 6 - 3　硝酸溶液

HNO₃（%）	相对密度（d_4^{20}）	100ml 水溶液中含 HNO₃ 克数	HNO₃（%）	相对密度（d_4^{20}）	100ml 水溶液中含 HNO₃ 克数
1	1.0036	1.004	65	1.3913	90.43
2	1.0991	2.018	70	1.4134	98.94
3	1.0146	3.044	75	1.4337	107.5
4	1.0201	4.080	80	1.4521	116.2
5	1.0256	5.128	85	1.4686	124.8
10	1.0543	10.54	90	1.4826	133.4
15	1.0842	16.26	91	1.4850	135.1
20	1.1150	22.30	92	1.4873	136.8
25	1.1469	28.67	93	1.4892	138.5
30	1.1800	35.40	94	1.4912	140.2
35	1.2140	42.49	95	1.4932	141.9
40	1.2463	49.85	96	1.4952	143.5
45	1.2783	57.52	97	1.4974	145.2
50	1.3100	65.50	98	1.5008	147.1
55	1.3393	73.66	99	1.5056	149.1
60	1.3667	82.00	100	1.5129	151.3

附表 6 - 4　醋酸溶液

CH₃COOH（%）	相对密度（d_4^{20}）	100ml 水溶液中含 CH₃COOH 克数	CH₃COOH（%）	相对密度（d_4^{20}）	100ml 水溶液中含 CH₃COOH 克数
1	0.9996	0.9996	5	1.0055	5.028
2	1.0012	2.002	10	1.0125	10.13
3	1.0025	3.008	15	1.0195	15.29
4	1.0040	4.016	20	1.0263	20.53

CH₃COOH（%）	相对密度（d_4^{20}）	100ml 水溶液中含 CH₃COOH 克数	CH₃COOH（%）	相对密度（d_4^{20}）	100ml 水溶液中含 CH₃COOH 克数
25	1.0326	25.82	85	1.0689	90.86
30	1.0384	31.15	90	1.0661	95.95
35	1.0438	36.53	91	1.0652	96.93
40	1.0488	41.95	92	1.0643	97.92
45	1.0534	47.40	93	1.0632	98.88
50	1.0575	52.88	94	1.0619	99.82
55	1.0611	58.36	95	1.0605	100.7
60	1.0642	63.85	96	1.0588	101.6
65	1.0666	69.33	97	1.0570	102.5
70	1.0685	74.80	98	1.0549	103.4
75	1.0696	80.22	99	1.0524	104.2
80	1.0700	85.60	100	1.0498	105.0

附表 6-5　氢溴酸溶液

HBr（%）	相对密度（d_4^{20}）	100ml 水溶液中含 HBr 克数	HBr（%）	相对密度（d_4^{20}）	100ml 水溶液中含 HBr 克数
10	1.0723	10.7	45	1.4446	65.0
20	1.1579	23.2	50	1.5173	75.8
30	1.2580	37.7	55	1.5953	87.7
35	1.3150	46.0	60	1.6787	100.7
40	1.3772	56.1	65	1.7675	114.9

附表 6-6　氢碘酸溶液

HI（%）	相对密度（d_4^{20}）	100ml 水溶液中含 HI 克数	HI（%）	相对密度（d_4^{20}）	100ml 水溶液中含 HI 克数
20.77	1.1578	24.4	56.78	1.6998	96.6
31.77	1.2962	41.2	61.97	1.8218	112.8
42.7	1.4489	61.9			

附表 6-7　发烟硫酸溶液

游离 SO₃（%）	相对密度（d_4^{20}）	100ml 水溶液中含 SO₃ 克数	游离 SO₃（%）	相对密度（d_4^{20}）	100ml 水溶液中含游离 SO₃ 克数
1.54	1.860	2.8	10.07	1.900	19.1
2.66	1.865	5.0	10.56	1.905	20.1
4.28	1.870	8.0	11.43	1.910	21.8
5.44	1.875	10.2	13.33	1.915	25.5
6.42	1.880	12.1	15.95	1.920	30.6
7.29	1.885	13.7	18.67	1.925	35.9
8.16	1.890	15.4	21.34	1.930	41.2
9.43	1.895	17.7	25.65	1.935	49.6

附表 6 – 8　氨水溶液

NH₃（%）	相对密度（d_4^{20}）	100ml 水溶液中含 NH₃ 克数	NH₃（%）	相对密度（d_4^{20}）	100ml 水溶液中含 NH₃ 克数
1	0.9939	9.94	16	0.9362	149.8
2	0.9895	19.79	18	0.9295	167.3
4	0.9811	39.24	20	0.9229	184.6
6	0.9730	58.38	22	0.916 4	201.6
8	0.9651	77.21	24	0.9101	218.4
10	0.9575	95.75	26	0.9040	235.0
12	0.9501	114.0	28	0.8980	251.4
14	0.9430	132.0	30	0.8920	267.6

附表 6 – 9　氢氧化钾溶液

KOH（%）	相对密度（d_4^{20}）	100ml 水溶液中含 KOH 克数	KOH（%）	相对密度（d_4^{20}）	100ml 水溶液中含 KOH 克数
1	1.0083	1.008	28	1.2695	35.55
2	1.0175	2.035	30	1.2905	38.72
4	1.0359	4.144	32	1.3117	41.97
6	1.0544	6.326	34	1.3331	45.33
8	1.0730	8.584	36	1.3549	48.78
10	1.0918	10.92	38	1.3769	52.32
12	1.1108	13.33	40	1.3991	55.96
14	1.1299	15.82	42	1.4215	59.70
16	1.1493	19.70	44	1.4443	63.55
18	1.1688	21.04	46	1.4673	67.50
20	1.1884	23.77	48	1.4907	71.55
22	1.2083	26.58	50	1.5143	75.72
24	1.2285	29.48	52	1.5382	79.99
26	1.2489	32.47			

附表 6 – 10　氢氧化钠溶液

NaOH（%）	相对密度（d_4^{20}）	100ml 水溶液中含 NaOH 克数	NaOH（%）	相对密度（d_4^{20}）	100ml 水溶液中含 NaOH 克数
1	1.0095	1.010	26	1.2848	33.40
2	1.0207	2.041	28	1.3064	36.58
4	1.0428	4.171	30	1.3279	39.84
6	1.0648	6.389	32	1.3490	43.17
8	1.0869	8.695	34	1.3696	46.57
10	1.1089	11.09	36	1.3990	50.04
12	1.1309	13.57	38	1.4101	53.58
14	1.1530	16.14	40	1.4300	57.20
16	1.1751	18.80	42	1.4494	60.87
18	1.1972	21.55	44	1.4685	64.61
20	1.2191	24.38	46	1.4873	68.42
22	1.2411	27.30	48	1.5065	72.31
24	1.2629	30.31	50	1.5253	76.27

附表 6-11 碳酸钠溶液

Na$_2$CO$_3$ (%)	相对密度 (d_4^{20})	100ml 水溶液中含 Na$_2$CO$_3$ 克数	Na$_2$CO$_3$ (%)	相对密度 (d_4^{20})	100ml 水溶液中含 Na$_2$CO$_3$ 克数
1	1.0086	1.009	12	1.1244	13.49
2	1.0190	2.038	14	1.1463	16.05
4	1.0398	4.159	16	1.1682	18.50
6	1.0606	6.364	18	1.1905	21.33
8	1.0816	8.653	20	1.2132	24.26
10	1.1029	11.03			

七、常见有机化合物的毒性与危险特征

名称	闪点（℃）	爆炸极限（体积）	毒性与主要危险性特征
乙二胺	43.3（闭杯）	2.7% ~ 16.6%	低毒；自燃点 385℃。灼伤眼睛，刺激鼻、喉、皮肤。遇热分解放出有毒气体
乙二酸（草酸）	189.5 分解		低毒；刺激并严重损害眼、皮肤、黏膜、呼吸道，也损害肾。误服可引起胃肠道炎症。长期吸入可发生慢性中毒
乙二醇	111.1（闭杯）		低毒；自燃点 418℃。可经皮吸收中毒。大剂量作用于神经系统和肝、肾。轻微刺激眼和皮肤
乙炔	-17.8（闭杯）	2.3% ~ 72.3%	微毒；自燃点 305℃。具有麻醉和阻止细胞氧化的作用，使脑缺氧引起昏迷
乙酐	53.89	2% ~ 10.3%	低毒；自燃点 400℃。强烈刺激眼、皮肤、呼吸道，有催泪作用。严重灼伤皮肤和眼睛
乙胺	< -17.78	3.55% ~ 13.95%	自燃点 385℃。对上呼吸道、皮肤、黏膜有刺激性
N-乙基苯胺	85（开杯）		有毒品；强刺激性。引起皮肤、眼睛、黏膜过敏
乙烯	-136	3.4% ~ 34% 2.9% ~ 79.9%（氧）	低毒；有较强麻醉作用，大量吸入可引起头痛。对眼及呼吸道有轻微刺激性
乙腈	5.56（开杯）	3% ~ 16%	中等毒；自燃点 525℃。可经皮吸收，有刺激性。较大量吸入，隔一定潜伏期后出现氰化物中毒症状。在体内能释放出 HCN
乙酰乙酸乙酯	85（开杯）		低毒；自燃点 295℃。对眼、皮肤、黏膜有一定刺激作用。眼接触引起角膜损害。大量吸入可致呼吸麻醉
乙酰苯胺	173.9		低毒；高剂量摄入可引起高铁血红蛋白和骨髓增生。反复接触会引起紫癜。自燃点 546℃。对皮肤有刺激性
醋酸	39	4% ~ 16%	低毒；自燃点 463℃。刺激眼睛、呼吸道，引起严重的化学灼伤
乙酸乙酯	7.2（开杯） -4（闭杯）	2.18% ~ 11.40%	低毒；自燃点 426.67℃。对黏膜有中度刺激作用，有麻醉作用。大量接触可致呼吸麻痹。偶有过敏
乙酸丁酯	22.22（闭杯）	1.39% ~ 7.55%	自燃点 421℃。强烈刺激眼和呼吸道，高浓度时有麻醉作用
乙酸丙酯	14.44	2% ~ 8%	微毒；自燃点 450℃。有一定刺激作用和麻醉作用，吸入后恶心、胸闷，乏力
乙酸戊酯	25（闭杯）	1.10% ~ 7.50%	自燃点 360℃。刺激眼睛、黏膜，重者有头痛、嗜睡、胸闷等症状。长期接触可发生贫血和嗜酸性粒细胞增多
乙酸异戊酯	25	1.0% ~ 10.0%	微毒；刺激眼、黏膜。大剂量吸入可致麻醉，引起头痛、恶心、食欲减退
乙醇	12.78	3.3% ~ 19%	微毒；自燃点 363℃。为麻醉剂，对眼睛、黏膜有刺激作用。对实验动物致癌
乙醛	-38（闭杯）	3.97% ~ 57%	微毒；自燃点 175℃。有严重的着火危险。刺激中枢神经、皮肤、鼻、咽喉、黏膜。引起痉挛性咳嗽，合并气管炎或肺炎
乙醚	-45（闭杯）	1.85% ~ 8% 2.1% ~ 82.0%（氧）	自燃点 160℃。易被火花或火焰点燃，久置易生成过氧化物。主要作用于中枢神经系统引起全身麻醉。对呼吸道有轻微的刺激作用

续表

名称	闪点（℃）	爆炸极限（体积）	毒性与主要危险性特征
二乙胺	−23	1.77% ~10.10%	自燃点312.2℃。腐蚀眼、皮肤、呼吸道
N,N−二甲基苯胺	62.78	1.2% ~7.0%	有毒物品；自燃点371.11℃。毒性与苯胺相似但比苯胺低，可经皮吸收。为一种高铁血红蛋白形成剂
二甲亚砜（DMSO）	95（开杯）	2.6% ~28.5%	微毒；人类皮肤接触主要引起刺激、发红、发痒。可引起湿疹，但并不普遍
二甲苯	29	1.0% ~7.0%	低毒；主要是对中枢神经和自主神经系统的刺激和麻醉作用，慢性毒性比苯弱
二甲胺	−17.78	2.8% ~14.4%	自燃点400℃。对皮肤和黏膜、眼有一定的刺激性和腐蚀性。大鼠和犬吸入100~200ppm引起肝的损害
二甲基甲酰胺	57.78	2.2% ~15.2%	低毒；自燃点445℃。可经皮肤吸收，对肝、肾、胃有损害。轻度刺激皮肤、黏膜。人引起慢性中毒的最低浓度为60mg/m³。与浓碱接触产生另一毒性物二甲胺
二苯胺	153	0.7%	毒性与苯胺类似，但远比苯胺小；自燃点634℃。可经皮肤或呼吸道吸收，但吸收性低于苯胺。有致畸胎作用。其中常含有杂质4-氨基联苯，该杂质有致癌作用
1,4−二氧六环	12（闭杯）	2% ~22.2%	微毒；自燃点180℃。可经皮吸收。刺激眼、黏膜，具麻醉性。能在体内蓄积，主要损害肝、肾。动物实验可致造血系统损伤，细胞分裂受抑制，可造成胎儿畸形
2,4−二硝基苯酚	142.8		可经皮肤或呼吸道吸收，直接作用于能量代谢，抑制磷酸化过程。长期暴露于低浓度中可造成中枢神经系统及肝、肾损害，眼白内障。干燥时有燃烧危险
1,2−二氯乙烷	13.33	6.2% ~15.9%	高毒；自燃点412.78℃。刺激眼睛、呼吸道。可引起肺水肿和肝、肾、肾上腺素损害。接触皮肤引起皮炎，对动物有明显致癌作用
二氯甲烷	无	15.5% ~66.4%（在氧中）	低毒；自燃点640℃。有麻醉作用。刺激眼睛、黏膜、皮肤、呼吸道。可引起肺水肿，对肝、肾有轻微毒性
2,4−二氯苯氧乙酸			大剂量主要影响神经系统，表现为无力、嗜睡、瞳孔放大，角膜反应消失，最后死亡。小剂量长期接触引起无力、震颤和痉挛性瘫痪，齿龈出血和溃疡。对皮肤轻微刺激
丁−1,3−二烯	−78	1.4% ~16.3%	低毒；自燃点415℃。有刺激性和麻醉作用，可灼伤皮肤
丁−1−烯	−80	1.6% ~10%	自燃点384℃。引起弱的刺激和麻醉作用
丁−2−烯	−73	1.75% ~9.70%	自燃点323.89℃
丁−2−烯醛（巴豆醛）	12.78	2.12% ~15.50%	自燃点232.22℃。窒息性臭味，有催泪性，对眼和上呼吸道黏膜有强烈刺激作用
丁烷	−60（闭杯）	1.86% ~8.4%	微毒；自燃点405℃。人吸入23.73g/m³，10分钟，嗜睡、头晕，严重者昏迷
丁酮	5.56（开杯）	1.8% ~10.0%	低毒；自燃点515.56℃。对黏膜刺激较大，为麻醉剂
丁醇	35	1.45% ~11.25%	低毒；自燃点365℃。为麻醉剂。刺激眼、鼻、喉、黏膜。多次皮肤接触可致出血和坏死
丁−2−醇	24（闭杯）	1.7% ~9.8%（100℃）	微毒；自燃点406℃。刺激眼、鼻、皮肤、呼吸道。抑制中枢神经，高浓度时有麻醉作用
丁醛	−22（闭杯）	2.5% ~12.5%（20℃）	自燃点230℃。灼伤眼睛、黏膜、呼吸道。刺激皮肤，具催泪性
丁醚	−25（闭杯）	1.5% ~7.6%	低毒；自燃点194.44℃
三乙胺	< −7（开杯）	1.25% ~7.95%	对眼睛、皮肤有一定刺激作用。在500ppm浓度下可产生严重的肺刺激症状
三甲胺	−6.67（闭杯）	2.0% ~11.6%	自燃点190℃
2,4,6−三硝基甲苯(TNT)			中等毒；本品在295℃燃烧。可经皮肤、呼吸道、消化道吸收，主要危险为慢性中毒。局部皮肤刺激产生黄染、皮炎。可形成高铁血红蛋白症，但比苯胺弱。慢性作用表现为中毒性胃炎、肝炎、再生障碍性贫血、中毒性白内障

续表

名称	闪点（℃）	爆炸极限（体积）	毒性与主要危险性特征
2,4,6-三硝基苯酚(苦味酸)	150		自燃点300℃。至少应用10%的水润湿保存。刺激眼、黏膜、呼吸道，强烈刺激皮肤，引起过敏性皮炎，常累及面部及口、唇、鼻周围。长期接触可出现消化道症状，损伤红细胞，引起出血性肾炎、肝炎、黄疸等
三聚乙醛（副醛）	27（开杯）	1.30%～	本品极易燃，有爆炸危险。接触后有喉痛、头痛、眩晕、嗜睡、腹痛，神志不清、皮肤及眼结膜充血等症状
己二酸	196.12		微毒；自燃点420℃。在天然食品中有发现。可经呼吸道和消化道吸收，刺激眼睛和呼吸道。吸入可引起喉痛、咳嗽，眼睛、皮肤接触引起充血和疼痛
己内酰胺	110	1.4%～8.0%	自燃点375℃。致痉挛性毒物和细胞原生质毒，主要作用于中枢神经，特别是脑干。可引起实质脏器的损害
己烷	-21.7	1.18%～7.40%	低毒；自燃点225℃。毒作用主要是麻醉和皮肤黏膜刺激
己酸	104（开杯）		低毒；对皮肤和眼睛有明显刺激作用
马来酐（顺丁烯二酸酐）	102	1.4%～7.1%	低毒；自燃点447℃。滴入眼后可有表浅的角膜炎。吸入可致咽喉炎和支气管炎
水杨酸(邻-羟基苯甲酸)	157		自燃点540℃。对皮肤有强烈刺激作用。可造成严重的局部烧伤，可引起恶心、眩晕和呼吸急促
水杨酸甲酯（冬青油）	101（闭杯）		自燃点454℃。经口有明显的胃肠道刺激症状、中枢神经系统症状及高热。体内易分解。可引起恶心、呕吐、肺炎、痉挛。人致死剂量成人约500mg/kg，儿童约4mg/kg
水杨醛（邻羟基苯甲醛）	76		有毒物品；潜在助癌剂。刺激眼睛、呼吸道，对皮肤有一定程度刺激
六氢吡啶	16.11		对皮肤、黏膜有腐蚀作用，可引起肺水肿。对神经系统有损伤，重者神志不清或昏厥
丙二酸			低毒；强烈刺激皮肤、眼睛。导致头痛、胃痛、呕吐
丙三醇（甘油）	176（开杯）	0.9%～	自燃点370℃。经消化道吸收，刺激眼睛、皮肤。可引起头痛、恶心、腹泻，眼睛、皮肤充血、疼痛。影响肾脏
丙烯	-108	2.0%～11.1% 2.1%～5.28%（氧）	低毒；自燃点460℃。有麻醉作用
丙烯腈	-1.11	3.1%～17.6%	高毒；自燃点481℃。可经皮肤吸收。毒作用与氢氰酸相似。轻度中毒表现为乏力、头晕、头痛、恶心、呕吐等。严重时可出现胸闷、心悸、烦躁不安、呼吸困难、发绀、抽搐、昏迷，甚至死亡。对皮肤、黏膜有一定刺激作用，可引起接触性皮炎
丙烯酸	54.44（开杯）	2.4%～8.0%	低毒；自燃点375℃。强烈刺激眼、鼻、黏膜、皮肤，具催泪性。严重灼伤眼睛、皮肤。摄入可导致严重的胃肠道损害
丙烯醛	-26	2.8%～31.0%	高毒；自燃点235℃。具催泪性，强烈刺激眼、皮肤、黏膜、上呼吸道。高浓度吸入引起眩晕、腹痛、恶心、手足紫癜，甚至肺炎、肺水肿
丙酮	-18（闭杯）	2.55%～12.80%	低毒；自燃点465℃。主要作用于中枢神经系统，具有麻醉作用。对眼和黏膜有一定刺激作用，长期皮肤接触可引起皮炎
丙酸	54.44	2.1%～12%	低毒；自燃点465℃。高浓度接触可引起皮肤、眼和黏膜的表面局部损害
丙醇	25（闭杯）	2.15%～13.50%	低毒；自燃点440℃。具有刺激作用的麻醉剂
丙烯醇	21.11	2.5%～18%	自燃点378℃。遇明火即燃烧甚至爆炸。可经呼吸道、消化道及皮肤吸收，腐蚀皮肤、眼睛、呼吸道。对神经系统有影响，重者可致死
丙醛	-30	2.3%～21.0%	自燃点207.22℃。可经皮吸收。对眼睛和皮肤有严重刺激
石油醚	<-20	1.1%～8.7%	低毒；自燃点287℃。吸入高浓度蒸气可引起头痛、恶心、昏迷
戊烯	-28	1.42%～8.70%	低毒；纯窒息剂。高浓度有麻醉作用。毒性与戊烷相似
戊烷	-40	1.40%～7.80%	低毒；自燃点260℃，主要作用于中枢神经系统，具有麻醉作用。人每天接触8小时，安全浓度为300mg/m³

续表

名称	闪点（℃）	爆炸极限（体积）	毒性与主要危险性特征
戊酸	95		低毒；强烈刺激眼睛、黏膜、皮肤
戊醇	32.78（闭杯）	1.19% ~	自燃点300℃。各种染毒途径均可吸收，代谢较快。靶器官是肺和肾。强烈刺激眼和皮肤，抑制中枢神经系统功能
戊醛	-8	2.65 ~ 14.0%	有中度刺激性，抑制中枢神经，有麻醉作用
甲苯	4.44（闭杯）	1.2% ~ 7.1%	低毒；自燃点480℃。可经皮肤或呼吸道吸收，具麻醉作用。对皮肤和黏膜有较大刺激作用。纯品未见对造血系统有影响，工业品慢性吸入产生类似苯的毒作用
甲胺	-10（闭杯）	4.95% ~ 20.75%	中等毒；自燃点430℃。对皮肤和黏膜有腐蚀和刺激作用
2-甲基丙烯酸	68（开杯）	2.1% ~ 12.5%	强烈刺激眼、呼吸道。高度腹膜内毒性
甲基丙烯酸甲酯	10（开杯）	2.1% ~ 12.5%	自燃点412℃。对眼和皮肤有中度刺激。对动物肝、肾损害。大剂量接触对中枢神经系统有影响，有一定致敏作用
甲基苯酚（邻、对位混合物）	邻81 间84	1.06% ~ 1.40%	低毒；刺激眼、黏膜、皮肤，个别人致敏。吸入后引起呼吸道刺激、充血、炎症，对心、肾可致损害。经口摄入对胃肠道有腐蚀作用
甲基橙			微毒；犬经口2g，呕吐、瘫痪、有致敏作用，可引起皮肤湿疹
甲烷	-190	5.3% ~ 15% 5.4% ~ 59.2%（氧）	自燃点540℃。有单纯窒息作用。高浓度时因缺氧而窒息。空气中达到25% ~ 30%出现头晕、呼吸加速、运动失调
甲酸	68.89（开杯）	18% ~ 57%	低毒；自燃点600℃。刺激性、强腐蚀性，接触皮肤起水泡。人经口约30g，肾功能衰竭或呼吸功能衰竭而死亡
甲酸甲酯	-32	4.5% ~ 32.0%	自燃点465℃。高浓度有显著刺激作用。吸入可作用于中枢神经系统，引起视觉等的障碍
甲醇	21.1	6.72% ~ 36.5%	中等毒；自燃点385℃。主要作用于神经系统，具有麻醉作用，可引起视神经及视网膜的损伤，视物模糊而失明。其蒸气对黏膜有明显的刺激作用
甲醛	85（37%）	7% ~ 73%	自燃点430℃。对皮肤、黏膜有严重的刺激作用。可使蛋白凝固。皮肤触及可使皮肤发硬乃至局部组织坏死。能引起结膜炎，严重者发生喉痉挛、肺水肿等
四乙基铅	93.33		有机剧毒物品；易燃，可经皮肤和消化道吸收，引起急性或慢性中毒，可在体内积蓄。急性中毒表现为头痛、头晕、失眠、烦躁不安、幻视、幻听、精神分裂、痴呆、昏迷等神经系统症状。消化系统症状表现为恶心、呕吐、食欲减退。此外，血压、脉搏、体温偏低
四氢呋喃	-14（闭杯）	2.3% ~ 11.8%	微毒（吸入）、低毒（经口）；自燃点321℃。刺激眼睛、黏膜，高浓度时抑制中枢神经，引起肝肾损害
四氯化碳	无	无	有机有毒物品；具有轻度麻醉作用，能经呼吸道及皮肤吸收，对肝、肾、肺等脏器有严重损害。在实验动物中致癌。在高温下分解生成剧毒的光气。
对二氯苯	65.5（闭杯）		主要损害肝脏，其次是肾脏。人在高浓度接触后可引起虚弱、头晕、呕吐。对肝的损害可使肝硬化以致坏死。对眼鼻有刺激作用
对甲苯酚	86.1	1.1% ~	自燃点558.9℃。其毒性类似甲基苯酚（混合物）
对甲苯磺酰氯			有明显刺激作用。皮肤接触可起水疱。吸入可致肺水肿，严重的可使病倒甚至死亡
对甲苯磺酸	49		低毒；对皮肤和眼睛有明显刺激作用
对苯二酚（氢醌）	165（闭杯）		有机有毒物品；自燃点515.56℃。动物急性中毒时活动增加、对外界刺激过敏、反射亢进、呼吸困难、紫癜、阵发性抽搐、体温下降、瘫痪、反射消失、昏迷以致死亡。亚急性中毒出现溶血性黄疸、贫血、白细胞增多、低血糖等
对苯醌	38 ~ 93	1.7% ~ 13.5%	动物大剂量吸收可引起局部变化和全身反应，如肾损伤、肺水肿等。可直接作用于延髓并影响血液的携氧能力。致死剂量可致延髓麻醉。刺激眼、皮肤。长期接触引起眼的晶体浑浊和溃疡。造成视力障碍
对氨基苯磺酸			低毒；有轻微刺激作用。其中常混有α-萘胺，后者致癌

名称	闪点（℃）	爆炸极限（体积）	毒性与主要危险性特征
对硝基甲苯	105		有机有毒物品；毒性与邻–硝基甲苯相似
对硝基苯胺	198.89（闭杯）		高毒；强烈的高铁血红蛋白形成剂，可经皮吸收。慢性接触可致黄疸及贫血
对硝基苯酚	169		有机有毒物品；毒性与邻硝基苯酚相同
对氯苯酚	121.11		有机有毒物品；迅速透皮吸收，有强烈刺激性，可能是一种中枢神经毒剂
过氧化二苯甲酰	>230		刺激眼、皮肤、黏膜，降低心率，升高体温。干粉对于热、振动、摩擦敏感。在高温下自动爆炸
光气			剧毒；窒息性毒剂。主要作用于呼吸器官，引起急性中毒性水肿而致死
异丁烷	-82.78	1.80%～8.44%	自燃点462.22℃。高浓度接触有头痛、迟钝、视物模糊、呼吸急促、失去知觉等症状
异丁醇	27.78	1.2%～10.9%	低毒；自燃点426.6℃。可经皮吸收，但不刺激皮肤，刺激眼及咽喉部的黏膜。有麻醉作用
异丁醛	-40（闭杯）-6.7（开杯）	1.6%～10.6%	自燃点165℃。对皮肤和眼睛有明显刺激作用
异丙苯	43.9（闭杯）	0.9%～6.5%	自燃点423.89℃。可经皮吸收，刺激皮肤，有麻醉作用，但诱导期慢并延续时间长
异丙醇	11.67（闭杯）	2.02%～11.80%	微毒；自燃点398.9℃。对眼睛、皮肤、上呼吸道黏膜有刺激作用，高浓度蒸气能引起眩晕和呕吐，在体内几乎无蓄积
异戊二烯	-53.89	1.0%～10.0%	低毒；自燃点220℃。具有刺激性和麻醉作用
异戊醇	42.78	1.2%～9.0%	低毒；自燃点340℃。对眼睛和黏膜有较强刺激作用
呋喃	<-35	1.3%～14.3%	自燃点390℃。有较高燃烧危险性。易通过皮肤吸收
呋喃甲醇	65（开杯）	1.8%～16.3%	中等毒；自燃点490.5℃。对眼有强烈刺激作用，能引起皮炎
呋喃甲醛	60（闭杯）	2.1%～19.3%	有机有毒物品；自燃点315.56℃。易经皮吸收。接触后引起中枢神经系统损害、呼吸中枢麻醉以致死亡。对皮肤、黏膜有刺激作用，有时出现皮炎、鼻炎、嗅觉减退
吡啶	17（闭杯）	1.8%～12.4%	低毒；自燃点482.2℃。高浓度吸入可抑制中枢神经系统，引起多发性神经炎。经口可损伤肝、肾。可经皮吸收。对皮肤、黏膜、眼睛有强烈刺激作用。对皮肤有光感作用
邻甲苯胺	85（闭杯）		有机有毒物品；自燃点482.2℃。可经皮肤或呼吸道吸收，毒性与苯胺相似，为高铁血红蛋白形成剂，急性中毒可出现血尿。对动物有致癌作用
邻苯二甲酸二丁酯	157.22（闭杯）		自燃点402.78℃。其雾对黏膜有刺激作用
邻苯二甲酸二甲酯	150（闭杯）		自燃点555.56℃。刺激眼睛、黏膜。误服引起胃肠道刺激，大剂量可引起麻醉、血压降低。抑制中枢神经系统，人接触可引起多发性神经炎
邻苯二甲酸酐	151.67（闭杯）	1.7%～10.4%	低毒；自燃点570℃。对皮肤、眼睛、黏膜有明显刺激作用和过敏作用，灼伤眼角膜。长期吸入引起生殖系统损害，影响神经系统、肝、肾的功能
邻苯二酚	127.22（闭杯）		有机有毒物品；毒性比苯酚大，可经皮吸收。对眼有损害。皮肤接触可引起湿疹样皮炎及溃疡。动物大量接触明显抑制中枢神经，可使血压持续上升。小剂量时引起高铁血红蛋白症、淋巴细胞减少和贫血
邻硝基甲苯	106.11（闭杯）		有机有毒物品；可经皮肤或呼吸道吸收。形成高铁血红蛋白的能力较小。慢性接触可引起贫血
邻硝基苯胺	168.33		有机有毒物品；自燃点521.11℃。毒性与对硝基苯胺相似
邻硝基苯酚	108		有机有毒物品；高铁血红蛋白形成剂，但毒性比苯胺、硝基苯小。可经皮肤或呼吸道吸收。在动物中损害肝、肾
间二甲苯	25	1.0%～7.0%	自燃点530℃。具麻醉性
间二硝基苯	150（闭杯）		爆燃点≥300℃。有爆炸性，对摩擦敏感。毒性与邻二硝基苯相似

续表

名称	闪点（℃）	爆炸极限（体积）	毒性与主要危险性特征
间苯二酚（雷索辛）	127（闭杯）	1.4%	中等毒；自燃点608℃。刺激眼睛、皮肤。中毒表现类似苯酚中毒，但毒性低于邻苯二酚
间硝基甲苯	101.67（闭杯）		有机有毒物品；与邻硝基甲苯相似
辛烷	13.33	1%～6.5%	低毒；自燃点220℃。有简单的窒息作用。小鼠吸入高浓度4个月后，甲状腺和肾上腺皮质功能降低
环己烯	<-20	1.2%～	自燃点244℃。抑制中枢神经，具有麻醉作用。刺激眼睛、黏膜、皮肤
环己烷	-16.5（开杯）	1.3%～8.4%	低毒；自燃点245℃。对黏膜、皮肤有刺激作用。能抑制中枢神经系统，有麻醉作用
环己酮	43.89	1.1%～9.4%	低毒；自燃点420℃。对眼、喉、黏膜、皮肤有刺激作用。有麻醉作用。高浓度可引起呼吸衰竭
环己醇	67.78（闭杯）	1.2%～	低毒；自燃点300℃。刺激眼、皮肤、呼吸道，引起眼角膜坏死。对中枢神经系统有抑制作用，可见结膜刺激症状、麻醉作用及肝、肾损害
环氧乙烷	<-18℃（开杯）	3.0%～80.0%（3.0%～100%）	中等毒；自燃点429℃。具刺激性。对神经系统可产生抑制作用，为一原浆毒。许多试验系统证明为诱变剂
环氧丙烷	-37.22（开杯）	2.8%～37%	低毒；具有原发性刺激性。轻度抑制中枢神经，为一原浆毒。对动物致癌。对人体危害主要局限于眼和皮肤
苯	-11（闭杯）	1.4%～7.1%	自燃点562.2℃。主要经呼吸道或皮肤吸收中毒。急性毒性累及中枢神经系统，产生麻醉作用。慢性毒性主要影响造血功能及神经系统。对皮肤有刺激作用。疑为致癌物
苯乙酮	82.22（开杯）		低毒；自燃点571℃。刺激眼、黏膜、皮肤。高浓度时抑制中枢神经。皮肤接触可造成灼伤
苯甲酰氯	72		强烈刺激眼睛和上呼吸道。引起皮肤坏死。长期接触引起周围血常规和神经系统紊乱
苯甲酸	121	11%～	自燃点574℃。用作食品防腐剂。对皮肤有轻度刺激作用。已公布的对人的最低中毒剂量为6mg/kg
苯甲酸乙酯	93	1.0%～	微毒；自燃点490℃。对皮肤有中度刺激，对眼有轻度刺激。可经口、皮肤、呼吸道侵入肌体。未见人中毒的报道
苯甲酸甲酯	83		低毒；毒性类似于苯甲酸乙酯
苯甲醇	100.56		低毒；自燃点436℃。对眼和上呼吸道黏膜有刺激作用。有麻醉作用。进入体内代谢迅速
苯甲醛	64.44（闭杯）	0.3%～6.3%	自燃点191.67℃。对眼和上呼吸道黏膜有一定刺激作用。可引起头痛、恶心、呕吐、皮炎
苯甲醚（茴香醚）	51.67		微毒；自燃点475℃
苯肼	70（闭杯）	1.3%～	中等毒；自燃点615℃。可经皮肤吸收，对皮肤有刺激和致癌作用。可引起溶血性贫血、肝大和肝功能异常
苯胺	70（闭杯）	1.3%～11%	中等毒；自燃点425.6℃。可经皮吸收。主要产生高铁血红蛋白症、溶血性贫血、肝和肾的损害
苯酚	79.44（闭杯）	1.7%～8.6%	高毒；自燃点715℃。细胞原浆毒物，对各种细胞有直接损害。强烈刺激眼睛和皮肤，造成严重灼伤。在鼠试验中损害肝脏
叔丁醇	11.11（闭杯）	2.4%～8%	低毒；自燃点480℃。刺激眼睛和黏膜
咖啡因			口服剂量大于1g会引起心悸、失眠、眩晕、头痛
肼（联氨）	32	4.7%～100%	中等毒；可经皮肤、消化道、呼吸道迅速吸收。对磷酸吡啶醛酶系统有抑制作用，能引起局部刺激，也可致敏，对人可能致癌。本品为高活性还原剂，爆炸范围宽广，如遇可浸渍的物质如木屑、布、灰污等，可在空气中自燃。接触金属氧化物、过氧化物或其他氧化剂时也会自燃

名称	闪点（℃）	爆炸极限（体积）	毒性与主要危险性特征
庚烷	−4（闭杯）	1.10% ~6.70%	低毒；自燃点204℃。具刺激性和麻醉作用，对血常规稍有影响
庚-2-醇	71.11（开杯）		低毒；对眼睛、皮肤有一定刺激作用
庚-2-酮	48.89（开杯）		低毒；具有刺激性和麻醉作用，急性中毒少见
重氮甲烷		200℃时爆炸	高毒；具强烈刺激作用，对人可能是致癌物。遇金属或粗糙表面、遇热或受撞击会猛烈爆炸
6-氨基己酸			大鼠经口服60天后产生致畸作用。最低致畸剂量150g/kg
特戊醇	19（闭杯）	1.2% ~9.0%	低毒；对眼、上呼吸道黏膜和皮肤有中度刺激作用，但不致敏。高浓度有麻醉作用
烟碱（尼古丁）	95	0.75% ~4.0%	有机有毒物；自燃点243.89℃。易燃有毒。大量吸入引起恶心、呕吐、腹痛、腹泻、大汗、昏厥、痉挛甚至死亡
萘	78.89	0.9% ~5.9%（蒸气）	低毒；自燃点526℃。可通过呼吸道、胃肠道、皮肤等侵入肌体。刺激眼、黏膜、皮肤。引起皮肤湿疹。高浓度吸入可致溶血性贫血、肝肾损害、神经炎和晶体浑浊
2-萘酚	153（闭杯）		强烈刺激眼睛、黏膜、皮肤和肾脏，可经皮吸收。可引起皮炎、肾炎、眼球和角膜损伤、晶体浑浊等
脱氢醋酸			广谱性杀菌剂
脲			可经口、呼吸道或皮肤吸收。刺激眼睛和呼吸道。吸入粉尘可引起喉痛、咳嗽、气短，经口摄入出现腹痛
8-羟基喹啉			中枢神经兴奋剂。强烈刺激眼睛、黏膜和皮肤
烯丙醇	21	2.5% ~ 18.0%	中等毒；对眼、鼻的黏膜有强烈刺激作用。有较强的全身毒性和较弱的麻醉作用
联苯胺			中等毒；可经呼吸道、胃肠道及皮肤侵入。形成高铁血红蛋白症的能力较弱。粉尘对皮肤有刺激作用。有致癌作用，可诱发人膀胱癌
硝基甲烷	35（闭杯）	7.3% ~63.0%	自燃点415℃。具强烈的痉挛作用及后遗作用。强烈振动、遇热、遇无机碱等易引起燃烧和爆炸
硝基苯	87.78（闭杯）	1.8% ~	有机有毒物；自燃点482℃。为高铁血红蛋白形成剂，能引起紫癜。可经呼吸道或皮肤吸收。刺激眼睛。急性接触影响中枢神经系统，慢性则引起肝、脾损害，红细胞中可找到海恩小体，并致贫血。饮酒可增强毒作用
硫酸二乙酯	78（闭杯）		中等毒；自燃点436℃。对眼睛和皮肤有严重刺激性和损害，但毒性低于硫酸二甲酯
硫酸二甲酯	83.3（开杯）		高毒；自燃点190.78℃。作用与芥子气相似。通过呼吸道和皮肤吸收，对上呼吸道有强烈刺激作用。可引起支气管炎、肺气肿、肺水肿。皮肤接触可引起红肿、上皮细胞坏死，点状出血，深部可有出血和溃疡。眼部接触有疼痛、眼睑痉挛和水肿、视觉减退、色觉障碍
喹啉	99	1.0% ~	中等毒；自燃点480℃。对皮肤、眼睛有明显刺激性，并能引起较严重的持久性损害
氯乙烯	<17.8（闭杯）	3.6% ~33%（4.0 % ~21.7%）	自燃点472℃。对动物和人有致癌作用，引起肝血管内瘤。高浓度可产生不同程度的麻醉作用，主要取决于吸入剂量。长期少量吸入可引起肝、肾功能异常，为一致癌剂
氯乙烷	−43	4.0% ~14.8%	中等毒；高浓度时对中枢神经有抑制作用，亦可引起心律不齐
氯乙酸	126.11	8% ~	中等毒；本品与磷酸丙糖脱氢酶的巯基反应产生毒作用。对皮肤、黏膜和眼睛有明显的局部刺激作用和腐蚀作用
氯乙醇	60（开杯）	4.9% ~15.9%	中等毒；对黏膜有强烈刺激作用。可经呼吸道、消化道或皮肤进入体内。代谢迅速，无蓄积性。可能是潜在的致癌物
氯乙醛	87.78	4.9% ~15.9%	对皮肤和黏膜有强烈刺激性和腐蚀作用
1-氯丁烷	−12（开杯）	1.85% ~10.10%	低毒；自燃点460℃。高浓度时有麻醉作用，并对皮肤有强烈刺激性

名称	闪点（℃）	爆炸极限（体积）	毒性与主要危险性特征
3-氯丙烯	-32	2.9%~11.2%	低毒；自燃点485℃。对眼、鼻、喉有强烈刺激作用。损害肺和肾
1-氯丙烷	-17.78	2.6%~11.1%	自燃点520℃。高浓度能抑制中枢神经系统。长期低浓度接触对肝、肾有损害
1-氯戊烷	12.22（开杯）	1.6%~8.63%	自燃点260℃。高浓度有麻醉作用
氯甲烷	-46	8.25%~18.70%	低毒；自燃点630℃。主要作用于中枢神经系统，并能损害肝和肾。严重者意识丧失
氯仿（三氯甲烷）			中等毒；刺激眼睛。主要作用于中枢神经系统，具麻醉作用。可造成肝、肾、心脏的损害
氯苄	73	1.1%~14%	有机有毒物品；自燃点585℃。主要经呼吸道吸收，对黏膜（尤以眼结膜）有刺激作用。皮肤接触可引起红斑和大疱，乃至湿疹。遇金属分解可能引起爆炸
氯苯	29.44（闭杯）	1.3%~9.6%	自燃点590℃。对中枢神经系统有抑制及麻醉作用。大剂量可引起实验动物肝、肾病变。对血液的作用比苯轻。具有轻度的局部麻醉作用
蒽	121.11（闭杯）	0.6%~5.2%	微毒；自燃点540℃。纯品有轻度局部麻醉作用和弱的光感作用。工业品因含有相当的杂质而毒性明显增加，有致癌作用。长期大量接触引起肝、心的轻度损害
碘甲烷			中等毒；可经皮肤吸收。对中枢神经系统有抑制作用，对皮肤有刺激作用
碘仿	129		中等毒
溴乙烷	-20	6.75%~11.25%	中等毒；自燃点511.11℃。有麻醉作用，能引起肺、肝、肾损害
1-溴丁烷	18.33（开杯）23.9（闭杯）	2.6%~6.6%	自燃点265℃。高浓度时有麻醉作用
溴甲烷	44	10%~16%8.6%~20%	剧毒气体；自燃点536℃。为较强的神经毒物，致死毒作用带狭窄。对皮肤、肾、肝都可引起损害。对呼吸道有刺激作用，严重时可引起肺水肿
溴仿	148%~150%		中等毒；主要抑制中枢神经系统，具麻醉作用和催泪性，严重损害肝脏
樟脑	65.56（闭杯）	0.6%~3.5%	低毒；自燃点466℃。蒸气有麻醉性
磺胺			牵涉再生障碍性贫血。怀疑为致癌物

闪点：称闪燃点，是液体或挥发性固体的蒸气在空气中出现瞬间火苗或闪光的最低温度。当温度高于闪点时，物品随时都有被点燃的危险。液体的闪点在-4℃以下者为一级易燃液体，在-4~21℃者为二级易燃液体；在21~93℃者为三级易燃液体。测定闪点有闭杯和开杯两种方式，凡未作注明者，通常是指闭杯。

爆炸极限：也称燃爆极限，是易燃气体或易燃液体的蒸气在空气中遇明火发生燃爆的浓度范围，以体积百分浓度表示。爆炸极限范围愈大，爆炸的危险性愈大。

参考文献

［1］张奇涵，关烨第，关玲．有机化学实验［M］．4 版．北京：北京大学出版社，2015．

［2］王清廉，李瀛，高坤，等．有机化学实验［M］．3 版．北京：高等教育出版社，2017．

［3］武汉大学化学与分子科学学院实验中心．有机化学实验［M］．2 版．武汉：武汉大学出版社，2017．

［4］林辉．有机化学实验［M］．4 版．北京：中国中医药出版社，2019．

［5］兰州大学．有机化学实验［M］．4 版．北京：高等教育出版社，2023．

［6］吉卯祉，黄家卫，胡冬华．有机化学实验［M］．4 版．北京：科学出版社，2016．

［7］朱文，肖开恩，陈红军．有机化学实验［M］．2 版．北京：化学工业出版社，2020．

［8］赵骏．有机化学实验指导［M］．2 版．天津：天津人民出版社，2005．